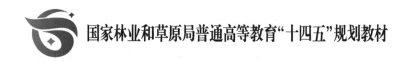

国家林业和草原局普通高等教育“十四五”规划教材

建筑与家居木制品

王雪花　吴智慧　冯鑫浩　主编

中国林業出版社
CFPH China Forestry Publishing House

内容简介

本教材从木制品材料、木结构建筑(包括传统木结构、现代木结构)以及家居木制品(包括木地板、木门窗、木楼梯、木饰面、木线条)等角度,系统地介绍建筑与家居木制品所需的理论知识和工艺技术,同时把编者多年来在专业教学、科学研究和生产实践中所掌握的最新资料和专业技术整理归纳,编写成书。

本教材集专业性、知识性、技术性、实用性、科学性和系统性于一体,注重理论与实践相结合,侧重于制品类型、结构及制造工艺,切合实际、内容丰富、深入浅出、图文并茂、通俗易懂,适合于家具设计与工程、木材科学与工程、工业设计、艺术设计、木结构建筑工程、建筑及室内环境设计等相关专业或专业方向的本、专科生教学使用,同时也可供建筑与家居木制品相关企业和设计公司的专业工程和管理人员参考。

图书在版编目(CIP)数据

建筑与家居木制品 / 王雪花,吴智慧,冯鑫浩主编. — 北京 : 中国林业出版社, 2022.10(2024.9 重印)
国家林业和草原局普通高等教育"十四五"规划教材
ISBN 978-7-5219-1910-3

Ⅰ. ①建… Ⅱ. ①王… ②吴… ③冯… Ⅲ. ①木结构-建筑结构-高等学校-教材②木材-建筑装饰-高等学校-教材 Ⅳ. ①TU366.2②TU767.6

中国版本图书馆 CIP 数据核字(2022)第 187385 号

策划编辑:田夏青 高兴荣　　**责任编辑**:田夏青 陈 惠
电话:(010) 83143559　　**传真**:(010) 83143516

出版发行 中国林业出版社(100009 北京市西城区刘海胡同 7 号)
E-mail:jiaocaipublic@163.com 电话:(010)83143500
http://www.forestry.gov.cn/lycb.html
经　销 新华书店
印　刷 北京中科印刷有限公司
版　次 2022 年 10 月第 1 版
印　次 2024 年 9 月第 2 次印刷
开　本 889mm×1194mm 1/16
印　张 14.75
字　数 446 千字
定　价 49.00 元

《建筑与家居木制品》
编写人员

主　　编　王雪花　吴智慧　冯鑫浩

副 主 编　刘洪海　连彩萍　宋莎莎

编写人员　（按姓氏拼音排序）

丁青锋（苏州昆仑绿建木结构科技股份有限公司）

冯鑫浩（南京林业大学）

李霞镇（中南林业科技大学）

连彩萍（南京林业大学）

刘洪海（南京林业大学）

吕黄飞（安徽农业大学）

宋莎莎（北京林业大学）

王雪花（南京林业大学）

吴智慧（南京林业大学）

徐恩光（北京故宫博物院）

余　斌（湖州瑞盈高科技术有限公司）

张彦娟（浙江农林大学）

前言

自然界的各类材料中，木材易获取、强度高、具有良好的加工性能，是人类发展史上应用最早和最重要的材料之一。从古至今，木制品在人类生产、生活中一直占据着重要的地位。随着现代科学和加工技术的发展，越来越多的新材料应运而生，人们生活中的材料种类日益丰富和多元化。如今，生活节奏的加快、超负荷的工作压力、对网络的过度依赖，导致人们长期处于精神紧张状态。由于无法得以放松，人们容易出现精神抑郁和焦虑不安，甚至会诱发精神类的疾病及心理障碍。作为天然材料，木材触感舒适、纹理美观、具有木质材料特有的气味，木材散发的香气可以镇静神经，使精神压力得到缓解。在由木材营造的居室环境中，人体感到轻松惬意，环境中木制品的应用，对人体的生理和心理健康可起到积极的调节作用。人类来源于自然，木材的自然属性使其在人类的社会生活中具有不可替代的作用。

建筑与家居木制品是营造舒适家居生活环境的主要载体。建筑，是为人类提供安全庇护的场所。“构木为巢，以避群害”是说在我国有以木材建造房屋的传统。由于木材良好的装饰性能，以木材为主的传统木结构建筑，木质的门窗、墙面、天花、地板等与建筑本身浑然一体。现代建筑以钢筋混凝土结构为主，为打破建筑的冰冷感，营造温馨舒适的居室环境，室内常以木质的门窗、地板、墙面、楼梯等为装饰。随着科技水平的发展、人们生活水平及审美要求的提高，建筑与家居木制品，无论从产品种类、结构形式均呈现出多样化，建筑及家居木制品相关产业，也从无到有、从弱到强地发展起来，加工方法、机械化程度、智能制造、科学管理水平等方面均有了明显提高。我国木制品产业在国际市场生产、技术和贸易中均已获得一席之地。

建筑与家居木制品产业涉及相关企业众多，在社会生产、生活中占有重要地位。为适应国家工业发展战略的需求，企业对从事建筑与家居木制品的高质量人才的需求量日益增大。但迄今为止，国内鲜有适合于专业教学、自学和培训的正式教材和教学参考书，影响高等院校开设课程和开展教学工作，以及社会人才的输送。为此，南京林业大学自 2017 年起，从中国国情、行业特色和教学需求出发，先后开设了室内装饰木制品、建筑木制品、建筑与家居木制品等相关课程，在对五年来教学经验积累的基础上，完成了《建筑与家居木制品》教材的整理、撰写和出版工作。

本教材主要包含木制品材料、木材制备与改良、传统建筑与木结构、现代建筑与木结构、木质地板、木门窗、木楼梯、木线条、木饰面等内容。共分 10 章，由南京林业大学王雪花、吴智慧、冯鑫浩主编，全书由南京林业大学王雪花、吴智慧、冯鑫浩、刘洪海、连彩萍，北京林业大学宋莎莎共同编写完成。其中，第 1、5、8 章由王雪花、吴智慧编写；第 2 章由冯鑫浩、连彩萍编写；第 3 章由刘洪海、冯鑫浩编写；第 4、6 章由宋莎莎编写；第 7 章由刘洪海编写；第 9 章由冯鑫浩编写；第 10 章由连彩萍、吴智慧编写。全书由王雪花、冯鑫浩统稿和修改，由吴智慧审定。

本教材的编写与出版，承蒙南京林业大学家居与工业设计学院和中国林业出版社的筹划与指导。此外，本教材还参考了国内外相关参考书和企业产品目录中的部分图表资料，浙江农林大学张彦娟、北京故宫博物院徐恩光、苏州昆仑绿建木结构科技股份有限公司丁青锋、湖州瑞盈高科技术有限公司余斌等为本教材提供了部分图片和宝贵意见，在此，向所有关心、支持和帮助本书出版的单位和人士表示最衷心的感谢！

由于作者水平有限，书中疏漏之处在所难免，敬请广大读者给予批评指正。

编　者

2022 年 9 月

目录

前 言

第1章 绪论

【本章重点】

1. 建筑与家居木制品的概念与分类。
2. 建筑与家居木制品生产概述。
3. 建筑与家居木制品发展概况。

1.1 木制品概念

木材作为自然界分布较广的材料之一，相较于其他材料更容易获取，早在人类开始制造和使用工具时，木制品就出现在社会生活之中。人类社会物质文明发展的各个历史阶段，均与木制品的制造和使用密切相关。现代社会中，国民经济各行各业的发展都离不开木材的应用。

木制品，是指采用木材等木质材料，经锯、铣、刨、磨、车、钻等加工工艺，以及榫、钉、胶等接合方式制成的各类产品。

1.2 木制品种类

木制品，种类繁多，与社会生产、人民生活以及国家建设等息息相关。广义上的木制品，包括木结构建筑、木制家具、木制工艺品、木制文体用品以及园林景观、交通运输及生产用木制品等。狭义上的木制品，通常指建筑与家居木制品，即建筑结构木制品与建筑装饰木制品。

1.2.1 建筑结构木制品

建筑结构木制品又称建筑木构件、建筑木构造、建筑木结构等，是指按照一定的接合方式或结构体系，通过连接或固定组合成建筑结构的木制品。木结构是以木材为主制作的结构或结构体系，而建筑木结构是以木结构体系为主，通过各种榫卯、金属连接件等进行连接和固定，并全部或主要由木材承受荷载的建筑结构体系，包括木屋、木亭、木塔、木桥等(图1-1~图1-6)。

建筑木结构中，木材是决定木结构性质和使用性能的物质基础，在很大程度上影响了木结构建筑的加工性能与适应条件。建筑木结构，受木质材料本身条件限制，具有其独有的特色，例如，与其他建筑结构相比，建筑木结构绿色节能可再生；建筑木结构的围护结构与支撑结构分离，抗震性能较高，可在地震频发地区广泛应用；另外，木材取材方便，加工、施工等速度快，能耗低。同时，由于木材的生物材料特征，建筑木结构具有易遭受火灾、白蚁侵蚀、雨水腐蚀等缺陷，相比砖石结构，建筑维持的时间短，维护成本高。此外，由于木材本身径级等的限制，与钢筋等材料相比，木结构梁架体系较难实现复杂的建筑空间等。

图1-1 故宫太和殿

图1-2 岳麓山爱晚亭

图 1-3 上海富林塔

图 1-4 成都天府国际会议中心

图 1-5 2019 年北京世界园艺博览会中的木桥

图 1-6 嵊泗海岛度假木屋

1. 2. 2 建筑装饰木制品

建筑装饰木制品，主要指在建筑中起装饰作用而非结构性作用的木制品，包括：木门窗、木地板、木楼梯、木线条、木饰面、木柱、木隔断、窗帘盒、窗台板等。

(1)木门窗

木门窗是装于建筑洞口上的木构件，具有出入、通风换气、提高通透性和装饰性等作用。

传统木门窗主要为实木门窗。现代建筑中，木门可分为实木门、实木复合门、木质复合门等。木窗可分为纯实木窗、铝木窗等(图 1-7)。

(2)木地板

木地板指用木材制成的地板，用作房屋地面或楼面的表面层，起氧化、保护地面的作用。

木地板可按材料、连接方式、使用场合等进行分类。按材料，可分为实木地板、强化木地板、实木复合地板、多层复合地板、竹地板、软木地板、木塑地板等。按使用场合，可分为室内木地板、户外木地板、运动木地板、防震隔音木地板、地热木地板等(图 1-8)。

(3)木楼梯

木楼梯由栏杆、扶手、立柱、梯面等部件构成。按材质，可分为全木楼梯、钢木楼梯、铁木楼梯等。木楼梯主要用于室内，木制部分经防腐防霉塑化等处理后，可用于室外(图 1-9)。

(4)木线条

木线条常用于墙面、地面、天花板等部位连接处，起到封边、造型、装饰等作用。木线条由实木、指接材、多层板、密度板等木质材料铣削成型，再对表面进行涂饰、包覆等加工而成。

(5)木饰面

木饰面是指用于室内墙面、天花板等建筑构件或装修构件的各种木质装饰面板，如护墙板、天花板、背景墙等(图1-10)。

(6)其他

其他建筑装饰木制品包括：木围栏、木阳台、木隔断、木栈道、窗帘盒、窗台板等(图1-11~图1-14)。

图1-7 木窗

图1-8 木地板

图1-9 木楼梯

图1-10 木饰面

图1-11 木围栏

图1-12 木阳台

图1-13 木隔断

图1-14 木栈道（神农架湿地）

1.3 建筑与家居木制品生产概述

1.3.1 建筑与家居木制品生产工艺

建筑与家居木制品生产，是采用锯、刨、铣、钻、磨、车等各种加工工艺及设备，对木材、木质复合材料进行加工和处理，使其在几何形状、规格尺寸和物理性能等方面发生变化，最后成为梁、柱、墙、门、窗、地板等建筑与家居木制品的全部过程。

1.3.2 建筑与家居木制品生产特点

建筑与家居木制品以木材或木质复合材料为原料，木质材料的特性决定了建筑与家居木制品具有区别于其他材料制品的加工特征。其生产特点包括以下4个方面。

(1)原料特点

采用木材和木质复合材料生产的半成品及产品，即成材(锯材)、木质人造板等，原料具有可再生性。

(2)制品特点

木质零部件之间通过榫、胶、钉、螺钉、连接件等多种接合方式构成建筑结构、室内居住环境，制品不仅纹理美观，还具有调温调湿等功能，兼具实用性及装饰性。

(3)加工工艺特点

木质材料加工性能好，可由切削(锯、铣、刨、磨、钻、车、雕)、制材、干燥、胶合、弯曲、模压、雕刻、镶嵌、改性(压缩、强化、防腐、防火、阻燃)、装饰(漂白或脱色、着色或染色、贴面、涂饰、印刷、烫印)、装配等不同工艺加工方式组合，方式多样。

(4)生产方式特点

因原木、锯材、人造板、竹材等的加工便捷性不同，建筑与家居木制品的加工有手工、半手工、机械化、自动化、智能化；单机、流水线、自动流水线、智能生产线等多种形式，生产方式具有灵活性、多层次性。

1.4 建筑与家居木制品发展趋势

中国现代工业经过改革开放以来四十多年的发展，取得了显著的进步，出现了一些具有国际先进水平的明星企业和配套产业(如木地板、木门窗等)，形成了生产、科研、标准、情报、检测、教育和配套产品相结合的比较完善的工业体系。

随着全球建筑业的兴起和旅游业的兴旺、经济的繁荣和工业的发展，以及对全球环境的关注，木竹等生物质材料的环保性、可再生性深入人心，木制品的使用已渗透到人们生活、学习、工作和休闲的各个方面。同时由于木结构建筑的推广应用，建筑木制品种类不断拓展。室内家居木制品或建筑装饰木制品，如木门窗、木地板、木楼梯、木扶手、木吊顶、木墙板、木隔断、木饰面、木线条等，作为一种现代工业产品，是国际贸易与消费市场比较热门的进出口商品之一。

许多国家和地区的木制品生产技术已达到了高度机械化和自动化、智能化的水平，木制品加工工业向高技术型方向发展已成为现实，世界木制品工业发展迅速，国际木制品市场日益扩大。

1.4.1 材料及产品追求多样化、天然化和实木化

随着材料科学的快速发展，木制品材料种类越来越丰富，除传统的天然木材之外，各种木质人造板材、金属、塑料、玻璃和大理石以及陶瓷等材料亦得到越来越多地应用，材料的品种、质地、色彩等更加多样化。

基于胶合、贴面、涂料涂饰、印刷、3D打印等技术的快速发展，由天然木材发展出集成材(胶合木)(Glulam)、层积材(LVL)、定向刨花板(OSB)、单板条层积材(PSL)、正交胶合木(CLT)、重组木(scrimber wood)、木塑复合材(WPC)等多种木质材料，以及装饰纸、浸渍纸、装饰板、塑料薄膜、天然薄木、人造薄木等装饰材料，极大地丰富了木制品材料的种类。

近年来，全球建筑，尤其是居住建筑越来越注重可持续发展，用料追求天然、环保、可再生，而木材源于自然，其天然的纹理、质感、色泽等是钢材、塑料等所不能比拟的。现代木结构线条简洁明了，既有传统自然的风格，又能体现出现代生活的活力，这使得木材被广泛应用，因而出现了选材的天然化和实木化。

随着人类对环境保护意识的提高，以及对保护自身健康的需求更加迫切，绿色环保型家具材料成为家具制造的首选，对环境友好、对人体无害的家具新材料研发将成为家具材料的发展趋势。

绿色环保材料是指采用清洁生产技术，少用天然资源和能源，大量使用城市工业固态废弃物生产的无毒害、无污染、无放射性、有利于环境保护和人体健康的材料。绿色环保型材料考虑了地球资源与环境的因素，在材料的生产与使用过程中，尽量节省资源和能源，对环境保护和生态平衡具有一定的积极作用，并能为人类构造舒适的环境，它具有以下特性：①满足结构物的力学性能、使用功能以及耐久性的要求；②具备对自然环境友好的特点，符合可持续发展的原则，即节省资源和能源，不生产或不排放污染环境、破坏生态的有害物质，减轻对地球和生态系统的负荷，实现非再生资源的循环使用；能够为人类构筑温馨、舒适、健康和便捷的生存环境。

目前，绿色、环保、舒适、健康的建筑室内环境已成为世界居住的主题之一。人们对木结构建筑或装饰木制品不仅要求使用功能，亦要求造型新颖、优美，具有装饰效果，符合环保要求，利于身体健康。

绿色建筑、绿色木制品作为一种特殊的绿色产品具有其特殊的含义，是有利于使用者的健康、对人体没有毒害与伤害的隐患、满足使用者多种需求、在生产过程和回收再利用方面符合环境保护要求的产品。

木制品生产及利用过程中，贯彻材料利用绿色化的“6R”原则，即减量利用(reduce)、再利用(reuse)、再循环(recycle)、再生(regreen)、替代(replace)、恢复重建(recovery)，是减少生产和消费过程中原料和能源消耗，提高资源使用效率，实现木制品低能耗、低污染、高效率循环利用经济模式的必然途径。

1.4.2 生产方式趋于自动化、智能化和协作化

随着现代科学技术的突飞猛进，建筑木制品行业向高技术型(high technology，Hi-tech)和智能制造(intelligent manufacturing，IM)方向发展，成为现代工业化大生产产品已成为现实。采用新材料、新技术和新设备，使得建筑木制品的结构形式、加工工艺、装饰方法和管理模式得以改进。

新技术在现代建筑木制品的设计、生产、管理和设备操作等方面已实施和应用，具体如下：

计算机辅助设计和制造(computer aided design/manufacturing，CAD/CAM)，是以计算机为工具，帮助设计师进行设计的一切实用技术的总和，包括概念设计、优化设计、有限元分析、计算机仿真、计算机辅助绘图、计算机辅助设计过程管理、几何建模等。

数控机床中心(computer numerical control/machining center，CNC/NC)。数字控制，简称数控，指用离散的数字信息控制机械等装置的运行，由操作者自己编程。CNC是一种由程序控制的自动化机床。该控制系统能够逻辑地处理具有控制编码或其他符号指令规定的程序，通过计算机将其译码，从而使机床执行规定好了的动作，通过刀具切削将毛坯料加工成半成品、成品零件。

计算机集成制造系统(computer integrated manufacturing system，CIMS)，指通过计算机硬软件，并综合运用现代管理技术、制造技术、信息技术、自动化技术、系统工程技术，将企业生产有关全部过程中的人、技术、经营管理三要素及其信息与物流有机集成并优化运行的复杂大系统。

柔性制造系统(flexible manufacturing system，FMS)，是由一组自动化的机床或制造设备与一个自动化的物料处理系统相结合，由一个公共的、多层的、数字化可编程的计算机进行控制，对事先确定类别的零件进行自由加工或装配的系统。简单来说，FMS是由若干数控设备、物料运贮装置和计算机控制系统组成，包含多个柔性制造单元，并能根据制造任务和产品品种变化而迅速进行调整的自动化制造系统，适用于多品种、中小批量生产。

成组技术(group technology，GT)。随着人们生活水平的提高和社会的进步，人们追求个性化、特色化、多样化的思想日益普遍。在家具产品的制造中，大批量的产品越来越少，单件、小批量、多品种的产品生产模式越来越多，而传统生产模式在很大程度上不适应于多品种、小批量生产的组织。将成组技术用于设计、制造和管理等整个生产系统，可改变多品种、小批量生产方式，以获得最大的经济效益。

条码技术(bar code technology，BCT)。随着现代物流技术的快速发展，在产品加工、包装、运输、仓储、配送、销售等的物流全过程中，条码技术已经得到广泛的应用。条码技术是一种可印制的机器语言，是一组规则的条空及对应字符组成的符号，可代表字母、数字等信息。它是实现快速、准确而可靠地采集数据的有效手段。条码技术的应用解决了数据录入和数据采集的“瓶颈”问题，为企业管理和物流管理提供了有力的技术支持。

准时化生产(just in time，JIT)，起源于日本丰田汽车公司的一种生产管理方法，也被称为“丰田生产方式”。它的基本思想可用现在广为流传的一句话来概括，即“只在需要的时候，按需要的量生产所需的产品”，也就是“适时适量生产”。这种生产方式的核心是追求一种无库存的生产系统，或使库存达到最小，为此开发了包括“看板管理”在内的一系列具体方法，并逐渐形成了一套独具特色的生产经营体系。

来样加工(original equipment manufacturing，OEM)，也称为定点生产，俗称代工(生产)，基本含义为品牌生产者不直接生产产品，而是利用自己掌握的关键核心技术负责设计和开发新产品，控制销售渠道，具体的加工任务通过合同订购的方式委托同类产品的其他厂家生产，之后将所订产品低价买断，并直接贴上自己的品牌商标。这种委托他人生产的合作方式简称OEM，承接加工任务的制造商被称为OEM厂商，其生产的产品被称为OEM产品。可见，定点生产属于加工贸易中的“代工生产”方式，在国际贸易中是以商品为载体的劳务出口。

原创设计加工(original design manufacturing，ODM)，是由采购方委托制造方提供从研发、设计到生产、后期维护的全部服务，而由采购方负责销售的生产方式。采购方通常也会授权其品牌，允许制造方生产贴有该品牌的产品。

品牌加工(original brand manufacturing，OBM)，即代工厂经营自有品牌，或者说生产商自行创立产品品牌，生产、销售拥有自主品牌的产品。有观点认为，收购现有品牌、以特许经营方式获取品牌也可算为OBM的一环。

工业工程(industrial engineering，IE)，对人员、物料、设备、能源和信息组成的集成系统进行设计、改善和设置。它综合运用数学、物理学和社会科学方面的专门知识和技术，以工程分析和设计的原理与方法，对该系统所取得的成果进行确定、预测和评价，是从科学管理的基础上发展起来的应用性工程专业技术。它的内容强调综合地提高劳动生产率、降低生产成本、保证产品质量，使生产系统能够处于最佳运行状态而获得最高效益。

物料需求计划(material require planning，MRP)，依据主生产计划(master production schedule MPS)、物料清单、库存记录和已订未交订单等资料，经由计算而得到各种相关需求物料的需求状况，同时提出各种新订单补充的建议，以修正各种已开出订单的一种实用技术。这是一种基于销售预测的管理系统，以帮助车间经理和计划员做出明智的采购决策，安排原材料交付，确定满足生产所需的材料数量，以及制定劳动计划。

制造资源计划(manufacture resource planning Ⅱ，MRP Ⅱ)，是在物料需求计划上发展出的一种规划方法和辅助软件，是以物料需求计划为核心，覆盖企业生产活动所有领域，有效利用资源的生产管理思想和方法的人—机应用系统。

企业资源计划系统(enterprise resource planning，ERP)，是 MRP Ⅱ下一代的制造业系统和资源计划软件。除 MRP Ⅱ已有的生产资源计划、制造、财务、销售、采购等功能外，还有质量管理、实验室管理、业务流程管理、产品数据管理、存货、分销与运输管理、人力资源管理和定期报告系统。在我国其所代表的含义已被扩大，用于企业的各类软件，统统被纳入 ERP 范畴。它跳出了传统企业边界，从供应链范围去优化企业的资源，是基于网络经济时代的新一代信息系统。

1.4.3 构件或零部件采用标准化、预制化

随着全球贸易及国际标准化(ISO)的实施，木制品以采用新材料、新技术、新设备、新工艺、新结构为基础，着眼于建筑结构、木构件或产品零部件的标准化、系列化、预制化、通用化和专业化以及大批量生产。

根据互换性、模数制、公差与配合原理，伴随 KD 拆装式、RTA 待装式、ETA 易装式、DIY 自装式，以及“构件=产品”“构件+五金接口”“购买+组装”“大规模定制”等现代制造技术概念和理论的建立、传播和应用，使组合、多变、拆装的木结构进入全面系统设计阶段，功能与形式的结合更为完美；使标准化、专业化、拆装化、预制化的木结构建筑、制品在设计、生产、贮存、运输、销售、安装和使用等方面充分显示出优越性，建筑木制品的“全球化经营模式”有了技术保证，并成为可能。

建筑预制加工由于具备施工周期短、难度低、环境友好等优势，获得国家各级部门强力支持。中共中央国务院提出到 2025 年装配式建筑占新建建筑的比例将达 50%以上。预制式建筑，俗称“拼装房”，全称是预制装配式住宅，是用工业化的生产方式来建造住宅，将住宅的部分或全部构件在工厂预制完成，然后运输到施工现场，将构件通过可靠的连接方式组装而建成，在欧美及日本被称作产业化住宅或工业化住宅。

以天然木材为原材料的木结构预制建筑，具有其独特的优势。第一，加工高效。生产线每 48 分钟可生产一栋房屋，现场组装一天即可完成。第二，成本降低。以一个建筑面积 170m^2 的建筑为例，预制装配式比传统建造方式总体成本下降约 1/3，其中主体结构建造成本降低约 60%、装修成本降低约 43%。第三，环境友好。木结构预制装配是干式作业，没有扬尘污染，可做到“零”建筑垃圾。此外，预制装配式木结构具有极高的建筑装配率，最高可达到 80%，使用木结构墙体可以增加 7%的得房率，施工周期较混凝土快约 30%。

预制式加工将木结构建筑主要的承重构件、木组件和部品在工厂预制生产，并通过现场安装而成。建筑在全生命周期中符合可持续性原则，且满足装配式建筑标准化设计、工厂化制作、装配化施工、一体化装修、信息化管理和智能化应用的“六化”要求。装配式木结构建筑被拆分成板式的墙体、桁架和楼板单元，能够非常高效地运输到工地现场。

1.4.4 市场呈现国际化、贸易化和信息化

随着经济全球化、信息网络技术及电子商务的迅猛发展，木制品原料、加工、销售、消费等

呈现出全球化的发展趋势，以及“产、供、销”一条龙、“即需即供”的现代消费特点。

产品设计、生产和销售须遵循市场规律。研究分析市场信息，有利于使所设计、生产和销售的木制品成为市场畅销的现代工业产品。目前，经济全球化逐步深入、外资大量引进，中国市场与国际市场充分接轨，国内市场日益趋向国际化。而国际市场的新变化又迅速而深刻地影响着国内市场的发展。中国要在经济发展中获利，就必须融入国际市场，逐步进行国际化发展。

我国木材业界与国际木材市场接轨后，经过多年的市场磨砺，已经进入成熟阶段。我国由于木材资源紧缺，木材加工业需从俄罗斯、加拿大等大量进口原木，进口木材的总数量已占我国国内木材资源供应量的“半壁江山”，进口原木数量多年居世界第一位。我国亦是世界上最大的家具、人造板生产和出口国。

当下，建筑与家居木制品设计、生产、管理和销售已进入信息与网络化时代，特别是2020年以来，“宅经济”的兴起重塑了全球生活消费习惯，推动了更多的消费者从线下转向线上进行购物，有效地刺激了全球电商的发展，企业已经开始利用“电子商务”和网络技术，使产品逐步实现电子网络商贸分销，缩短了生产者、销售者、消费者之间的距离。

复习思考题

1. 什么是木制品？有哪些种类？
2. 什么是建筑结构木制品？有哪些种类？
3. 什么是建筑装饰木制品？有哪些种类？
4. 建筑与家居木制品生产特点包括哪几个方面？
5. 木制品的发展趋势有何特点？

第2章 木制品材料

【本章重点】

1. 木材的分类及其优缺点。
2. 木质人造板的种类及其相应的生产工艺和特征。
3. 木塑复合材料的生产工艺和应用。
4. 竹材的构造、特征以及竹质人造板的生产工艺和特征。

2.1 木材及木质人造板

木材作为四大原材料(木材、钢铁、水泥、塑料)之一，在建筑与家居木制品领域的应用历史悠长。木材不仅是四大原材料中唯一的可再生环保原材料，同时木材还具有优良的物理力学性能和环境学特性，如密度小、比强度大、易加工、保温、隔热性能优良、纹理自然美观等。作为建筑材料，木材具备许多优越的特性，但也存在节子和斜纹、材质不均匀、各向异性、干燥时容易开裂和变形等缺陷，以及管理不当时容易遭虫害和腐蚀等问题，这大大限制了木材在建筑工程等领域的应用。因此，对木材性质要有合理认识，从而有效提高木材的利用率和应用价值。

2.1.1 木材构造和特性

木材是制造建筑与家居木制品的主要原材料，种类较多，一般分为针叶材(softwood)和阔叶材(hardwood)，实际应用中两种木材又分别称为软木和硬木。

软木类木材来源于针叶材，其树干通直高大，纹理平直，材质均匀且轻软，易于加工，强度较高，表观密度及胀缩变形小、耐腐蚀性强。软木材质并不都是“软”的，有些特别坚硬，如紫杉。常见的软木有柏木、杉木、松木等。

硬木类木材通常都是阔叶材，材质偏硬，比较难加工，强度高，胀缩翘曲变形大，易开裂，有些树种具有美丽的纹理与色泽，适于制作家具、室内装修及胶合板等。但硬木并不都是木质坚硬的，如西印度轻木。常见的硬木有榆木、栎木、榉木、橡木、水曲柳、椴木、紫檀等。

早期结构用材主要以优质针叶材为主，如红松、杉木、云杉和冷杉，随着优质针叶材资源的日益短缺，材质略差的针叶材(如马尾松、云南松)和阔叶材(如桦木、水曲柳、椆木)也开始被应用。

2.1.1.1 木材的宏观构造

木材的宏观构造是指用肉眼或借助10倍放大镜可观察到的木材构造特征，它分为主要宏观特征和次要宏观特征。主要宏观特征是指木材的结构特征，包括心材和边材、早材和晚材、生长轮、管孔、轴向薄壁组织、木射线、胞间道等。次要宏观特征通常是变化的，因木材而异，如颜色、光泽、气味、纹理、髓斑等。

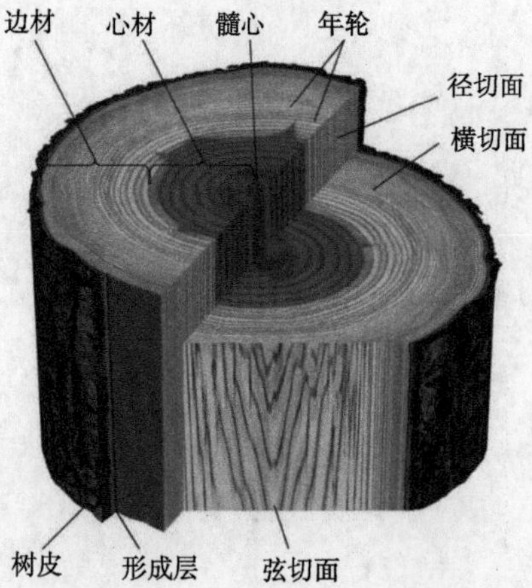

图2-1 木材三切面及主要宏观特征

(1)木材的三切面

木材是一种各向异性材料，它的构造从不同角度观察会表现出不同特征。木材三切面是人为确定的三个特定木材截面(图2-1)，虽然它们本身不是木材的构造特征，但通过对木材这三个截面特征的观察可以达到全面了解木材构造的目的。

①横切面　横切面是与树干长轴方向垂直的切面，也称端面或横截面。在横切面上可以观察到木材的生长轮、心边材、早晚材、木射线、管孔等，它是鉴别木材的重要切面。

②径切面　径切面是通过髓心沿树干长轴方向的切面，或通过髓心与生长轮相垂直的纵切面。径切面上可以观察到相互平行的生长轮、心边材、木射线以及沿生

长轮纹理方向排列的导管或管胞等。

③弦切面　弦切面是不通过髓心沿树干长轴方向的切面，或不通过髓心与生长轮相垂直的纵切面。弦切面上的生长轮呈抛物线状，在这个切面上可以测量木射线的高度和宽度。

在锯材流通和加工过程中，通常所说的径切板和弦切板与上述的径切面和弦切面有所区别。径切板和弦切板主要以横切面为基面或观察面，通过板宽线与生长轮之间的夹角来划分，夹角在0°~45°为弦切板，45°~90°为径切板。

(2)主要宏观构造

①边材和心材　边材是指处于树干横切面靠近树皮一侧的木质部，通常颜色较浅。边材中的薄壁细胞具有一定活力，所以边材不仅可以起机械支撑作用，同时还可以参与木质部的水分输导、营养物质运输和储存等生理活动。

心材是指髓心和边材之间的木质部，通常颜色较深。心材是边材中的薄壁细胞枯死后，淀粉在管孔内生成侵填体，单宁增加并扩散，使边材着色变为心材。心材的形成过程是一个复杂的生物化学过程，在这个过程中，薄壁细胞死亡，细胞腔出现单宁、色素、树脂、碳酸钙等物质，水分传导受阻，材质变硬，密度增大，所以一般心材的密度要大于边材(图2-1)。

②生长轮和年轮　树木的生长主要源于形成层细胞的生长，生长轮就是在一个生长周期内形成层生长产生的次生木质部。从横切面看，生长轮呈一个围绕髓心的轮状结构，这种轮状结构的形状与树种和外部生长环境息息相关。多数树种的生长轮在横切面呈同心圆状，少数树种呈不规则波浪状、偏圆形、环形等。在径切面上，生长轮为平行条状；而在弦切面上则多为V字形或抛物线形。

生长轮和年轮有所区别，生长轮是一个生长周期内产生的次生木质部，它是一个轮状结构。年轮则是一年内生长的生长轮，在温寒带地区，树木的形成层在一年内只向内长一层，这时的生长轮就是年轮；而在热带地区，一年内气候变化较小，树木在四季几乎不间断生长，所以一年之间可能形成几个生长轮。因而，生长轮不等于年轮，但年轮至少有一个以上的生长轮(图2-1)。

③早材和晚材　早材和晚材的区别主要在于不同季节气候对形成层活动的影响。早材是指温寒带地区树木在一年内的早期或热带地区树木在雨季形成的木材，早材受环境温湿度的影响，细胞分裂速度快，细胞壁薄，形体较大，材质疏松，材色浅。晚材是指树木在温寒带地区秋季或热带地区旱季生长的次生木质部，由于这个时期树木营养物质流动缓慢，形成层细胞生长放缓，细胞分裂速度变慢并逐渐停止，所以形成的细胞腔小而壁厚，材色深，组织较为致密。早材和晚材是一个完整周期内生长的生长轮，所以，由早材和晚材构成的同心生长层称为年轮(图2-2)。

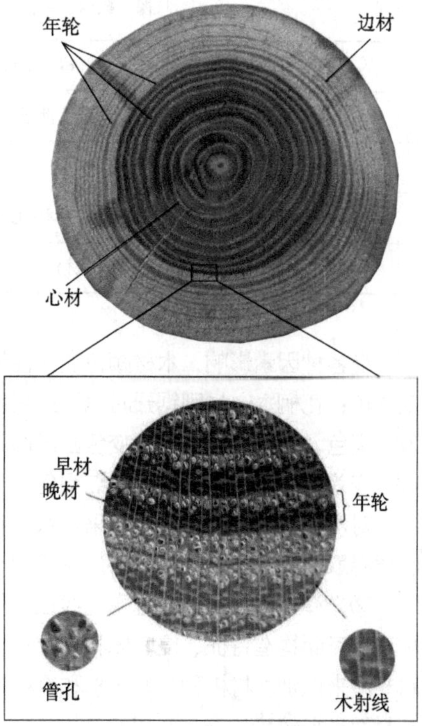

图2-2　早材和晚材

④管孔　在绝大多数阔叶材的横切面上可以看到大小不等的孔眼，这些孔眼是横切面上导管的细胞腔，称为管孔。管孔是树木的轴向输导组织，在纵切面上管孔呈沟槽状，称为导管线。导管管孔直径大于其他细胞，可以凭肉眼或放大镜在横切面上观察到，大多数管孔呈圆形状。

管孔的有无是区别阔叶材和针叶材的重要依据，同时管孔的组合、分布、排列、大小、数目和内含物也是识别阔叶材的重要依据。常见的管孔组合有单管孔、径列复管孔、管孔链和管孔团，管孔的排列形式有星散状、径列或斜列、弦列，管孔的分布形式常见的有散孔、半散孔和环孔(图2-2)。

⑤木射线　从木材横切面看，木射线是生长细胞从树干中心向树皮呈辐射状排列构成的组织，大多数木射线颜色较浅。有些木射线从髓心生长直达内树皮，这些射线被称之为初生木射线，也称髓射线。有些木射线从形成层出发，但达不到髓心，这称之为次生木射线，木材中的射线大部分属于次生木射线。在木质部的射线称为木射线；在韧皮部的射线称为韧皮射线。射线是木材的横向组织，起到横向传输储存水分和养料的作用(图2-2)。

⑥胞间道　胞间道是指由分泌细胞围绕而成的长形细胞间隙，胞间道又分为树脂道和树胶道。树脂道为储藏树脂的胞间道，主要存在于部分针叶材中；树胶道为储藏树胶的胞间道，主要存在于部分阔叶材中。胞间道有轴向和径向之分，但有的树种只有一种，有的两种都有。

树脂道在针叶材横切面上常呈星散分布于早晚材交界处或晚材带中，在纵切面上呈不同长度的深色沟槽，其中常充满树脂，其排列情况在不同生长轮中也各不相同。径向树脂道存在于纺锤形木射线中，呈细小形状。具有正常树脂道的针叶树种主要有松属、云杉属、落叶松属、黄杉属、银杉属和油杉属。根据树脂道的有无和大小，针叶材也常被分为有脂材和无脂材。有脂材里分为正常树脂道和创伤树脂道。

阔叶材中为树脂道。树胶道也有轴向和径向之分，多数为弦向排列，少数为单独分布。树胶道不像树脂道易识别，它较易与管孔混淆。

(3)次要宏观构造

①颜色　木材颜色主要来源于木材中的类黄酮、色素、单宁、树脂、树胶及油脂等物质，这些物质与木材组分相互作用，使木材呈现不同颜色，部分树种木材颜色见表2-1。一般边材颜色较浅，心材颜色较深。木材颜色能够反映树种特征，常被作为重要特征之一用于木材鉴别。

表2-1　木材颜色

颜色	树种
白色至黄白色	云杉、樟子松(边材)、山杨、青杨、白杨、枫杨
黄色至黄褐色	红松、臭松、杉木、落叶松、圆柏、铁杉、银杏、雪松、樟子松(心材)、水曲柳、刺槐、桑树、黄檀、黄波罗、黄连木、冬青
红色至红褐色	香椿、红椿、毛红椿、厚皮香、红柳、西南桦、水青冈、大叶桉、荷木
褐色	黑桦、齿叶枇杷、香樟、合欢
紫红褐色至紫褐色	紫檀、红木
黑色	乌木、铁刀木(心材)
黄绿色至灰绿色	漆树(心材)、木兰科树种(心材)、火力楠

受各种因素影响，木材颜色变异性较大。例如，叶黄杞新采伐时横切面呈黄色，干燥后变为灰褐色；花榈木心材刚锯开时呈鲜红褐色，久置后变为暗红褐色。多数木材会因风化或氧化作用发生变色，有些木材在受到变色菌侵蚀后表面颜色也会发生改变，如马尾松边材发生青变，水青冈木变为淡黄色，桦木变为淡红褐色。

对木材颜色的利用，可以采用水或有机溶剂溶解的方法，将木材中可溶解的色素、类黄酮等物质提取出来，以染料或颜料的形式用于纺织或化工等行业。

②光泽　木材的光泽是指光线在木材表面反射时所呈现的光亮度，它的大小与树种、表面粗糙度、表面构造特征、侵填体和内含物、木材切面类型等因素有关。在鉴定木材时，可以借助木材光泽来识别木材树种，如云杉和冷杉外观特征和颜色极为相似，但云杉材面呈绢丝光泽，而冷杉材面光泽较暗。

③气味和滋味　木材的气味主要来自细胞腔所含的树脂、树胶、单宁及各种挥发性物质，由

于不同树种木材所含物质的不同，所以不同木材会表现出不同气味，因而气味可以作为木材鉴别的特征之一。如松木有松脂气味，雪松有辛辣气味，杉木有杉木香气，柏木、圆柏和侧柏有柏木香气，银杏有苦药气味，杨木有青草气味，香樟和黄樟有樟脑气味等。

木材的滋味来源于木材中水溶性抽提物中的一些特殊化学物质，如黄柏、苦木、黄连木有苦味，糖槭木有甜味，栎木和板栗有单宁涩味，肉桂具有辛辣及甘甜味。

木材的气味和滋味不仅有助于鉴别木材，而且还有其他重要用途，如用香樟制作的家具可以有效防虫蛀，用檀香木可以制作气味宜人的装饰器件或木制品。但也有一些木材的气味对人体有害，如紫檀、漆树会使个别人体皮肤产生过敏等现象。

④纹理和花纹　木材纹理是指木材细胞组织(纤维、导管、管胞等)的排列方向。常见的木材纹理有直纹理(木材轴向细胞与树干长轴平行)和斜纹理，斜纹理木材强度较低，不易加工，但有一些斜纹理花纹美丽，具有较高的装饰价值。斜纹理又分为螺旋纹理、交错纹理、波浪纹理和皱状纹理。

木材花纹是指木材表面由生长轮、木射线、轴向薄壁组织、颜色、结疤、纹理等因素产生的各种图案，不同树种的花纹也各不相同，通过对木材花纹的分析有助于木材鉴别工作的顺利开展。常见的木材花纹有“V”形花纹、银光花纹、鸟眼花纹、树瘤花纹、树桠花纹、虎皮花纹、带状花纹等。

⑤质量和硬度　木材的质量和硬度可以作为鉴别木材的参考依据，在木材鉴别时常将木材分为轻、中、重和相应的软、中、硬三大类，具体对应数值见表 2-2。

表 2-2　木材鉴别分类

等级	密度/(g/cm^3)	端面硬度/N	树种
轻软木材	小于 0.5	小于 5000	泡桐、鸡毛松、杉木等
中等木材	0.5~0.8	5001~10000	黄杞、枫桦等
重硬木材	大于 0.8	大于 10000	子京、荔枝、蚬木等

⑥髓斑和色斑　髓斑是树木生长过程中，形成层受到昆虫侵害后形成的愈合组织。髓斑一般在横切面上表现为不规则的浅色或深色似月牙的斑点，在纵切面上为深褐色的粗短条纹。髓斑是木材的不正常构造，常发生在特定树种，如杉木、柏木、桦木、椴木等，所以髓斑在木材鉴别中具有一定参考意义。少量髓斑一般不会对木材性能造成太大影响，但大量髓斑的存在会降低木材强度，尤其在一些特殊用途如航空或仪器仪表使用时，髓斑被视为一种木材缺陷而严格限制。

色斑是活立木受伤后，在木质部出现各种颜色的斑块，如交让木受伤后会出现紫红色斑块，泡桐木受伤后能形成蓝色斑块。

2.1.1.2　木材的微观构造

木材的微观构造是指通过显微镜观察到的木材结构和组织。为进一步了解木材的结构和性能，我们需要对木材的微观构造进行深入探索研究。木材的微观构造主要包括管胞、木射线、木纤维、轴向薄壁细胞、胞间道以及薄壁上的特征结构。

木材按裸子和被子植物分为针叶材和阔叶材，分属不同的植物系统，两者在微观构造上存在明显差异。针叶材细胞种类少，阔叶材细胞种类多且进化程度高。例如，针叶材的管胞同时具有营养水分输导作用和机械支撑功能；而阔叶材则是导管负责输导，木纤维负责强度支撑。另外，阔叶材的木射线比针叶材宽，且射线和薄壁组织的类型丰富而含量较多。所以，阔叶材在组织构造和材性上要比针叶材复杂，两者的主要差异见表 2-3。

表 2-3 针叶材和阔叶材微观构造的主要差异

结构组成	针叶材	阔叶材
导管	不具有	具有(水青树和昆栏树除外)
管胞/木纤维	管胞为主要组成分子，其横切面呈四边形或六边形，早晚材管胞差异较大	木纤维是主要组成分子，其横切面形状不规则，早晚材木纤维差异不大，同时少数树种具有阔叶材管胞
木射线	具射线管胞，细胞均为横卧细胞，多数为单列，具有横向树脂道的树种会形成纺锤形木射线	不具有射线管胞，但具有横卧细胞、方形细胞和直立细胞；组成射线的细胞形态有同形和异形之分；多数树种为多列射线，少数为单列射线
胞间道	仅松科部分属的树种具有树脂道，且分布分散，或为短切纤维	部分树种具有树胶道，在龙脑香科和漆树科中比较常见，前者多为同心圆状轴向树胶道，后者为横向树胶道
矿物质	仅少数树种细胞含有草酸钙结晶，不含二氧化硅	多数树种含有草酸钙结晶，且结晶形状多样，部分热带树种含有二氧化硅

2.1.1.3 木材的化学组成

从生物角度看，木材主要由细胞组成，细胞壁又由胞间层、初生壁、次生壁组成。每个壁层由很多微纤丝构成，微纤丝的基本单元为基本纤丝。从化学角度看，木材由碳(C，50%)、氢(H，6.4%)、氧(O，42.6%)、氮(N，1%)四种主要元素组成，其主要成分有纤维素(45%~60%)、半纤维素(10%~25%)和木质素(20%~30%)；次要成分为抽提物(2%~5%)和灰分(0.3%~1%)，两者以内含物的形式存在于细胞腔中。从整体看，木材的主要成分(纤维素、半纤维素和木质素)呈"混凝土钢筋结构"，即纤维素为钢筋，木质素为混凝土，半纤维素则是连接两者的中间体，以此来赋予木材强度。

2.1.1.4 木材的基本物理特性

(1)密度

木材密度的大小反映木材细胞壁中物质含量的多少，是木材特性的一个重要指标，大多数木材力学性质都与木材密度呈正相关，如木结构连接件的承载能力，所以木材密度是结构用材选择树种时首要考虑的因素。

木材的密度可分为生材密度、气干密度、绝干密度和基本密度。可见式(2-1)~式(2-4)。

①生材密度　生材密度是指刚伐倒木材的密度，为刚伐倒木材的质量(m_g)与其体积(V_g)的比值。

$$\rho_g = m_g / V_g \tag{2-1}$$

②气干密度　气干密度是指木材在大气条件下，气干状态的质量(m_a)和体积(V_a)的比值。

$$\rho_a = m_a / V_a \tag{2-2}$$

③绝干密度　绝干密度是指木材在人工干燥至绝干状态时，其质量(m_0)和体积(V_0)的比值。

$$\rho_0 = m_0 / V_0 \tag{2-3}$$

④基本密度　基本密度是指木材在绝干状态时的质量(m_0)和对应生材体积(V_g)的比值。

$$\rho_b = m_0 / V_g \tag{2-4}$$

对木材密度的测量，主要是对木材质量和体积的测定，质量可以通过天平测量获得，而对木材体积的测量主要取决于木材的形状，常用的测量木材体积的方法主要包括：①对形状规则的木材，直接测量其三面尺寸即可计算出体积；②对于形状不规则的木材，可采用排水法测量体积；③快速测定法，即将木材快速浸入液体内，记录浸入前后液体的体积变化，通过简单计算获得木材体积。

木材密度的单位为 g/cm^3 或 kg/m^3，一般木材的实质密度(即去除木材中所有孔隙的密度)为 $1.5g/cm^3$，绝干木材的密度(干燥条件下，包含孔隙的密度)为 $0.3~0.8g/cm^3$。通常木材含有水分，木材质量和体积会随含水率而变化，木材含水率为5%~25%。

大多数阔叶材的密度要大于针叶材，密度最大的木材是阔叶材愈创木（1.249g/cm^3），最小的也是阔叶材巴尔沙木（0.16g/cm^3）；针叶材的密度比较集中，在0.3~0.7g/cm^3（表2-4）。

表2-4 木材密度对照表 g/cm^3

硬木	密度	软木	硬木	密度	软木
愈创木	1249		非洲楝木	625	
绿心奥寇提木	1041		梧桐木	593	欧洲落叶松
非洲黑檀木	1025		帽柞木	561	
彬加都木	993		英国榆木	545	巴西杉
哈氏短被菊木	977		浅红柳桉木	529	花旗松
红桉木	897		美洲红木	513	苏格兰松（红木）
缅茄木	833		欧洲七叶树	497	西部铁杉
红柳桉木	817		红檀香木	481	白木/银木
狄氏黄胆木	752			465	白木（欧洲云杉）
假龙脑香木	737			449	西特喀杉
非洲榉木或橡木	721		加蓬木	433	
欧洲白蜡木	705			416	黄松（美洲松）
非洲柚木	689			400	
欧洲桦木（乌梯列木）	673	紫杉木（北美脂松）	白梧桐木	384	西部红雪松
伊洛可木（柚木）	641		巴尔杉木	160	

（2）水分

木材中的水分对木材的性能和综合利用至关重要，研究木材中水分的基本性质及其影响因素对木材的采运和加工利用具有重要意义。

木材中的水分主要有三种类型：自由水、吸着水和化合水。

①自由水 自由水是指存在于木材细胞腔和细胞壁孔隙中能够自由移动的水分，与木材密度、燃烧性、干燥性及渗透性有密切关系。

②吸着水 吸着水是木材细胞壁中吸附于微纤丝间的水分，也叫结合水或附着水，是影响木材强度和尺寸稳定性的主要因素。

③化合水 化合水是构成木材细胞成分的水分，它在常温、常压条件下基本无变化，对木材的性能影响较小。

木材中所含水分的多少称之为木材含水率，根据基准的不同，可分为相对含水率和绝对含水率，木材工业中一般采用绝对含水率（*MC*）进行生产加工，即水分质量占绝干木材质量的百分比，可见式（2-5）。相对含水率（*MC'*）是指水分质量占含水木材质量的百分比，可见式（2-6）。

$$MC=(m-m_0)/m_0\times100\% \quad (2\text{-}5)$$

$$MC'=(m-m_0)/m\times100\% \quad (2\text{-}6)$$

式中，*MC*和*MC'*分别是木材的绝对含水率和相对含水率；m是含水木材的质量（g）；m_0是绝干木材的质量（g）。

木材根据含水状态的不同，可以分为：

①生材 其含水率通常在70%~140%。

②湿材 其含水率一般都超过100%。

③气干材 其含水率8%~20%，平均为15%。

④窑干材或炉干材 其含水率约4%~12%。

⑤绝干材或全干材　即若将木材中的水分全部干燥出来，含水率为零。

常见的木材含水率测试方法有：烘干法，即直接将木材试样干燥至绝干时计算得到的木材中的水分；仪器仪表法，即利用直流电阻式、高频感应式、红外式含水率测试仪器，直接读取数值即可获得木材含水率。

在进行木材加工利用时，我们还会经常用到与木材水分相关的几个名词。

①木材的吸湿性　木材属于多分级孔隙材料，孔隙率高，具有一定的吸着性。当干木材放置在潮湿空气中时，木材中游离的羟基能够凭借分子间力和氢键力将空气中水蒸气分子吸附于其上，在纤丝之间形成多分子水层的吸附水，此性质称为木材的吸湿性。

②纤维饱和点　干烽木材在潮湿空气中会吸湿，当空气的相对湿度达99.5%时，木材细胞壁完全被水饱和，而细胞腔中没有水，这种含水率状态称为纤维饱和点。木材的纤维饱和点随树种和温度的不同而异，为23%~32%，通常取30%为平均值。

③平衡含水率　木材长期暴露在一定温度和相对湿度的空气中，最终会达到相对恒定的含水率，即吸湿与解吸的速度相等，此时木材所具有的含水率称平衡含水率。平衡含水率随地区、大气温度和湿度的不同而异。我国北方地区年平均平衡含水率约为12%，南方约为18%，长江流域约为15%，国际上以12%为标准平衡含水率。

2.1.1.5　木材的优点

(1)强重比高

木材被广泛用于建筑与家居制品，而且经久耐用，主要原因是木材质轻而高强，比强度比一般金属都高。由于木材为多孔性结构(有细胞腔、纹孔腔、细胞间隙等孔状结构)，所以是一种质轻材料，一般木材密度仅为0.4~0.9g/cm^3。木材单位重量的强度比较大，可以承受较大的变形而不折断。

(2)加工性能好

木材具有优越的加工性能，得益于木材中空质轻，利用简单的工具就可以加工，经过锯、铣、刨、钻等工序就可以做成各种轮廓的零部件，还可以使用各种金属连接件及胶黏剂进行组装，同时还可以进行蒸煮弯曲、漂白染色等处理。另外，对于小材、劣材可进行胶拼、层积、指接、复合等工艺加工。

(3)热电传导性低

木材中可自由移动的电子少，外加木材为多孔性材料，所以其导热性和导电性差，是建筑与家具中保温、隔热材料的绝佳选择。

(4)安全性高

木材虽然具有一定燃烧性，但木结构在逐渐燃烧炭化过程中仍然能保持一定强度，其高温蠕变性能要高于金属结构；同时木结构比金属结构变形小且慢，在超载荷折断时，木材会发出预警而不是直接脆断，因此木结构安全性较好。

(5)色泽和天然纹理优美

木材因年轮和木纹方向的不同而形成各种粗细直斜纹理，经锯切或旋切、刨切以及拼接等方法，可以制成各种美丽花纹。各种木材因木射线的形态或抽提物含量的差异，产生深浅不同的天然颜色和光泽，这为家具及室内装饰提供了多种可能方案。

(6)环境学特性好

木材具有天然的独特美感和优越的材料特性，常被作为室内装饰、建筑、家具制作的原材料，由此提高居住环境的舒适性。木材以其多变的颜色和纹理，在室内装饰领域占据重要地位。木材的冷暖感、软硬感和粗滑感等环境学特性适应人类的生理和心理需求。木材一方面具有良好的音质效果，另一方面还具有较好的隔声、吸音性能，可作为室内墙板、地板，起到阻隔噪音的功能。由于木材具有吸湿、放湿特性，还可以对室内气候进行调节，使人产生舒适感；木材具有保温、隔热性能，使室内冬暖夏凉。

2.1.1.6 木材的缺点

(1)吸湿性

木材的吸湿性也可以理解为干缩湿胀性，因为木材是多羟基材料，在潮湿或水环境中容易吸湿或吸水发生变形，导致木制品失稳或失效。一般木材的纵向干缩率仅为0.1%~0.3%，径向为3%~6%，弦向为6%~12%。通常减小木材干缩湿胀的途径包括：控制木材含水率、采用物理或化学手段降低木材吸湿性(如化学药剂或油漆树脂等表面处理、高温干燥、使用乙酰剂等)、采用径切板、机械抑制等。

(2)各向异性

树木在生长过程中由于组织构造的差异，会使木材在纵向、径向和弦向三个方向上表现出不同的物理力学性质。这三个方向上的差异主要表现在：力学强度(木材抵抗外部机械力作用的能力)、干缩湿胀性、翘曲变形，以及对水分、热、电、声的传导特性。所以，在选用木材时应该根据环境需要选择合适的木材，将木材在建筑与家居木制品中的应用安全化和价值最大化。

(3)变异性

木材的变异性通常是指因树种、树株、树干的不同部位及立地条件、造林和营林措施等的不同，引起的木材外部形态、构造、化学成分和性质上的差异。

(4)天然缺陷

木材存在节子、变色、裂纹、变形、树干形状缺陷、伤疤等天然缺陷，它们会影响木材的加工和使用，所以在应用木材时还须进一步对木材进行二次加工，如涂饰、贴面、锯切等，从而减小这些缺陷对木制品使用的影响。GB/T 155—2017《原木缺陷》、GB/T 153—2019《针叶树锯材》、GB/T 4817—2019《阔叶树锯材》、GB/T 4823—2013《锯材缺陷》等国家标准将木材缺陷分为节子、变色、裂纹、树干形状缺陷、木材构造缺陷、伤疤、木材加工缺陷、变形等。而未在标准中的木材缺陷还包括幼龄材、应力木等。木材缺陷虽然会影响木材的力学性能，但这种木材可作为装饰材料，因为节子、乱纹、树瘤等可以为其提供美丽的材面花纹，具有很强的装饰性。

(5)易虫菌蛀蚀和燃烧

木材富含多糖类物质，在潮湿和户外等环境中可以作为一些虫类和菌类的营养物质，导致木材发生虫蛀、腐朽、变色等问题，同时木材还容易燃烧。所以，在使用木材时要根据环境需求，对木材进行防虫蛀、防腐朽、阻燃等处理，以提高木材的耐久性和阻燃性。

2.1.2 木质人造板

木质人造板是以木质纤维材料为主要原料，通过专门的加工工艺处理，在一定条件下胶接或复合而成的一种木质材料(也称板材或型材)。由于世界范围内天然林木资源的不断减少，木质人造板成为高效利用林木资源的重要手段之一，尤其是利用速生林木资源制备高性能的木质人造板，这不仅可以减轻对天然林木资源的使用，节约木材资源，同时还可以提高林木资源的利用效率和附加值。现如今，木质人造板工业已成为我国木材工业的重要组成部分，随着我国人造板工业的高速增长，我国的人造板产量已居世界首位。

木质人造板的品类繁多，根据应用场合、性能和功能的不同，其分类方式也有所不同；另外，不同用途的木质人造板在密度、胶黏剂种类、原料类型、制造工艺等方面的差异也比较大。目前，对木质人造板的分类还没有统一标准，所以此处主要就几种常见的和新型的木质人造板进行介绍。

2.1.2.1 胶合板

(1)胶合板的概念

胶合板是原木经旋切或刨切成单板，涂胶后按相邻层木纹方向互相垂直组坯胶合而成的多层(常为奇数层)板材(图2-3)。

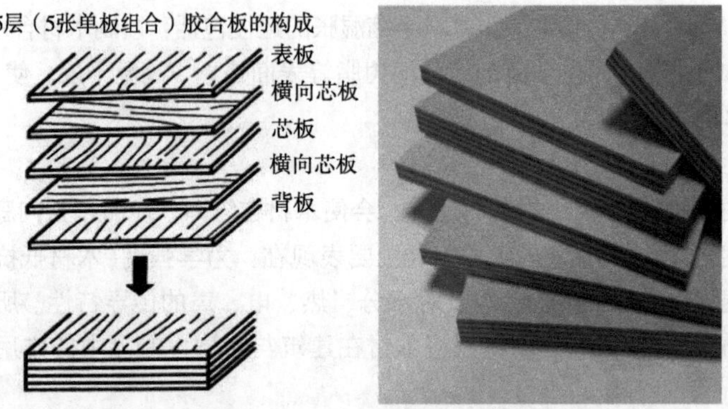

图2-3 5层胶合板的组坯原理(左)和样板(右)

(2)胶合板的生产工艺流程

胶合板的生产工艺流程如图2-4所示。

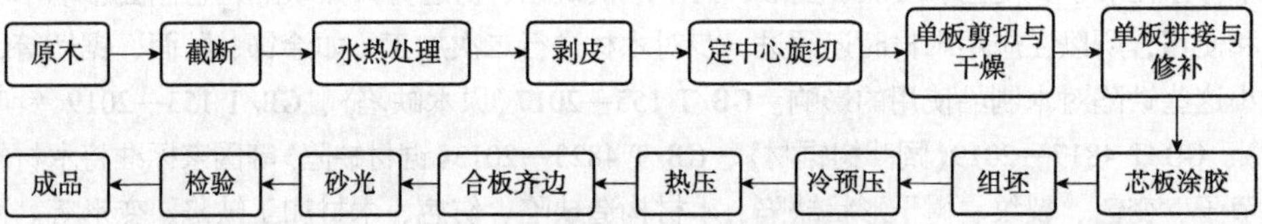

图2-4 胶合板的生产工艺流程

(3)胶合板的特点

胶合板的特点如下：

①幅面大、厚度小、容重轻、木纹美观、表面平整、不易变形、强度高等优良特性。

②合理使用木材，提高木材利用率。

③组坯遵循结构三原则(对称原则、奇数层原则、层厚原则)，克服天然木材各向异性等缺陷。

(4)胶合板的分类和分等

胶合板常见的分类有按面板树种、胶层耐水性、结构和制造工艺等方式。

①按面板树种，可分为阔叶材胶合板和针叶材胶合板。

②按胶层耐水性，可分为Ⅰ、Ⅱ、Ⅲ、Ⅳ类胶合板。具体如下：

Ⅰ类胶合板为耐气候、耐沸水胶合板(代码为NQF)，相当于国外产品代号WBP(water-boil proof)，主要用于室外场所。

Ⅱ类胶合板为耐水胶合板(代码为NS)，相当于国外产品代号WR(water-resistant)，主要用于室内场所及家具。

Ⅲ类胶合板为耐潮胶合板(代码为NC)，相当于国外产品代号MR(moisture-resistant)，只适用于家具或一般用途。

Ⅳ类胶合板为不耐水胶合板(代码为BNC)，相当于国外产品代号INT(interior)，不具有耐水、耐潮性能，一般用豆胶等生产，只适用于室内常态或一般用途。

③按结构和制造工艺，可分为普通、厚、特殊胶合板。

普通胶合板也称薄胶合板，即厚度在 4mm 以下的胶合板，常见的有三层(3 厘)板；

厚胶合板，即厚度在 4mm(五层)以上的胶合板，常见的有多层(5 厘、9 厘、12 厘等)板。

特殊胶合板，即特殊处理、专门用途的胶合板，常见的有塑化胶合板、防火(阻燃)胶合板、航空胶合板、船舶胶合板、车厢胶合板、异型胶合板等。

普通胶合板按加工后胶合板面上可见的材质缺陷和加工缺陷可分成特等、一等、二等、三等四个等级。具体分等及其对应的应用场合如下所述：

特等胶合板主要适用于高级建筑室内装饰、高级家具和其他特殊木制品。

一等胶合板主要适用于较高级建筑室内装饰、高中级家具和其他特殊木制品。

二等胶合板主要适用于普通建筑室内及车船等装饰、一般家具等。

三等胶合板主要适用于低档建筑室内装修和低档家具及包装材料。

(5)胶合板的标准和规格

普通胶合板的概念、分类、要求、测量及试验方法、检验规则等主要依据国家标准 GB/T 9846—2015《普通胶合板》进行，根据厚度的不同，常见的胶合板有 3 层胶合板(厚度为 2.6~6mm)、5 层胶合板(厚度为 5~12mm)、7~9 层胶合板(厚度为 7~19mm)、11 层胶合板(厚度为 11~30mm)等；根据幅面(宽×长)的不同，常见的胶合板有 915mm×1830mm(3′×6′)、915mm×2135mm(3′×7′)、1220mm×1830mm(4′×6′)、1220mm×2440mm(4′×8′)，最常用的胶合板为 1220mm×2440mm(4′×8′)。

2.1.2.2 刨花板

(1)刨花板的概念

刨花板是利用小径材、木材加工剩余物(板皮、截头、刨花、碎木片、锯屑等)、采伐剩余物和其他植物性材料，加工成一定规格和形态的碎料或刨花，并施加胶黏剂后，经铺装和热压制成的板材(图 2-5)。因刨花尺寸的不同，刨花板形态、用途差异较大。市场上常见的碎料板，或称颗粒板或实木颗粒板，是常见的刨花板之一。

图 2-5 刨花板原料(左)和样板(右)

(2)刨花板的生产工艺流程

刨花板的生产工艺流程如图 2-6 所示。

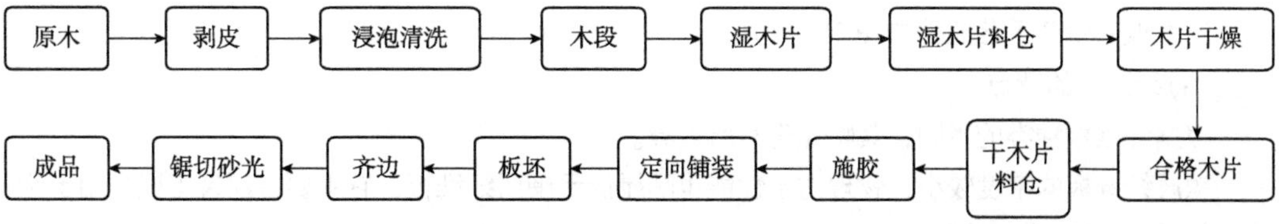

图 2-6 刨花板的生产工艺流程

(3)刨花板的特点

刨花板的优点是幅面尺寸大，表面平整，由于刨花板加工过程中剔除了木材中的缺陷，所以它在各个方向的结构和性质稳定，不存在木材的生长缺陷；另外，刨花板可以直接加工使用，无须干燥，且隔音隔热性好，可以作为装饰或结构材使用。刨花板可充分利用小径材和碎料，是综合利用木材、节约木材资源、提高木材利用率的重要方式。例如，每 1.3~1.8m^3 木质废料可生产 1m^3 刨花板；生产 1m^3 刨花板，可代替 3m^3 左右原木锯解的板材使用。

刨花板也有缺点，它的容重较大，平面抗拉强度低，在潮湿和富水环境容易吸湿吸水发生厚度膨胀等变形，边部的刨花颗粒容易脱落。另外，刨花板不适宜开榫，握钉力低，切削加工性能较差，同时，由于刨花板加工过程中需要添加胶黏剂，所以存在游离甲醛释放等环保问题，其表面杂乱排列的刨花也使刨花板的表面性能比实木的表面木纹感低。因而，通常刨花板需要经过表面装饰来提高其表面性能，如表面贴面或涂饰等二次加工工艺。装饰处理后的刨花板可广泛用于板式家具生产和建筑室内装修。

(4)刨花板的分类

刨花板常见的分类方式有按制造方法、结构、刨花形态、原料等进行分类。

①按制造方法，可分为挤压法刨花板和平压法刨花板。

②按结构，可分为单层、三层和渐变结构刨花板，具体如下：

单层结构刨花板：其刨花不分大小粗细，从断面看刨花尺寸和形态都比较均匀。

三层结构刨花板：其外层的刨花比较细小，而芯层则采用粗大的刨花，外层和芯层有明显的界线。

渐变结构刨花板：刨花由表层到芯层逐渐增大，两层之间没有明显的界线。

③按刨花形态，可分为普通刨花板(常见为细刨花)和结构刨花板。常见的结构刨花板有定向刨花板(欧松板)和华夫刨花板。定向刨花板是由长宽尺寸较大的刨花定向铺装压制而成，而华夫刨花板则是由层积铺装的刨花压制而成。

④按原料，可分为木质刨花板和非木质刨花板，其中非木质原料主要包括竹材、棉秆、亚麻屑、甘蔗渣、秸秆、水泥、石膏等。

(5)刨花板的标准与规格

一般刨花板的概念、分类、要求、测量及试验方法、检验规则等主要依据国家标准 GB/T 4897—2015《刨花板》进行。根据用途的不同，刨花板分为 A、B 两类，A 类为家具、室内装修等一般用途刨花板，分为优等品、一等品和二等品三种规格；B 类为非结构建筑用刨花板，只有一个等级规格。根据厚度的不同，常见的刨花板厚度规格有 4mm、6mm、8mm、9mm、10mm、12mm、14mm、16mm、19mm、22mm、25mm、30mm 等。根据幅面(宽×长)的不同，常见的刨花板有 915mm×1830mm(3′×6′)、915mm×2135mm(3′×7′)、1220mm×1830mm(4′×6′)、1220mm×2440mm(4′×8′)，最常用的幅面为 1220mm×2440mm(4′×8′)。

2.1.2.3 纤维板

(1)纤维板的概念

纤维板是以木材或其他植物纤维为原料，经过削片、制浆、成型、干燥和热压而制成的板材(图 2-7)。

(2)纤维板的生产工艺流程

纤维板的生产工艺流程如图 2-8 所示。

(3)纤维板的特点

根据纤维板种类的不同，其特点也有所差异。

软质纤维板的密度较小，物理力学性能也明显低于硬质纤维板，它主要在建筑工程中用于绝缘、保温、吸音、隔音等方面。

图 2-7 纤维板的原材料(左)和样板(右)

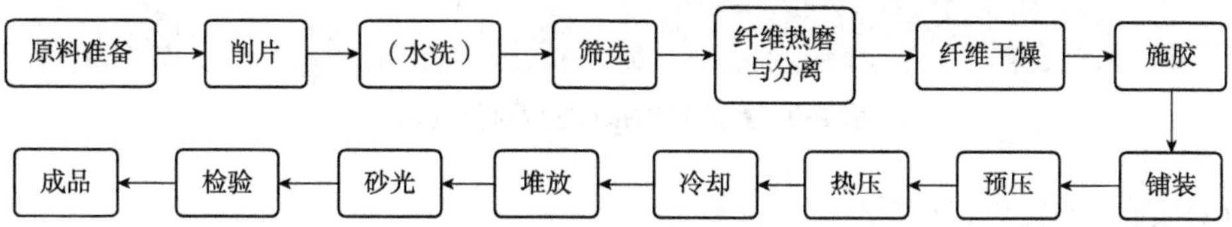

图 2-8 纤维板的生产工艺流程

中密度纤维板和高密度纤维板的幅面较大，结构均匀而尺寸稳定性好，力学强度较高，易于切削加工，如锯截、开榫、开槽、砂光、雕刻和铣型等。与刨花板相比，中高密度纤维板的板边坚固，表面干净平整，可以直接胶贴各种饰面材料、涂饰涂料、印刷处理，所以，中高密度纤维板是中高档家具制作和室内装修的良好材料。

(4)纤维板的分类

纤维板常见的分类方式有按原料、制造方法、密度进行分类。

①按原料来源，可分为木质纤维板和非木质纤维板。

②按制造方法，可分为湿法纤维板和干法纤维板。湿法纤维板以水为输送纤维和板坯成型的介质，并借助板坯内水分的作用，使纤维之间形成一定的结合力而制成。湿法纤维板主要用于建筑、包装、家具和车辆制造等方面，经过防火、防腐和防水处理后还可作特殊用途。干法纤维板以气流为载体来输送纤维并使板坯成型，再经过热压等工艺制成。干法纤维的含水率一般在10%左右，且需添加胶黏剂来使纤维结合而使板坯成型，干法纤维板表面光滑，其工艺不存在废水污染问题。

③按密度，可分为软质纤维板、中密度纤维板和高密度纤维板，具体密度范围如下：

软质纤维板(soft fiberboard，SB；insulation fiberboard，IB；low density fiberboard，LDF)：其密度一般小于 $0.4g/cm^3$。

中密度纤维板：又称中纤板(medium density fiberboard，MDF)，其密度一般为 $0.4 \sim 0.8g/cm^3$。

高密度纤维板：又称高密板(high density fiberboard，HDF)，其密度一般为 $0.8 \sim 0.9g/cm^3$。

(5)纤维板的标准与规格

目前市场应用的纤维板主要以中密度纤维板为主，国家标准 GB/T 11718—2021《中密度纤维板》也对干法生产的中密度纤维板的概念、分类、要求、测量及试验方法、检验规则等作了具体界定。中密度纤维板常用的厚度规格有 6mm、8mm、9mm、12mm、15mm、16mm、18mm、19mm、21mm、24mm、25mm，常见的幅面尺寸(宽×长)是“四八尺”，即 1220mm×2440mm(4′×8′)。

2.1.2.4　集成材

(1)集成材的概念

集成材又称胶合木或指接材，它是将木材纹理平行的薄板或小木方在长度、厚度或宽度方向胶合而成的具有一定规格尺寸和形状的木质结构板材(图 2-9)。

图 2-9　集成材指接(左)及样板(右)

(2)集成材的生产工艺流程

集成材的生产工艺流程如图 2-10 所示。

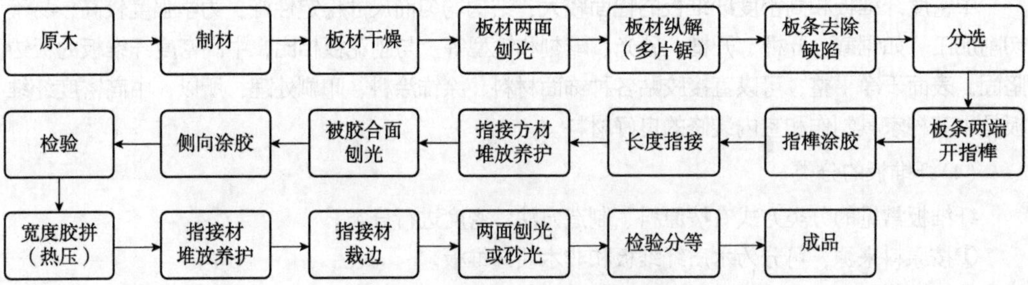

图 2-10　集成材的生产工艺流程

(3)集成材的特点

集成材采用的是将小尺寸板材或方材接长、拼宽、加厚的加工方式，所以集成材可以实现小材大用、劣材优用，且可制造大幅面长尺寸的板材。同时，集成材剔除了木材的缺陷，因而集成材的强度和稳定性较高，变异性小。另外，集成材还可以根据强度、结构、用途等需求进行灵活设计和制造，如制造一些弯曲构件，或通过预先处理薄板或方材，使集成材具有防腐、防虫或防火的功能。此外，借助于专用设备和技术，集成材可以实现连续化生产，从而满足建筑上大型木结构对尺寸规格的要求。

(4)集成材的分类

集成材常见的分类方式有按使用环境、长度方向形状、断面形状及用途进行分类。

①按使用环境，可分为室内用集成材和室外用集成材。

②按长度方向形状，可分为通直集成材和弯曲集成材。

③按断面形状，可分为方形结构集成材、矩形结构集成材和异形结构集成材。

④按用途和表面装饰，可分为非结构用集成材、非结构用装饰集成材、结构用集成材、结构用装饰集成材。

(5)集成材的标准与规格

集成材的规格尺寸及尺寸公差、形位公差、物理力学性能、外观质量等技术指标和技术要求，主要根据 GB/T 21140—2017《非结构用指接材》、GB/T 26899—2011《结构用集成材》和 GB/T 36872—2018《结构用集成材生产技术规程》三项国家标准进行生产和检验。

2.1.2.5 单板层积材

（1）单板层积材的概念

单板层积材（laminated veneer lumber，LVL），也称旋切板胶合木，是把多层旋切单板沿着纤维方向平行地层积胶合而成的一种高性能板材，胶合原理和产品如图 2-11 所示。

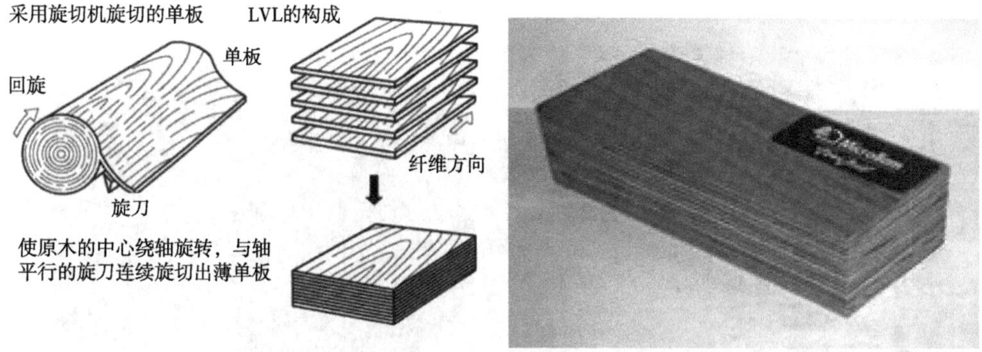

图 2-11　单板层积材的胶合原理（左）及其产品（右）

（2）单板层积材的生产工艺流程

单板层积材的生产工艺流程如图 2-12 所示。

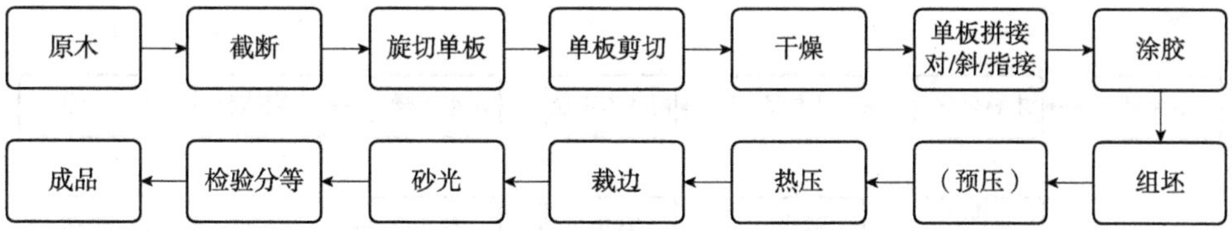

图 2-12　单板层积材的生产工艺流程

（3）单板层积材的特点

单板层积材具有木材利用率高、性能优良、易于功能化等特点，具体如下：

原材料可以是小径材、弯曲材、短原木等材料，出材率高达 60%～70%，比传统制材方法的出材率高 10%～30%，可有效提高木材利用率。

单板一般厚度为 2～12mm（常用 2～4mm），单板既可纵向接长又可横向拼宽，因此单板层积材可以生产长材、宽材及厚材。

单板层积材的连续化生产程度较高。可以去掉缺陷或将缺陷分散错开，通过单板拼接和层积胶合，制得的板材强度均匀、尺寸稳定、材性优良。

单板层积材可作板材或方材使用，使用时可垂直于胶层受力或平行于胶层受力。通过对单板的预处理，可方便制得具有防腐、防火、防虫等功能的板材。

（4）单板层积材的分类

单板层积材主要的分类方式是按树种和承重能力进行分类。

①按树种，可分为针叶材层积材（如美国铁杉、花旗松、辐射松、落叶松、日本柳杉、白松等）和阔叶材层积材（如柳桉、栎木、桦木、榆木、椴木、杨木等）。

②按承重，可分为非结构用层积材和结构用层积材。

（5）单板层积材的标准与规格

单板层积材的规格尺寸及尺寸公差、形位公差、物理力学性能、外观质量等技术指标和技术要求，主要参照GB/T 20241—2021《单板层积材》国家标准进行生产和检验。常见的单板层积材的尺寸规格是：厚度19~60mm；宽度915mm、1220mm、1930mm、2440mm；长度1830~6405mm。

2.1.2.6　重组木

(1)重组木的概念

重组木也称重组强化木，它是在不扰乱木材纤维排列方向、保留木材基本特性的前提下，将小径材、枝桠材等低质木材，通过调色、层积、模压胶合等技术制成的一种强度高、规格大、具有天然木材纹理结构的新型木材(图2-13)。

图2-13　重组木的原材料(左)及其产品(右)

(2)重组木的生产工艺流程

重组木的生产工艺流程如图2-14所示。

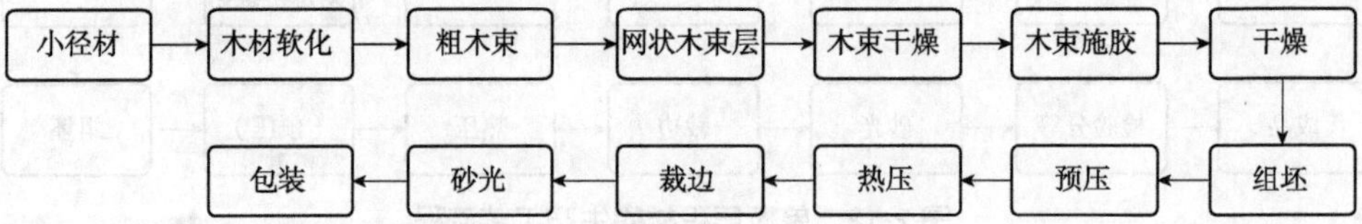

图2-14　重组木的生产工艺流程

(3)重组木的特点

①节约木材资源　重组木能够最大程度地节约利用木材资源，尤其在当今大量种植速生材的情况下，很多速生材在尺寸和质量上都要弱于天然林木材，而重组木能够充分利用速生材的小径级和枝板材，最大化节约木材资源。

②性能和功能性强　重组木是将木材缺陷剔除后重组、施胶、碾压胶合制成的，具有较高的密度，不易变形和开裂，物理力学性能优越；且经过对木束改性处理，还能使重组木具有阻燃、防腐等功能，其功能性要比原木高。

③纹理色泽丰富多彩　重组木可以通过人工控制，获得漂亮而丰富的表面纹理和色泽，如仿制名贵木材的纹理，或经过人工调色获得色泽亮丽的表面纹理等，从而大大提高重组木的附加值。

④适合户外环境　重组木制作的板材、方材不仅可以在室内家居中使用，如制作餐桌椅、衣橱柜等；同时，重组木还具有优良的耐候性和耐久性，可以满足户外环境使用要求。

(4)重组木的分类

重组木的分类较为简单，一般按产品表面花纹图案和用途进行分类。按表面花纹图案，可分为木材花纹重组木和艺术图案花纹重组木；按用途，可分为重组木刨切材和重组木锯材。

2.1.2.7 细木工板

(1)细木工板的概念

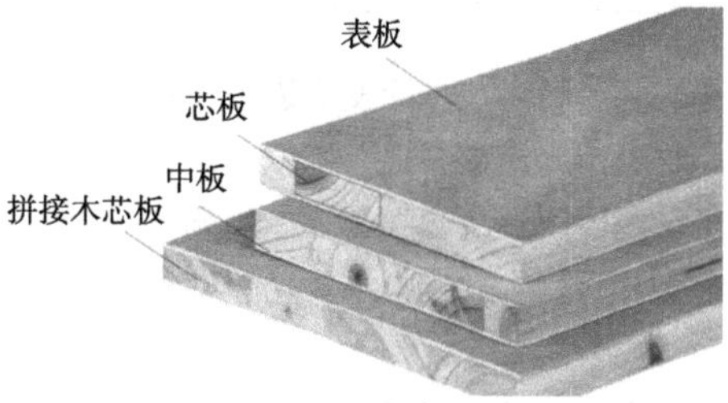

图 2-15 细木工板的构造示意图

细木工板俗称木工板，它是将厚度相同的木条，同向平行排列拼合成芯板，并在其两面按对称性、奇数层以及相邻层纹理互相垂直的原则各胶贴一层或两层单板而制成的实芯覆面板材，所以细木工板是具有实木板芯的胶合板，也称实心板。细木工板结构如图 2-15 所示。

(2)细木工板的生产工艺流程

细木工板的生产工艺流程主要包括单板制造、芯板制造及胶合加工三大部分，具体流程如图 2-16 所示。

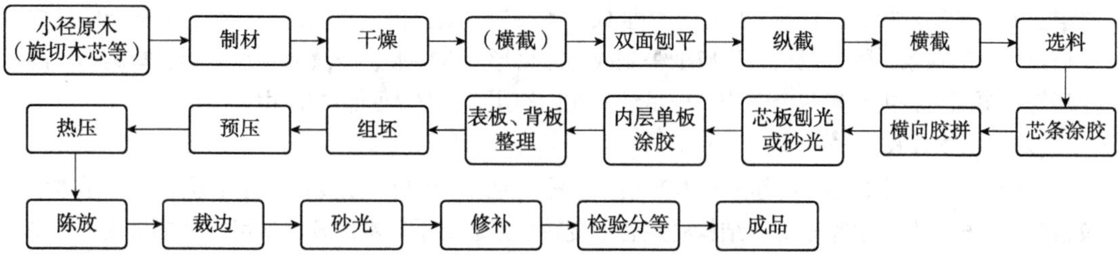

图 2-16 细木工板流程的生产工艺

(3)细木工板的特点

细木工板结构稳定，不易变形，加工性能好，强度和握钉力高，已经被广泛用于家具生产和室内装饰，尤其用于制作台面板、座面板部件以及结构承重构件。

与实木板相比：细木工板幅面尺寸大、结构尺寸稳定、不易开裂变形；利用边材小料、节约优质木材；板面纹理美观、不带天然缺陷；横向强度高、板材刚度大；板材幅面宽大、表面平整一致。

与“三板”相比：与胶合板相比，原料要求较低；与刨花板、纤维板相比，质量好、易加工；与胶合板、刨花板相比，用胶量少、设备简单、投资少、工艺简单、能耗低。

(4)细木工板的分类

细木工板常见的分类方式有按结构、表面状况和耐水性等进行分类。

①按结构(芯条胶拼与否)，主要分为芯条胶拼细木工板和芯条不胶拼细木工板。芯条胶拼板有机拼板或手拼板，芯条不胶拼板又称未拼板或排芯板。

②按表面状况(表面砂光与否)，可分为单面砂光细木工板、两面砂光细木工板和不砂光细木工板。

③按所用胶水的耐水性，主要分为Ⅰ类胶和Ⅱ类胶，Ⅰ类胶为耐气候、耐沸水胶，相当于国外产品代号 WBP(water-boil proof)，常用胶有酚醛胶(PF 胶)或脲醛胶(MF 胶)，用这类胶制备的细木工板可以用于室外木制品。Ⅱ类胶为耐水胶，但不耐煮沸，相当于国外产品代号 WR(water-resistant)，常用脲醛胶(UF 胶)，制备的细木工板主要用于室内木制品。

(5)细木工板的标准与规格

细木工板的规格尺寸及尺寸公差、形位公差、物理力学性能、外观质量等技术指标和技术要求，主要参照 GB/T 5849—2016《细木工板》国家标准进行生产和检验。细木工板常用厚度规格有 12mm、14mm、16mm、18mm、19mm、20mm、22mm、25mm 等；常见的幅面尺寸有 1220mm×1830mm、1220mm×2440mm。

2.1.2.8 新型人造板

随着科学技术的发展进步，建筑与家居木制品的原材料也变得纷繁多样，但上述人造板仍在原材料市场占据着主导地位。然而，随着市场、消费者及环境使用需求的提高，人造板也暴露出了一些亟待解决的问题，如防潮、防腐、阻燃、环保、尺寸稳定等。因而，许多新型人造板如空心板、平行木片胶合木及功能型人造板应运而生。

(1)空心板

空心板是由轻质芯层材料(空心芯板)和覆面材料所组成的空心复合结构板材。通常家具生产所用空心板的芯层材料多由周边木框和空芯填料组成，整个空心板由在木框和轻质芯层材料的一面或两面胶贴胶合板、硬质纤维板或装饰板等覆面材料组成。其中，一面覆面的为单包镶，两面覆面的为双包镶。

家居木制品用空心板的生产工艺过程包括周边木框制造、空芯填料制造和覆面胶压加工三大部分。其中，芯层材料的主要作用是使板材具有一定的充填厚度和支承强度；周边木框所使用的材料主要包括实木板、刨花板、中密度纤维板、多层板、层积材、集成材等；空芯填料一般是由单板条、纤维板条、胶合板条、牛皮纸等制成的方格形、网格形、波纹形、瓦楞形、蜂窝形、圆盘形等；覆面材料主要起两个作用，一是结构加固作用，二是表面装饰作用。

(2)平行木片胶合木

平行木片胶合木(PSL)也称工程木产品，它是一种结构板材，主要由选定的旋切木片顺木纹胶合热压而成。其含水率较低，结构稳定且形变较小。通常平行木片胶合木可作结构材使用，主要在轻型木结构和梁柱式结构中用作梁、过梁和柱。

通常选择长度为610~2440mm的花旗松、黄杨和南方松等树材的单板条，作为生产PSL的主要原料。这些单板条被烘干后，用胶黏剂胶合，再经过微波工艺压制处理，可制得最大长度达20m的板材。与其制作原料木材的性能相比，PSL更长、更厚、更强，很适合作为结构件使用，如作建造主梁、过梁、立柱，其跨度大，加工性好。此外，PSL还具有独特的平行纹理，因而可以作为一种装饰设计手段，应用于家庭、办公室及其他建筑物，既可以满足结构要求，同时还可营造良好的生活、工作、学习等活动氛围。

(3)其他功能型人造板

①防潮型人造板　木质材料具有吸湿性，所以木质人造板在潮湿或富水环境使用时需要进行防潮防水处理，尤其在厨房、卫生间使用的家居木制品，对防潮要求更高。目前，市场上已有的防潮人造板通常是在人造板生产过程中加入一定比例的防潮粒子，来降低板材遇水膨胀的程度。为区别于普通人造板，防潮型人造板中的防潮粒子一般为红色或绿色，其中以绿色为主，红色的防潮等级更高。在实际应用中，防潮人造板多见于厨房水槽柜和浴室柜门板等，且多以防潮刨花板、胶合板及纤维板为主。

②抗菌型人造板　木质材料中富含蛋白质、淀粉、多糖等营养物质，在一定温湿度环境中，人造板容易滋生细菌等微生物，使板材发生变色、形变等问题。所以，这类人造板在特殊环境使用时，需要提高其抗菌性。目前，提高人造板抗菌性的主要方法有在人造板制作过程中添加抗菌剂，或在人造板成型后进行抗菌处理，处理部位多为芯板或表面饰面。抗菌人造板的应用多见于实木复合地板、橱柜面板、衣柜板件、浴室柜等场合。

③阻燃型人造板　木质材料容易燃烧，所以由木质材料制备的人造板也具有一定燃烧性。阻燃型人造板通常在人造板制作过程中加入环保性阻燃试剂，使其具有阻燃性能。为与普通人造板区别，阻燃人造板的颜色通常为红色或粉红色，但要注意的是，单纯被染红的人造板不具备阻燃性能。阻燃人造板的应用场合没有特殊限制，如果不计成本，所有家居木制品都可使用阻燃人造板，尤其在厨房这类容易发生火灾的环境，使用阻燃人造板能够在一定程度上降低火灾风险。

④无醛型人造板　无醛型人造板的生产工艺与普通人造板没有区别，只是胶黏剂采用了非醛型胶黏剂，如大豆蛋白胶黏剂、豆粕胶黏剂、异氰酸酯胶黏剂等。目前，市场上的无醛人造板主

要有无醛胶合板、无醛纤维板、无醛秸秆板、无醛木工板等。典型的无醛人造板如禾香板，它是以秸秆为原料、异氰酸酯为胶黏剂制作的无醛人造板，它的甲醛释放量近乎为零。对于无醛人造板的应用，既可以在橱柜、衣柜、浴室柜等家具中使用，同时也可用于高档家具、地板、护墙板、木门等场合。

⑤吸音型人造板　吸音型人造板是根据声学原理制作的、具有吸音减噪作用的人造板，它主要由饰面、芯材和吸音薄毡组成。目前，常见的吸音人造板有槽木吸音板和孔木吸音板两种，槽木吸音板是一种在中密度纤维板的正面开槽、背面穿孔的板件，而孔木吸音板则是在中密度纤维板正面和背面都开孔的板件。吸音人造板目前已经被广泛应用于木门、地板、墙板等领域，未来吸音人造板在更多建筑与家居木制品领域的应用将成为趋势。

⑥内置导体型人造板　内置导体型人造板就是将导体以安全的方式嵌入到人造板内部，这种板材的外观与普通人造板没有差异，区别在于内置导体型人造板的饰面板在接通电源后，能够营造由声、光、电、传感器体系构建的多种智能家居场景，它具有展示、装饰、环保、收纳等多位一体的功能。目前，内置导体型人造板主要在胶合板、纤维板、刨花板中有所应用。

2.2　竹材及竹质人造板

2.2.1　竹类植物的分布和材用竹种

2.2.1.1　竹类植物分布

竹类植物是重要森林资源，全世界竹林面积约 5000 万 hm^2，主要分布在热带、亚热带及暖温带地区，少数竹类分布在温带和寒带。全球的竹类植物可以划分为三大分布区，即亚太竹区、美洲竹区和非洲竹区，近年来也有人提出北美洲和欧洲引种区。

我国竹类资源最为丰富，约占世界竹种的 51%，拥有竹林面积 641 万 hm^2，占世界竹林面积的 1/4，分布遍及我国的 24 个省(自治区、直辖市)，其中以长江以南地区的竹种最多，面积最大，生长最旺。由于地理环境和竹种生物学特性的差异，我国竹子分布具有明显地带性和区域性，大致分为四大竹区：①黄河—长江竹区，位于北纬 30°~37°，包括甘肃东南部、四川北部、陕西南部、河南、湖北、安徽、江苏、山东南部和河北西南部。主要竹种有散生竹的毛竹、刚竹、淡竹、桂竹、金竹、水竹、紫竹以及其变种，以及混生型的苦竹、箭竹等。②长江—南岭竹区，位于北纬 25°~30°，包括四川西南部、云南北部、贵州、湖南、江西、浙江和福建西北部，是我国竹林面积最大、竹子资源最丰富的地区，其中毛竹的比例最大，仅浙江、江西、湖南三省的毛竹林，就合计约占全国毛竹林总面积的 60%。此外，还包括散生型的刚竹、淡竹、早竹、桂竹、水竹，混生型的苦竹、箬竹，以及丛生型的慈竹、硬头黄竹、凤凰竹等具有经济价值的竹种。③华南竹区，位于北纬 10°~25°，包括台湾、福建南部、广东、广西、云南南部，是我国丛生竹集中分布的地区。竹种主要由簕竹属的撑蒿竹、硬头黄竹、青皮竹、车筒竹，慈竹属的麻竹、大麻竹、绿竹、甜竹、吊丝球竹、大头典竹，单竹属的粉单竹等。④西南高山竹区，位于华西海拔的 1500~3000m 或更高的高山地带，包括西藏东南部、云南西北部和东北部、四川西部和南部，是原始竹丛的分布区，竹种有方竹属、箭竹属、筇竹属、玉山竹属、慈竹属等。

2.2.1.2　常见材用竹种

在竹资源分布较多的国家和地区，竹子作为一种传统的建筑材料已有上千年历史，如被用于竹楼、竹亭、竹榭、竹桥、竹筏、竹舟、竹车厢板等的建造。全世界的竹类植物已达到 1642 种，但并非所有的种类都适用于建筑，大约有 60 多个竹种适合直接作为建筑用材。现将最常见的 23 种建筑用竹种及其主要分布国家列举于表 2-5。

表 2-5 全球最常见建筑用竹种及其主要分布国家

地区	序号	竹种	主要分布国家
亚太地区	1	*Bambusa balcooa*	孟加拉国、印度、尼泊尔、老挝、缅甸和越南
	2	*Bambusa bambos*（印度簕竹）	孟加拉国、印度、斯里兰卡、缅甸、老挝、马来西亚、泰国和越南
	3	*Bambusa nutans*	孟加拉国、印度、尼泊尔、老挝、泰国和越南
	4	*Bambusa pallida*	中国、孟加拉国、印度、老挝、缅甸、泰国、越南和马来西亚
	5	*Bambusa pervariabilis*（撑篙竹）	中国
	6	*Bambusa polymorpha*	中国、孟加拉国、老挝、缅甸和泰国
	7	*Bambusa tulda*	中国、孟加拉国、印度、尼泊尔、老挝、缅甸泰、泰国和越南
	8	*Bambusa vulgaris*	中国、印度、柬埔寨、老挝、缅甸、泰国和越南
	9	*Dendrocalamus asper*	中国、孟加拉国、老挝、缅甸、泰国、越南、印度尼西亚和菲律宾
	10	*Dendrocalamus giganteus*	中国、印度、老挝和缅甸
	11	*Dendrocalamus hamiltoni*	中国、孟加拉国、印度、尼泊尔、老挝、缅甸、泰国和越南
	12	*Dendrocalamus strictus*	印度、尼泊尔、巴基斯坦、老挝、缅甸和越南
	13	*Melocanna baccifera*	孟加拉国、印度、尼泊尔和缅甸
	14	*Gigantochloa apus*	中国、孟加拉国、老挝、缅甸、泰国、印度尼西亚和马来西亚
	15	*Gigantochloa atroviolacea*	印度尼西亚
	16	*Gigantochloa atter*	老挝、越南、印度尼西亚和菲律宾
	17	*Gigantochloa macrostachya*	孟加拉国和缅甸
	18	*Phyllostachys edulis*（毛竹）	中国
美洲	19	*Guadua angustiolia*（瓜多竹）	委内瑞拉、哥伦比亚、厄瓜多尔和秘鲁
	20	*Guadua aculeata*	墨西哥、哥斯达黎加、萨尔瓦多、危地马拉、洪都拉斯、尼加拉瓜和巴拿马
	21	*Guadua amplexifolia*	墨西哥、哥斯达黎加、萨尔瓦多、洪都拉斯、尼加拉瓜、巴拿马、委内瑞拉和哥伦比亚
非洲	22	*Oldeania alpina*（高地竹）	布隆迪、喀麦隆、刚果、卢旺达、赞比亚、埃塞俄比亚、苏丹、肯尼亚、坦桑尼亚、乌干达和马拉维
	23	*Oxytenanthera abyssinica*（低地竹）	埃塞俄比亚、贝宁、布基纳法索、冈比亚、几内亚比绍、科特迪瓦、马里、尼日加尔、塞内加尔、塞拉利昂、多哥、布隆迪、中非、喀麦隆、刚果、赤道几内亚、几内亚、乍得、厄立特里亚、苏丹、肯尼亚、坦桑尼亚、乌干达、安哥拉、马拉维、莫桑比克、赞比亚和津巴布韦

在所有建筑用竹种中，仅毛竹一个品种的资源就高达 443 万 hm^2，主要分布于中国；而表中 1~4 和 7~13 的 11 个竹种直接被印度作为该国的建筑用竹种；*Bambusa bambos* 和 *Dendrocalamus hamiltoni* 也是泰国皇家林业局认定的两种适合用于建筑的竹种；毛竹和撑篙竹是中国香港用于竹脚手架的主要材料。此外，在中国，除了表 2-5 所列的常用建筑竹种外，还有慈竹（*Dendrocalamus affinis*）、麻竹（*Bambusa oldhamii*）和单竹（*Bambusa cerosissima*）等竹种的物理力学性能也符合建筑要求。

2.2.2 竹材构造和特性

竹材生长速度快，间伐时间短，一次性种植，合理管理，可实现永续利用。作为建筑与家居材料，竹材具备物理力学性能优良等诸多优越特性。但竹材容易遭虫蛀、霉变、腐朽以及开裂等问题，限制了竹材在建筑与家居领域的利用。解剖构造是竹材性能的基础，影响着竹材的物理力学性质，而物理力学性能则决定了竹材的应用范围，所以通过对竹材性质的认识以及对其进行改善处理，可以有效降低或避免因使用不当而造成的竹产品质量问题。

2.2.2.1 解剖构造

竹材是指竹类植物地上茎的主干，即为竹杆，分为杆身、杆基、杆柄三部分(图 2-17)。竹杆多为圆柱形的有节壳体，竹杆上有竹节，竹节内由节隔相连，节间多中空，节间实心部分称为竹壁。节间直径和竹壁厚度随竹种而异。

(1)竹壁

①宏观构造　竹壁主要由竹青、竹肉、竹黄三部分组成。竹青是竹壁的外侧，组织致密、质地坚硬、表面光滑，外表常附一层蜡质。幼年及壮年的竹青常呈绿色，老年及采伐过久的竹杆常呈黄色。竹黄在竹壁内侧，组织疏松、质地脆弱，一般呈黄色。竹肉位于竹青和竹黄之间，由维管束和基本组织构成。另外，在竹黄内侧有一层薄膜或片状物，称为竹衣或竹膜。维管束是指在竹材的横端面上，肉眼可见的深色斑点；而在竹肉中除了深色斑点，黄白色的部分即为基本组织(图 2-18)。

②显微构造　竹壁主要由纵向组织组成，大致可分为两部分：维管束和基本组织(图 2-19)。维管束主要由纤维鞘、导管、筛管、薄壁细胞构成，纤维鞘又由纤维细胞组成，纤维占竹材组织的 40%，为竹材的主要承载结构单元。基本组织由薄壁细胞组成，大约占竹材组织的 52%以上，主要起到贮存养分和水分的作用。

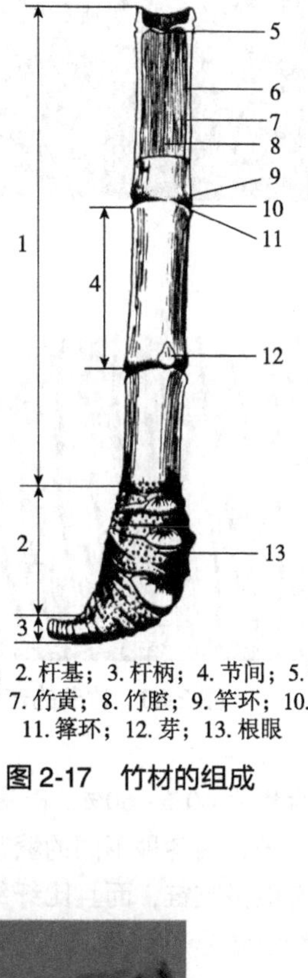

1. 杆身；2. 杆基；3. 杆柄；4. 节间；5. 竹隔；6. 竹青；7. 竹黄；8. 竹腔；9. 竿环；10. 节内；11. 箨环；12. 芽；13. 根眼

图 2-17　竹材的组成

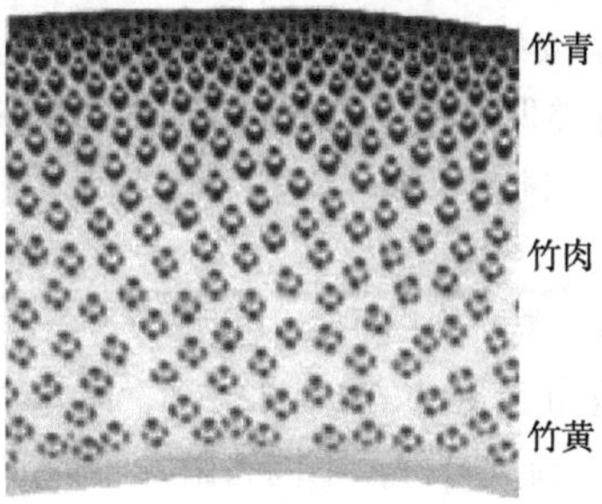

(a) 竹壁

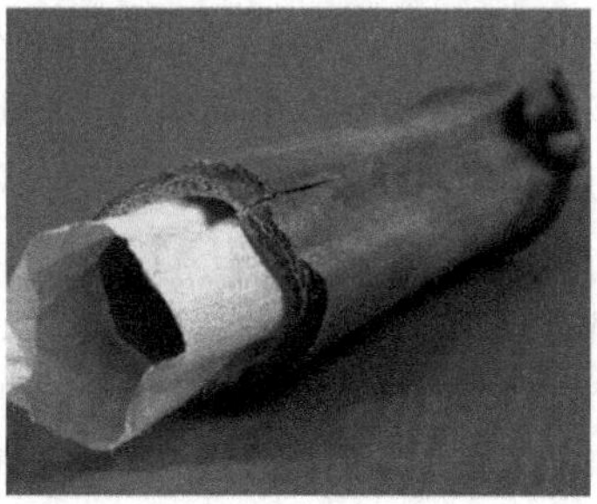

(b) 竹衣

图 2-18　竹壁的宏观构造

(2)竹节

竹杆上有两个相邻环状凸起的部分称为竹节。竹节是由杆环、箨环和节隔组成。竹节没有节间完整的维管束，其维管束纵横交错，有利于加强竹杆的直立性能和水分、养分的横向疏导，但不易劈篾加工(图 2-20)。

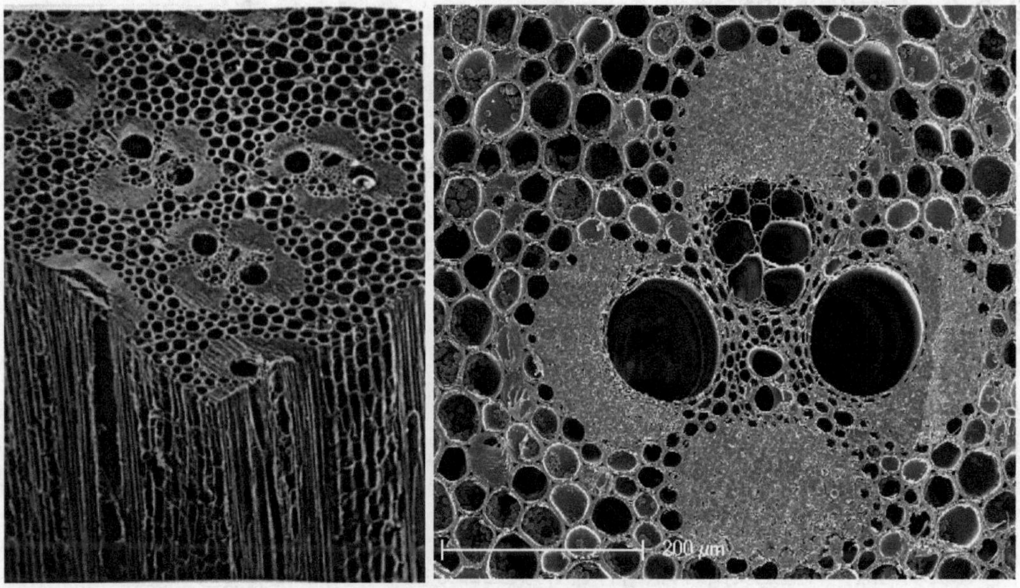

图 2-19　竹材的显微构造

图 2-20　竹节的宏观结构

2.2.2.2　化学性质

竹材的主要化学组成与木材类似，主要是纤维素、半纤维素和木质素，其次是各种糖类、脂肪类和蛋白质物质。此外，还有少量的灰分。竹材的化学成分因竹种、竹龄、竹杆部位不同而异。竹种、竹龄是影响化学成分含量的主要因子，其次为竹杆部位。

竹材纤维素是β-D-葡萄糖基通过 1，4 糖苷键连接而成的线性高分子化合物。竹材的纤维素含量为 40%~60%，略高于木材。纤维素含量随着竹龄增加而减少。半纤维素为碳水化合物分子，由各种不同的糖基组成，主要成分为聚戊糖，即木聚糖。半纤维素的线状主链上带有很多支链，而且比纤维素的聚合度低。在细胞壁中，半纤维素结构中的各种糖可在该半纤维素分子内部，以及与其他半纤维素分子或纤维素分子之间形成氢键。木质素是典型的草本木素，木质素的基本单元组成与阔叶材类似，由对羟基苯丙烷、愈疮木基苯丙烷、紫丁香基苯丙烷按 10∶68∶22 的分子比组成，含量为 16%~34%，与阔叶材接近，比针叶材稍低。

竹材中的抽提物主要为一些可溶性的糖类、脂肪类、蛋白质类以及部分半纤维素等。一般竹材中，冷水抽提物含量为 2.5%~5%，热水抽提物含量为 5%~12.5%，醚醇抽提物含量为 3.5%~9%，1%氢氧化钠抽提物含量为 21%~31%。同一竹种，不同竹龄，各种抽提物的含量不同；不同竹种，各种抽提物含量也不相同。此外，木材中还含少量的蛋白质(1.5%~6%)、还原糖(约 2%)、脂肪和蜡质(2%~4%)、淀粉类(2.0%~6%)、灰分(0.8%~7%)，其中含量较多的有二氧化硅、五氧化磷、氧化钾)。

2.2.2.3　物理性质

(1)密度

竹材的密度主要取决于维管束密度及其构成，其基本密度为 0.4~0.9g/cm³。一般情况下，竹壁自内向外、竹竿自下而上，竹材的密度逐渐增大。另外，竹节密度大于节间。而不同竹种的密度有较大的差异，见表 2-6；竹材密度随着竹龄的增长也有变化，见表 2-7。

表 2-6 我国主要经济竹种的密度 g/cm^3

竹种	密度	竹种	密度	竹种	密度	竹种	密度	竹种	密度
刚竹	0.83	茶竿竹	0.73	苦竹	0.64	凤凰竹	0.51	慈竹	0.46
刚竹	0.81	淡竹	0.66	撑篙竹	0.61	粉单竹	0.50		
青皮竹	0.75	麻竹	0.65	硬头黄竹	0.55	车筒竹	0.50		

表 2-7 竹龄对竹材密度的影响 g/cm^3

竹龄	幼竹	1年生	2年生	3年生	4年生	5年生	6年生	7年生	8年生	9年生	10年生
密度	0.243	0.425	0.558	0.608	0.626	0.615	0.630	0.624	0.657	0.610	0.606

(2)含水率

竹材在生长时，含水率很高，但会随着季节而异，并在竹种间和秆茎内也有差别；随着年龄的增长，新鲜材的含水率也会降低。一般新鲜竹材的含水率在 70%以上，最高可达 140%，平均约为 80%~100%。对于竹杆来说，自下而上，竹材含水率逐步降低。而气干后的竹材，其平衡含水率随空气中的温湿度变化而变化，如北京地区的毛竹材的平衡含水率为 15.7%。

(3)干缩性

放置于空气中的新鲜竹材，由于水分不断蒸发，而引起干缩。竹材和木材一样，其干缩性在不同的方向上有显著差异：横向(弦向≈径向)大于纵向；竹青横向干缩大于竹黄横向干缩，纵向干缩可忽略。

(4)渗透性

竹材因具有导管等大的纵向输导组织，缺乏木射线等横向输导组织，加上竹纤维壁厚致密，纹孔数量稀少，所以竹材的横向渗透性远小于纵向；竹材的纵向渗透性能一般优于木材，但横向渗透性远差于木材。

(5)热电学性质

竹材比热随含水率的增大而增大，但绝干竹材的比热基本上不受竹种和容重的影响，平均为 1.36kJ/(kg·℃)。导热系数也随着竹材含水率的增加而增大，竹材的导热系数为 1.0~1.4J/(m·h·℃)。

含水率是竹材电阻率的最重要影响因素。纤维饱和点以下，电阻率随含水率的增加而明显降低，在纤维饱和点以上趋于缓和。另外，不同竹种、密度对竹材电阻率的影响很小；竹材顺纹电阻率明显小于横向，径向与弦向电阻率差异不大。

2.2.2.4 力学性质

竹材具有高强、高韧、高弯曲柔韧性、高延展性等优良的力学性质，是一种轻质高强的工程结构材料。竹材的抗弯强度、抗拉强度、弹性模量及硬度等力学性能大约是一般木材(中软阔叶材和针叶材)的两倍，可近似于一些硬阔叶材，如麻栎。造成竹材力学性能极不稳定的因素主要有以下方面。

(1)立地条件

一般竹林立地条件越好，竹子生长越粗大，竹材组织越疏松，力学强度就越低；反之亦然，见表 2-8。

表 2-8 毛竹立地条件对竹材力学强度的影响

立地等级	竹材平均胸径/cm	顺纹抗压强度/MPa	顺纹抗拉强度/MPa
Ⅰ	12.5	63.02	180.76
Ⅱ	10.5	66.04	184.69
Ⅲ	9.8	64.50	185.03
Ⅳ	8.1	67.12	198.86

(2)竹种

不同的竹种，因其解剖构造不同，从而导致力学性质也不同，见表 2-9。

表 2-9 不同竹种对竹材力学性能的影响 MPa

力学性质	毛竹	慈竹	麻竹	淡竹	刚竹
抗拉强度	188.77	227.55	199.10	185.89	289.13
抗弯强度	163.90	—	—	213.36	194.08

(3)竹龄

随着竹材竹龄的增长，其力学强度呈先逐年增长，后趋于稳定，最后略有降低。一般竹龄在4~6年间的竹材强度最好，是竹材的最佳采伐年龄，见表 2-10。

表 2-10 不同地区毛竹竹龄对其竹材力学强度的影响 MPa

竹材产地	强度指标	1~2年生	3~4年生	5~6年生	7~8年生	9~10年生
江苏宜兴	抗拉强度	189.98	213.68	201.70	205.76	189.17
	抗压强度	67.28	73.48	74.16	73.20	71.73
浙江石门	抗拉强度	167.26	195.12	198.79	188.24	173.45
	抗压强度	55.53	58.89	65.31	66.43	59.73
江西大茅山	抗拉强度	139.90	189.24	191.33	190.82	176.41
	抗压强度	49.28	63.30	62.69	67.89	65.57

(4)竹杆部位

竹杆部位的不同，其具备的力学强度不同。一般来说，同一竹杆，自下而上，力学强度逐渐增大(表 2-11)；竹青部位比竹黄部位的力学强度高；竹节处的抗拉强度比节间低，约低 25%。

表 2-11 毛竹材高度部位与其强度的关系 MPa

强度指标		竹杆高度/m						
		1	2	3	4	5	6	7
抗拉强度	有节	126.84	146.73	167.34	166.94	167.55	169.90	169.49
	无节	157.96	191.02	194.28	202.14	208.98	215.41	221.22
抗压强度	有节	140.31	149.79	151.84	156.12	162.86	173.26	172.45
	无节	138.77	147.35	152.14	152.75	160.82	162.04	170.20

(5)密度

竹杆的力学强度会随着竹杆的密度不同而异。竹壁的密度自下而上逐渐增大，其各种强度也会增高；竹杆外侧的密度大于内侧(维管束的密度自外向内逐渐降低)，故各种强度也比内侧的高。

(6)含水率

当竹材的含水率低于纤维饱和点含水率时，竹材的强度会随着含水率的降低而提高，但含水率降到绝干状态时，竹材的强度会因质地变脆而下降(图 2-21)；在纤维饱和点以上时，竹材的力学强度变化不大。

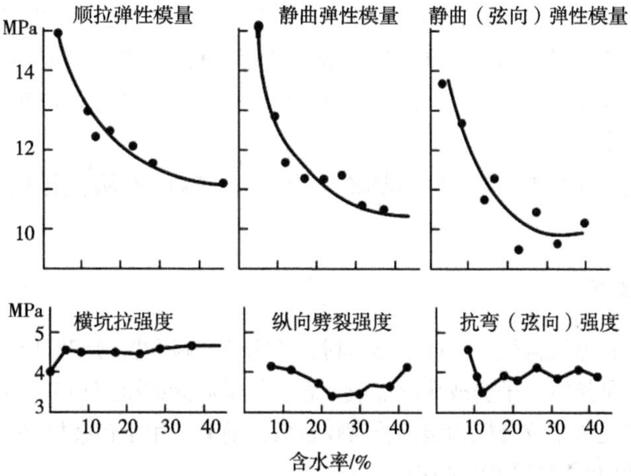

图 2-21 毛竹材含水率与其强度的关系

2.2.2.5 竹材特性

竹材是一种非均质且具各向异性的生物质材料，其具有高强度、高韧性、高刚性，且易加工等优点，但因其易劈裂、易虫蛀腐朽霉变，故限制了其优异性能的发挥。

①竹材可分割性好，易加工　竹材因其组织均为纵向生长的，故其纹理通直，易劈裂；通过烘烤便可弯曲成型；竹材材色浅，易漂白、染色等。

②竹材强度高、硬度大、装饰性好　竹材特殊的内部结构，赋予其高强度、高硬度、高弯曲柔韧性等特点；又因可编织性强、易着色等特点，提高了竹材在建筑和家居领域的装饰性。

③竹材直径小、竹壁薄、竹竿中间空、尖削度大　竹材的直径大的可达 2m，小的却仅有 1cm，目前商用最广泛的毛竹，其直径多为 7～12cm；除小部分实心竹外，大部分竹材其中间都是空的；竹材的直径和壁厚从基部到稍部逐渐变小，呈尖削状态。

④竹材结构不均匀、各向异性显著　竹壁自外向内，其维管束密度逐渐减小，基本组织密度逐渐增大，使得竹青部位致密坚硬，而竹黄部位疏松脆弱。这种不均匀的梯度结构，给竹材的加工和利用带来了很多影响。而因为竹材没有横向生长的组织细胞，导致其各向异性比木材要更加明显，如纵向强度明显大于横向强度。

⑤竹材易虫蛀、霉变、腐朽　竹材壁一般比木材含有更多的营养物质，如淀粉、蛋白质、糖类等，这些营养物质在适宜的温湿度环境中，易招害虫、腐朽菌等侵蚀，从而产生虫蛀、霉变、腐朽等缺陷。

⑥竹材易褪青、褪色　竹材从幼龄到老年，或者新鲜竹材长期放置空气中，颜色均会逐渐从青色变成黄色；另有一些具有赏心悦目的花纹、色泽等的竹材(斑竹 *Phyllostachys bambusoides*、黄金间碧竹 *Bambusa vulgaris*)，会因保存不当，竹材的颜色、光泽或花纹逐渐消退至消失。

⑦竹材运输成本高、长期保存难　竹材因壁薄中空，体积大(但实际用材小)，运输成本高，

不宜长距离运输；又因竹材易虫蛀、腐朽霉变、开裂，暴露在空气中时无法长期保存。

2.2.3 竹质人造板

根据材料功能的不同，可将竹材分为结构材料、围护材料、装饰材料和其他功能材料。

(1)结构材料

竹子按结构材用途，可以分为圆竹和工程竹材，其中工程竹材如竹集成材、竹篾积层材和竹重组材等，可用于建造梁、柱、剪力墙和屋架等承重构件。

(2)围护材料和装饰材料

在建筑和家居用的围护材料和装饰材料这些工业化的竹产品中，以非结构用的竹集成材、竹重组材、竹胶合板、旋切(刨切)薄竹和竹刨花板等最为普遍，这些竹产品可用作室内外竹地板、竹墙板、家具表面贴面装饰、室内竹装饰材料(如吸音板、穿孔板等)和户外竹格栅等。

(3)其他功能材料

建筑用竹材还应用在竹脚手架、竹筋混凝土结构、竹筋砌体结构、土体加固工程，以及既有结构加固工程中。

2.2.3.1 竹材胶合板

竹材胶合板包括竹席胶合板、竹展平层积材、竹帘胶合板和竹篾积层板。

①竹席胶合板 是指将竹子劈成薄蔑编成竹席，干燥后涂或浸胶黏剂，再经组坯胶合而成的板材或方材，分为普通竹席胶合板和装饰竹席胶合板，前者应用于包装材料、建筑水泥模板和车厢底板等，后者主要用于家具和室内装饰。

②竹展平层积材 又称展平竹层积材、竹展平集成材，是指将大径级圆竹截断剖开，去内外节以后经水煮、高温软化处理后展平再去青去黄并成一定厚度，经干燥、定型、涂胶、竹片纵横交错或顺纹组坯及热压胶合而成的板材或方材，主要应用于客货汽车、火车车厢地板和建筑用高强度水泥模板。

③竹帘胶合板 是指将竹子剖成厚1~3cm、宽10~15mm的竹篾，用细棉线、麻线或尼龙线连成长方形竹帘，经干燥、涂胶或浸胶，竹帘纵横交错组坯后热压胶合而成的板材或方材，主要应用于建筑模板。

④竹篾积层板 是指将竹子剖成厚0.8~1.2mm、宽15~20mm的竹篾，经干燥、浸胶、同向层叠组坯胶合而成的板材或方材。板材可直接用于墙板、楼板及屋面板的制作；板材再通过切割、涂胶组坯、冷压和指接等工艺进行接长、拼厚后，可用于梁、柱等结构受力构件。

2.2.3.2 竹集成材

竹集成材(bamboo glulam，bamboo glued laminated lumber)是把竹材先加工成一定规格的矩形竹条，再将竹条经接长、拼宽、胶厚而成的一类板材或方材。

常见竹集成材主要的加工工艺流程为：原竹→横截→开条(纵剖)→粗刨→竹片→蒸煮漂白(炭化)→干燥→精刨→选片→涂胶、陈化→组坯→热压胶拼→刨光→锯边或开料→砂光→检验分等。在蒸煮处理过程中，漂白得到本色的竹片，胶拼后为本色竹集成材；而炭化处理的竹片进行胶拼后得到的是炭化竹集成材；本色竹片与炭化竹片混合胶拼得到混合色竹集成材。热压胶拼过程中，根据竹片布局可以分为竖拼竹集成材(也称竹质竖拼板)、横拼竹集成材(也称竹质横拼板)、立芯竹集成材(也称竹质立芯板)、方材竹集成材(也称竹质胶拼方材，即胶拼竹方)，如图2-22所示。

竹集成材保持了竹材原有的纹理、材色，但比原竹材的收缩率低；其强度大、尺寸稳定好、幅面大、变形小、刚度好、耐磨损，可进行锯截、刨削、镂铣、开榫、钻孔、砂光、装配和表面装饰等生产加工。

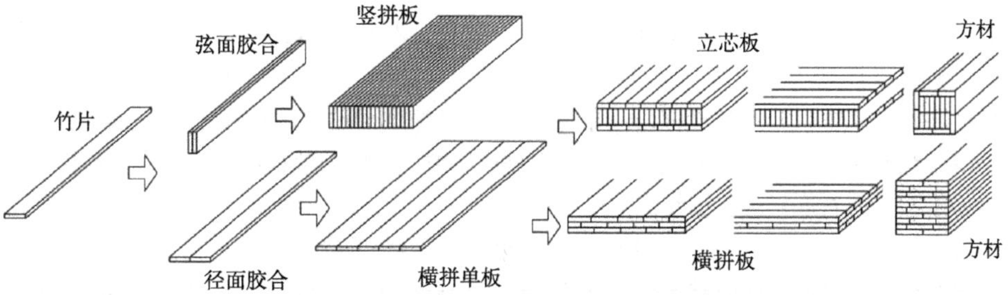

图 2-22 竹集成材胶拼形式及其加工示意图

2.2.3.3 竹重组材

竹重组材(bamboo PSL，bamboo parallel strand lumber)，也称重组竹，是指疏松网状的竹纤维束，经过干燥、施胶、组坯、模压而成型的板材状或方材状等材料，如图 2-23 所示。

竹重组材的基本生产工艺流程如下：原竹选材→竹材截断→竹筒剖分→竹条分片(开片)→竹材疏解(竹丝)→蒸煮(三防、漂白或炭化)→干燥→浸胶→二次干燥(预干燥)→选料组坯→模压成型→固化保质→锯边或开料→重组竹型材→检验分等、修补包装。

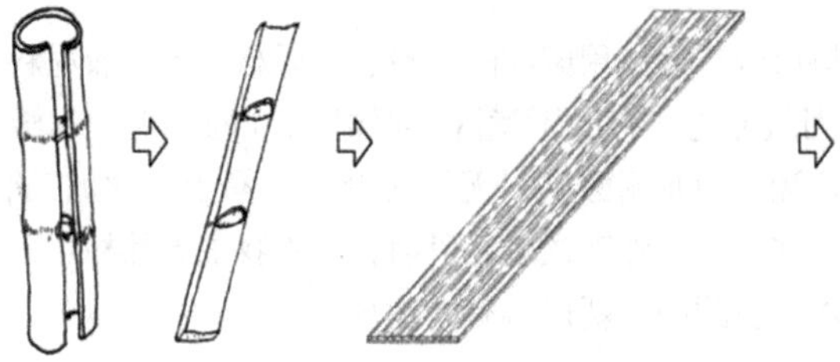

(a) 竹丝、竹纤维

(b) 方材

图 2-23 竹重组材的简易生产加工示意图

竹重组材所需的原料丰富，能实现可持续发展，各种径级的竹子都可以用来生产重组竹。其生产过程中材料的利用率高，可达 90%以上。重组竹外观美丽，具有天然的木质感，再加上材色多样，重组竹甚至可以代替珍贵木材。重组竹还具有良好的力学性能和物理性能、易于加工，加工工艺及设备与木材相近。

2.2.3.4 旋切、刨切薄竹

竹材可以通过竹筒软化旋切制成旋切薄片，也可以按照竹集成材的制作方法将竹片制成集成材竹方，然后经刨切方法加工制成刨切薄竹。薄竹通过与无纺布等柔性材料的黏合，可制成大幅面薄竹。薄竹具有特殊的质地和色泽极佳的装饰效果，可用于家具装饰，也可作为人造板等基材的高档饰面材料。

2.2.3.5 竹刨花板

竹刨花板(图 2-24)是指将杂竹、毛竹梢头或枝丫等原料，经辊压、切断、打磨成针状竹丝，再经干燥、喷胶、铺装和热压而制成的板材。可分为大片竹刨花板和定向竹刨花板，可应用于外墙装饰和家具等领域。

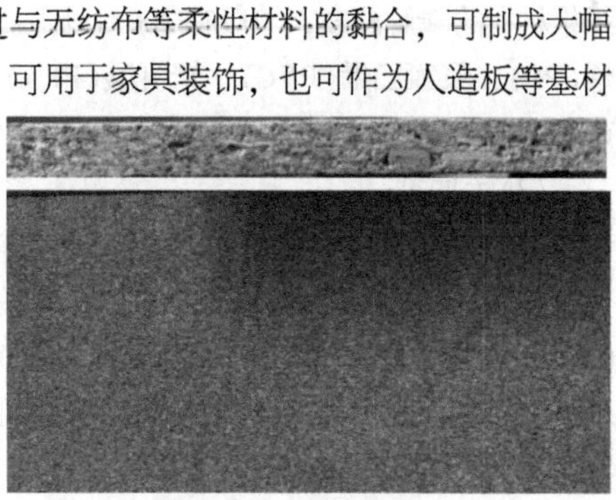

图 2-24 竹刨花板

2.2.3.6　竹展平板

竹展平板(flattened bamboo board)，是竹筒经软化、展开、定型等工序将圆形竹筒展开成矩形截面的板材。

竹展平板的基本生产工艺流程为：原竹选材→竹材截断→去节去青→竹筒纵向切缝→软化→展平→双面精刨→检验分等。在展平工序，根据展平方式可以分为横向展平和纵向展平，横向展平无法得到较长的竹展平板，但纵向展平可以。

竹展平板是一种新型的竹质人造板，很好地保留了竹材的纹理，具有制备工艺简单，板材幅面大，出材率高等优点；但因其本身结构不均匀，变异性大，导致尺寸不稳定，限制了竹展平板的使用范围。

2.3　木塑复合材料

2.3.1　木塑复合材料概述

木塑复合材料(wood-plastic composites，WPCs)，简称木塑，是采用木、竹、农作物秸秆等木质纤维材料作为填充体或增强体，与热塑性塑料基体熔融混合，采用热压、挤出、注射等成型加工技术制备的一种复合材料。

与传统木质材料相比，木塑复合材料可以有效利用废弃的塑料、木质材料等回收材料，有助于减轻废弃材料对环境的污染，提高其固碳能力，有助于我国“双碳”目标的实现。木塑复合材料具有吸水率低、尺寸稳定性高、防霉防潮、耐腐耐酸碱、无甲醛释放、易于二次加工等优点，可以替代实木、塑料或铝合金用于建筑、家居、户外等领域。目前，随着我国天然林木资源的日趋紧张，木塑复合材料的应用可为降低木材资源的消耗提供有效途径。

2.3.2　木塑复合材料的原材料

生产木塑复合材料的主要原材料包括木质纤维材料、热塑性塑料和添加剂等，添加剂的主要作用是提高复合材料的加工性能和成型性能，以及赋予复合材料不同功能性。

(1)木质纤维材料

木质纤维材料来源广泛，可以是常见木材资源或其加工剩余物，如边角料、锯屑等，也可以是农作物秸秆及其衍生物，如稻壳、甘蔗渣等，还可以是其他植物纤维资源，如草类资源等。

(2)热塑性塑料

受木质纤维材料热稳定性的限制，通常木塑复合材料中使用的热塑性塑料的熔点要低于木质纤维材料的降解温度，一般在200℃以下。常用的热塑性塑料有原生或回收的聚乙烯(PE)、聚丙烯(PP)、聚氯乙烯(PVC)、聚乳酸(PLA)、聚苯乙烯(PS)、丙烯腈-丁二烯-苯乙烯三元共聚物(ABS塑料)等。

(3)添加剂

添加剂主要是用来提高木塑复合材料加工性、力学性能及功能性的材料，它在复合材料体系中的比例较小。常用的添加剂主要是偶联剂，如马来酸酐接枝聚乙烯(MAPE)、马来酸酐等，这些偶联剂通常分为三大类：马来酸酐接枝聚烯烃类偶联剂、有机硅烷偶联剂及其他偶联剂。此外，其他常见的添加剂有阻燃剂、颜料、润滑剂、UV稳定剂、抗氧化剂、发泡剂等。

2.3.3 木塑复合材料的生产工艺

木塑复合材料的生产工艺与塑料的加工工艺相近，主要包括挤出、注射、模压、热压等，其中挤出成型具有成本低、效率高、投资少、生产周期短、可连续化生产等优点，是行业中最常见、应用最广泛的一种木塑加工方法。挤出成型的生产工艺流程如图 2-25 所示，其具体加工过程包括原材料先在一定温度的螺杆挤出机中熔融混合，然后使充分混合的熔料连续通过模具，冷却成型，形成最终产品。

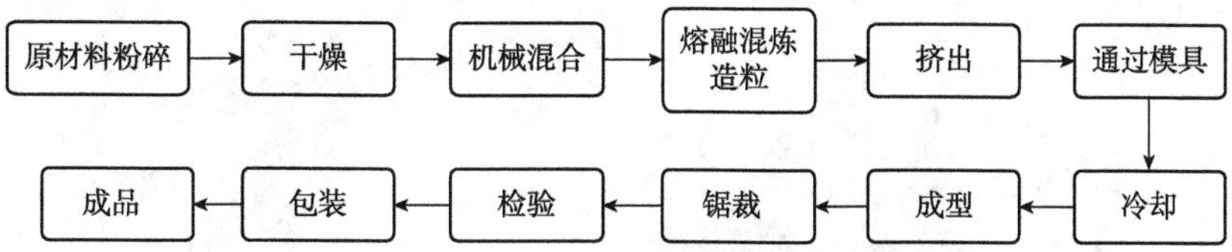

图 2-25 挤出型木塑复合材料的生产工艺流程

2.3.4 木塑复合材料的特点

(1)环保性强

木塑复合材料主要以木质材料和塑料为原材料，这些原材料可以是其对应的回收材料，同时木塑复合材料在废弃后还可以粉碎进行二次加工利用，所以它的循环利用率较高。另外，木塑复合材料的生产不涉及甲醛等有害物质，所以其有害物质排放几乎为零，具有较好的绿色环保性。

(2)木塑双重特性

木塑复合材料兼具木材和塑料的双重特性，外观上可以拥有与木材相近的纹理和颜色，常被用于室内建材和装饰材料，如地板、墙板等。加工上又具有塑料的高可塑性，截面形状可以根据实际需求进行柔性加工。

(3)吸湿性低

虽然木质材料具有较高的吸湿性，但塑料吸湿性较低，木塑复合材料中木质材料被塑料包覆，所以木塑复合材料整体表现出较低的吸湿性，其尺寸稳定性较高，不易发生开裂变形，在潮湿或户外环境的耐久性较好。

(4)二次加工性好

木塑复合材料较高的可塑性还体现在二次加工，其二次加工性能与木材相近，根据实际应用情况可方便进行钉、刨、锯、钻、胶接等加工工艺，所以木塑复合材料已经被广泛应用于建筑、户外、室内等场合的结构或非结构零部件。

(5)功能化程度高

根据实际应用需求，木塑复合材料可在加工过程中通过添加功能改性剂来获得不同功能性，如阻燃、抗静电、防霉、耐腐等性能，而且功能化不会影响材料的加工工艺过程和基本物理力学性能，功能化的木塑复合材料既能满足基本应用需求，还可提升材料附加值并拓展材料应用范围。

(6)安装维护方便

木塑复合材料具有较好的耐污染性和耐久性，所以基本不需要维修养护，清洁也比较方便。

2.3.5 木塑复合材料的应用

木塑复合材料以其优异的加工性、环保性、物理力学性能等特性，已被广泛应用于建筑、装饰、家具、户外景观等领域(图2-26)。

图2-26 木塑复合材料的应用

(1)建筑

木塑在建筑中的应用主要包括：铺板护栏、房屋盖板及挡板、建筑墙板、门窗型材、建筑模板等。其中在建筑模板中的应用较为广泛。木塑模板使用效率高，可以反复使用20~30次，能够有效降低模板采购和运输费用，且废弃的木塑模板还可以全部回收利用。

(2)装饰

木塑是良好的建筑装饰材料，可以用于复合地板、装饰板(条)、活动百叶、壁板、天花板、踢脚线、门板等，且市场需求巨大。近年来，发泡木塑复合材料以其轻质高强、表面性能优异的特点备受关注，在室内装饰如墙板、吊顶、卫浴等场合被广泛使用，已成为木质材料以外使用最多的材料之一。

(3)家具

木塑在家具中的使用主要是用于制作框式、板式、曲木和异型家具。木塑良好的加工性能使其能够很好地与实木、金属等材料结合，并制造出性能、造型都优异的家具制品，尤其对于造型结构复杂的异型家具，木塑可以通过调控模具形状或加工工艺等手段，较为容易的实现特殊家具结构的制备。同时，在木塑家具制造过程中，木塑表面性能还可以通过模具和添加剂进行有效调控，可以是木材花纹、石纹等纹样，还可以是多色组合，这些表面性能可以满足用户或市场的基本需求。另外，木塑不存在甲醛释放问题，所以它可以替代人造板材料用于部分室内家具的设计和制造。

(4)户外景观

木塑外观优美、尺寸稳定性好、耐久性强、防水防潮，是户外景观结构中比较受欢迎的原材料之一。目前应用木塑较多的户外景观主要包括：木屋、凉亭、户外地板、户外护栏、户外家具、花箱、花池、垃圾桶，以及其他景观，如秋千、路牌、动物窝等。

2.4 其他材料

其他材料主要指除木制品主体材料以外的结构、装饰、功能、辅助材料，如木制品用的连接件和胶黏剂，水泥、混凝土和玻璃等基础建筑材料，钢铁、铝等建筑结构和装饰用的金属材料，建筑用塑料、石材、烧土制品和石膏等材料，以及防水、非木质阻燃、绝热和吸声等功能性材料。

2.4.1 结构材料

(1)连接件

建筑与家居木制品的连接方式主要有传统榫卯连接、连接件连接和胶合连接三种。而现代轻型木制品结构连接，通常由两个或两个以上的骨架构件和一个类似于紧固件或专业连接五金件的机械连接装置所组成。在建筑与家居木制品领域被广泛使用的连接件有钉、螺钉、螺栓、齿板、钢筋、钢管等。

(2)水泥

水泥是一种粉末状物质，与适量水混合后由可塑性浆体变成坚硬的石状体，且能把其他固体粒状材料胶结成为整体。水泥是最重要的建筑材料之一，在建筑、道路、水利和国防等工程中应用极广，常用来制造各种形式的混凝土、钢筋混凝土、预应力混凝土构件和建筑物，也常用于配制砂浆，以及用作灌浆材料等。

(3)混凝土

从广义上讲，混凝土是由胶凝材料、骨料和水(或不加水)按适当比例配合制成的混合物，经一定时间后硬化而成的人造石材。目前，使用最多的是以水泥为胶凝材料的混凝土，称为水泥混凝土，它是当今世界上用途最广泛、用量最大的人造建筑材料。

2.4.2 装饰材料

(1)玻璃

玻璃是指以石英砂、纯碱、石灰石等为主要原材料，并加入助熔剂、脱色剂、着色剂、乳浊剂等辅助原料，经加热熔融、成型、冷却而成的一种硅酸盐材料。其主要成分为 SiO_2、Na_2O 和 CaO，成分不同，制成的玻璃性能也不同。玻璃在建筑与家居木制品中的应用主要作装饰材料使用，如玻璃窗、玻璃茶几等。建筑上常用的玻璃品种有：普通玻璃、装饰玻璃、安全玻璃、节能玻璃和防火玻璃。

(2)金属

金属材料包括黑色金属和有色金属两大类。黑色金属是指以铁元素为主要成分的金属及其合金，如钢和铁。有色金属是指黑色金属以外的，如铝、铜、镁、铅、锌等金属及其合金。金属在建筑与家居木制品中既可以做结构材料使用，也可作装饰材料。结构材料主要是用作连接件，而装饰材料主要用于木制品表面装饰，如传统家具表面的铜锁和铜花等。

(3)浸渍纸

浸渍纸是素色原纸或印刷装饰纸浸渍热固性树脂后(常见的有三聚氰胺甲醛树脂、脲醛树脂和酚醛树脂)，干燥使溶剂挥发，成为具有一定树脂含量和挥发物含量的胶纸，也称树脂胶膜纸。用合成树脂浸渍纸贴面装饰时，不用涂胶，因浸渍纸干燥后合成树脂未完全固化，贴面时加热熔融，树脂进一步固化，浸渍纸与基材粘贴的同时，形成表面保护膜，基材表面无须再涂饰即可作饰面板使用。

2.4.3 功能材料

(1)防水材料

建筑与家居木制品中常见的防水材料有防水卷材、防水涂料、密封胶、蜡等，其中沥青基的防水材料是最常用的一种。沥青是一种有机胶凝材料，在常温下呈黑色或黑褐色固态、半固态或液态。它是一种憎水材料，几乎不溶于水，而且构造密实，是建筑工程中应用最广的一种防水材料。沥青作防水材料的利用形式有沥青防水卷材和沥青防水涂料。

(2)绝热材料

在建筑与家居木制品中选用恰当的绝热材料，不仅能满足人们的居住要求，还可以起到节能环保的作用。绝热材料是指用于减少结构物与环境热交换的一种功能材料，是保温材料和隔热材料的总称。常用的绝热材料包括：纤维状保温隔热材料，如石棉、矿棉、玻璃棉、植物纤维复合板等；散粒状保温隔热材料，如膨胀蛭石、膨胀珍珠岩等；多孔性保温隔热材料，如微孔硅酸钙、泡沫玻璃、泡沫塑料等；还有其他一些绝热材料，如软木板、蜂窝板、玻璃等。

(3)吸声材料

吸声材料可保持室内良好的声环境并减少噪声污染。吸声材料大多为疏松多孔材料，如矿渣棉、地毯，其吸声机理是声波进入材料孔隙，由于孔隙多为内部互通的开口孔，声波受到空气分子摩擦和黏滞阻力，使细小纤维产生机械振动，从而使声能转变为热能。除了多孔材料(石膏砂浆、矿渣棉、泡沫玻璃等)外，还可将材料组成吸声结构，以达到吸声效果。常见的吸声结构有薄板共振吸声结构和穿孔板吸声结构。

复习思考题

1. 木材在建筑与家居制品中应用存在什么问题？
2. 与木材相比，木质人造板在建筑与家居制品中应用的优势有哪些？
3. 木塑复合材料在实际生活当中的应用有哪些？
4. 为什么竹材的抗剪切强度较低？

第3章
木材制备与改良

【本章重点】

1. 木材制备的原则和方法。
2. 木材下锯的方法和下锯图。
3. 木材干燥的原理、方法和基本工艺。
4. 木材改性处理的分类和方法。

3.1 木材制备

制材是将原木进行纵向锯解和横向截断成锯材或成材的过程；制材的好坏对提高木材出材率具有重要影响，原木出材率和锯材生产效率取决于制材设备的优劣和锯解方法的合理性。

3.1.1 制材原则与方法

3.1.1.1 制材原则

(1)以原木长度为造材基础

此种方法的特点是：长度统一，便于运输和堆垛作业；但径级繁多，锯解时最好再按径级分选，以便于加工，提高原木出材率。目前我国造材采用这种方法。

(2)以原木直径为造材基础

此种方法的特点是：能满足所要求的锯材厚度和宽度，能减少下锯图的变化，提高原木出材率。但制材长度规格不一，不利于运输和堆块，对楞场、板院所需面积增大。

3.1.1.2 制材方法

原条截断前先应进行量材。量材是指根据用途结合原木的缺陷，将原条设计为不同长度的若干原木的造材工作。因此，量材工作是原条造材工序中的一个重要步骤，它是决定原木的材种、等级，保证完成材种计划，提高用材的出材率，充分合理地利用森林资源等的关键性工序。

合理量材、造材的基本要求就是正确执行国家标准和订货要求，正确的量材、造材，使整根原条在提高利用价值的基础上做到先特殊、后一般，多出材、出好材。

(1)按照原木的材种、尺码进行合理的量材、造材

原木材种、长度和直径在有关标准中都有规定，为了合理利用原条，提高原条的出材率，对树干通直、尖削度小、节子少、无病腐等缺陷的正常健全原木，应充分利用树干，按照有关标准的规定，先造特殊用材，然后再造一般用材；先造长材后造短材；先造优质材后造次等材。做到材尽其用。

(2)按照原材特殊形状量材、造材

原条截成原木时，必须考虑树干形状上的特点，如尖削度和弯曲度。

①尖削度　原木尖削度是指原木单位长度上的大头直径与小头直径之差，在原条上所截得的原木尖削度应适当(图 3-1)，才可使原木中的圆柱体体积达到最大，以便获得最多数量的长成材。尖削度以式(3-1)表示。

$$S=\frac{D-d}{L} \tag{3-1}$$

式中，D 为原木大头直径(cm)；d 为原木小头直径(cm)；L 为原木长度(m)。

②弯曲　弯曲原条造材时，要尽量缩小弯曲限度，充分考虑各材种的材质标准要求，超过弯曲限度的，应在弯曲处下锯，其原则是见弯取直，大弯变小弯，造成合乎材种要求的原木。

原木的弯曲程度用弯曲度表示，弯曲度是指原条或原木的最大弯曲高度与其曲面水平长度之比的百分数(图 3-2)，详见式(3-2)。

$$f=\frac{H}{C}\times 100\% \tag{3-2}$$

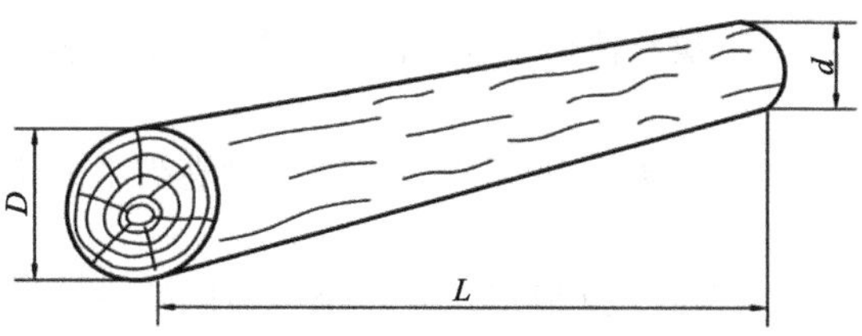

图 3-1 原木尖削度

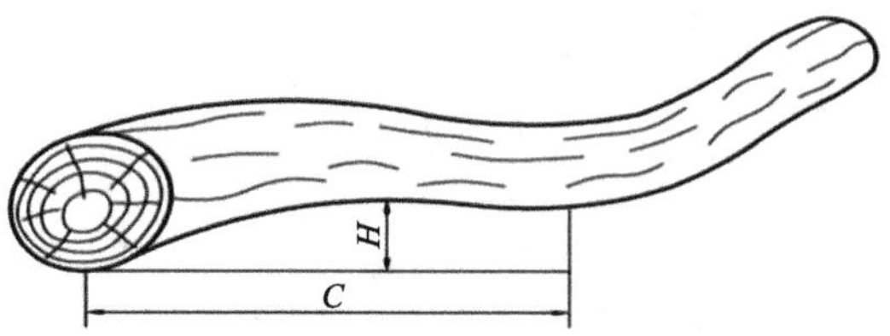

图 3-2 原木弯曲度

式中，H 为原木的最大弯曲高度(cm)；C 为原木内曲面水平长度(cm)。

(3)按照原木的材质要求进行合理的量材、造材

具有缺陷的原条造材时，如果缺陷分布比较集中，则把缺陷部分集中在一段原木上；如果缺陷较均匀分布，就要考虑这种缺陷在哪些材种上允许存在以及允许限度，在哪些材种上不允许存在，以充分发挥具有缺陷原条的利用价值，做到材尽其用，优材不劣用，大材不小用。

3.1.2 制材产品

制材生产的产品是锯材，锯材是原木经过锯机纵向、横向锯解加工所得到的板材和方材，又称为成材。按用途锯材可分为通用锯材和专用锯材，通用锯材又分为针叶树普通锯材和特等锯材、阔叶树普通锯材和特等锯材。专用锯材又分为枕木、机台木、罐道木、铁路货车锯材、载重汽车锯材、乐器锯材、船舶锯材、毛边锯材等。

(1)按树种和等级分类

①树种　制材产品根据所使用的原木树种分为两大类：针叶树材和阔叶树材。

针叶树材主要有红松、马尾松、樟子松、落叶松、云杉、冷杉、铁杉、杉木、柏木、云南松、华山松等树种；阔叶树材主要有柞木、麻栎、榆木、杨木、桦木、椴木、泡桐、青冈、荷木、枫香、储木等树种。对于其他针、阔叶树材，凡能够锯解加工的，都可以作为锯材产品。各种专用锯材如枕木、机台木、罐道木、铁路货车锯材、载重汽车锯材、船舶锯材等，对树种均有具体要求。

②等级　针叶树材、阔叶树材锯材分为特等、一等、二等和三等四个等级；专用锯材除普枕、岔枕分为一等、二等两个等级外，其余的一般不分等级，但对其材质均有各自的具体规定。

(2)按锯材形状和尺寸分类

按锯材成品和半成品的端面形状可分为 11 类(图 3-3)。

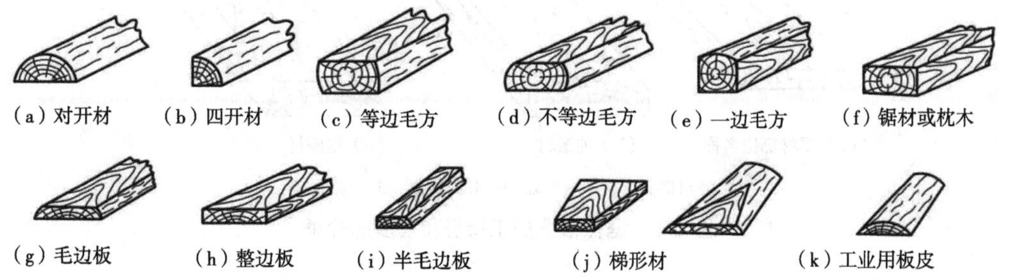

图 3-3 锯材、半锯材端面的几何形状分类

(3)按锯材厚度分类

①薄板　锯材厚度 12mm、15mm、18mm、21mm，宽度 60~300mm。

②中板　锯材厚度 25mm、30mm、35mm，宽度 60~300mm。

③厚板　锯材厚度 40mm、45mm、50mm、60mm，宽度 60~300mm。

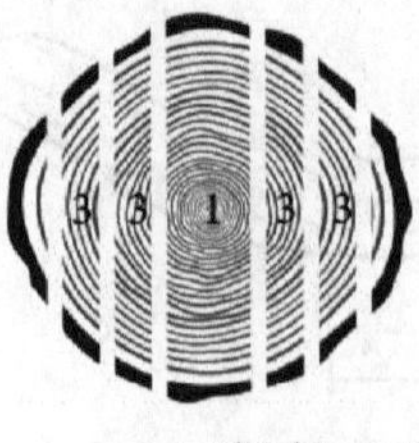

1. 髓心板；2. 中心板；3. 边板

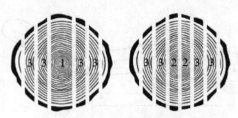

图 3-4 锯材在原木横截面上的分布图

(4)按锯材在原木横截面中的位置分类(图 3-4)

①髓心板 锯材位于原木髓心区，髓心圈全部落在这块板上。

②中心板 自原木中心下锯，锯出两块各带半个髓心的板。

③边板 在原木中除髓心板和半心板以外所得到板材。

④板皮 在边板以外的弧形边材，大板皮还可剖得到短边板。

(5)按锯材加工特征和程度分类

依加工部位、加工程度、年轮纹切线与材面夹角等特征，锯材分类如下(图 3-5)：

①板材 宽度尺寸为厚度尺寸 2 倍以上者。

②方材 宽度尺寸小于厚度尺寸 2 倍者。

③材面 凡经纵向锯解出的锯材，任何一面统称材面。

④宽材面 板材方材的较宽材面。

⑤窄材面 板材方材的较窄材面。

⑥端面 锯材在长度方向上的横截面。

⑦着锯面 在材面上显露的锯解部分。

⑧未着锯面 在材面上显露的未锯解部分。

⑨内材面 距髓心较近的材面。

⑩外材面 距髓心较远的材面。

⑪材棱 锯材相邻两材面的相交线。

⑫钝棱 整边锯材在宽度或厚度上有部分或全部材棱未着锯，残留的原木表面部分。

⑬锐棱 锯材材边局部未着锯的部分。

⑭整边板 锯材的相对宽材面相互平行，相邻材面互为垂直，材棱上钝核不超过允许的限度。

⑮毛边板 锯材的两个宽材面相互平行，窄材面未着锯，或虽着锯而钝棱超过允许限度。

⑯缺棱板 由于原木有尖削度，锯出的毛边板为增加宽度，在边部带有缺角，此种锯材称为缺棱板。缺棱可能存在于板材的一边，也可能存在于板材的两边。

（a）锯材部位名称 （b）钝棱材 （c）锐棱材

1. 外材面；2. 材棱；3. 端面；4. 内材面；5. 窄材面

图 3-5 锯材根据加工特征和程度的分类

(6)按下锯方法分类

原木的下锯法不同，可使锯材年轮走向与材面形成不同的角度，依据板材断面年轮走向与板面所成的角度来说，可分为径切板、弦切板和半径切板。

①径切板 板面方向垂直于年轮或近乎垂直于年轮的锯材(板材)。

②弦切板 板面方向平行于年轮或近乎平行于年轮的锯材(板材)。

③半径切板(半弦切板) 板面方向与年轮呈锐角的锯材(板材)。

3.1.3 制材工艺

锯解原木时，根据锯材的种类、规格，确定锯口部位和锯解顺序进行下锯的锯解方法，称为下锯法。

原木下锯法种类很多，由于所使用的机床、刀具以及原木的大小、质量、树种和所要求生产锯材产品的不同，其下锯法也不一样。无论是何种下锯法，其目的是保证原木的出材率和锯材产品的质量。

(1)按使用的锯机设备和切削刀具数目分类

①单锯法 用单锯条带锯机和单锯片圆锯机，一次加工一个锯口，依次锯解锯材的方法。这种方法的优点是：原木可翻转下锯，看材下料，可集中剔除木材缺陷，提高制材质量和出材率；适用于加工缺陷较多的原木、大径级原木、珍贵原木和特殊用材；带锯条锯路小，木材损耗小；能够生产各种不同规格尺寸的锯材。但是，采用该种方法加工的锯材规格质量较差，同时要求工人技术水平高，生产效率较组锯法低。

②组锯法 使用多锯片圆锯机、多联带锯机排锯机，一次锯出数块板材或毛方的方法。组锯法加工的锯材规格好，尺寸偏差小，改锯材少；工艺流程短；连续进料，生产效率较高。但这种方法也存在不能看材下锯，影响制材质量；锯路大，出材率低等缺点。对原木质量要求高，适合加工缺陷少的中、小径级原木。

(2)按下锯的锯解顺序和生产分类

①四面下锯法 四面下锯法是翻转下锯法之一，它的锯解顺序是：首先在原木边部锯去一侧板皮，然后向车春将原木翻转 180°以锯解面贴紧车春面，再锯去一侧板皮，而后 90°向外翻转，锯掉另一侧板皮，继而平行的依次锯割各种规格的锯材，在锯到一定程度时，约剩下原木直径的1/3 时，再 180°向里翻转，除锯掉板皮外，再依次锯解成锯材(图 3-6)。

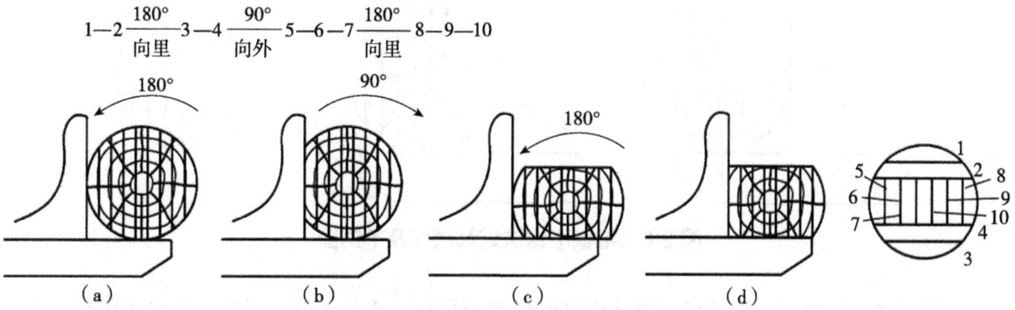

图 3-6 四面下锯法锯解顺序图

四面下锯法又叫毛方下锯法，即在大带锯上将原木锯成两面毛方。然后将毛方给主力小带锯剖成板材、方材，若原木径级较大，则毛方仍由大带锯剖几个锯口后再转给主力小带锯剖分成板材、方材。

四面下锯法的优点：整边锯材多，可减少裁边的工作量；能充分利用原木边材部分优质板皮锯出质量好的宽板材、长板材；可减少大三角形板皮，有利于提高出材率。缺点：原木在大带锯上翻转次数较多，影响机床生产效率。

②三面下锯法 三面下锯法是翻转下锯法之一，它的锯解顺序是：首先在原木边部锯掉一侧板皮或带制一块边板，然后 90°向外翻转，以锯解面扣在车盘上，再锯掉相邻的一侧板皮，继而平行这个锯解面依次锯解成锯材。在锯到一定程度时，再以 180°向里翻转，再锯掉板皮，然后依次锯解成板材(图 3-7)。

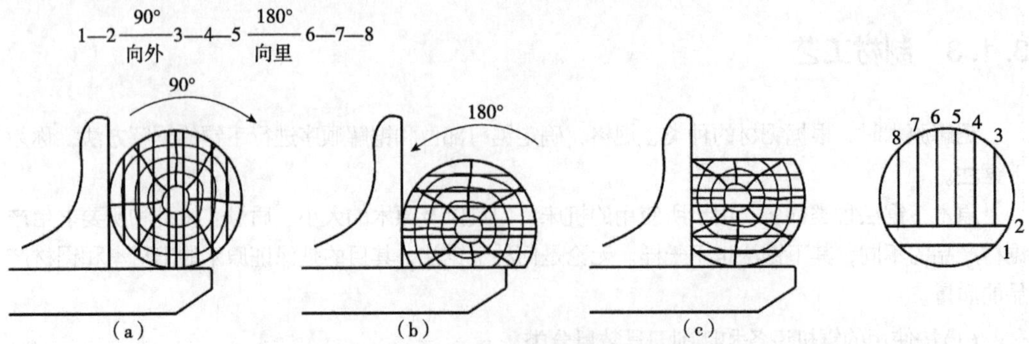

图 3-7 三面下锯法锯解顺序图

三面下锯法一般适用于锯解方材(如门窗料)，也适用于专供企业需要的毛料生产，因为用毛边板截取毛料，出材率较高。在锯解直径 50mm 左右的原木时，采用三面下锯法，易于翻转和利用一部分边皮锯解主产品。三面下锯法有利于看材下料，剔除缺陷。整边板材应以四面下锯法为主，如果用小径级原木锯解宽材时，也可采用三面下锯法。

三面下锯法的优点：翻转次数少些，因此可提高大带锯的生产效率；由于部分毛料宽度大，在锯解中，小方材时可利用一部分边材锯解主产品，因而方材出材率较高；便于小带锯看材下料剔除缺陷，提高制材质量。缺点：与四面下锯法比较则三角材较多，因此出材率稍低。

③毛板下锯法　毛板下锯法也叫两面下锯法，它的锯解顺序是：原木在大带锯上先锯下一块板皮，或带一块毛边板，然后毛料 180°翻转以锯解面紧贴车春面，再锯去一侧板皮，继而平行地依次锯成毛边板(图 3-8)。

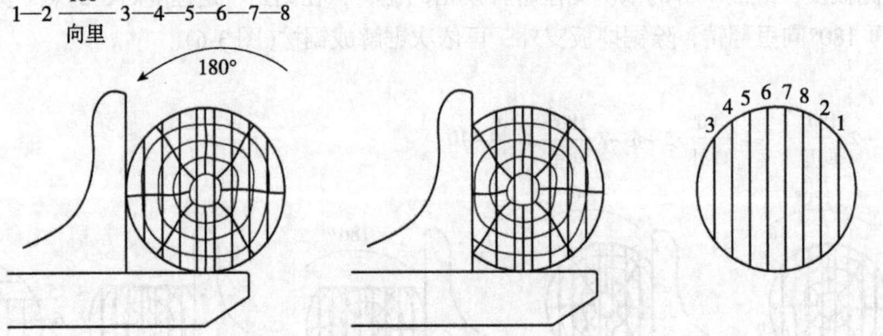

图 3-8 毛板下锯法锯解顺序及下锯图

毛板下锯法的优点：用毛板下锯法生产专供箱板用材，简化工艺，只需要两台大带锯配置一台小带锯)，节省空间，从而提高生产率；专供企业所需要的毛边板截取家具毛料，出材率较高；用大带锯锯解相同厚度的毛边板，简化了工艺，可以提高大带锯机械化和自动化程度。其缺点：原木在加工过程中剔除原木缺陷受限制降低了产品质量。

(3)特种用材下锯法

特种用材，是指航空、造船、车辆、乐器等生产上需要的一些加工精细、材质较高的一些专业用材。这种锯材由于对木材年轮在材面上分布位置和木材纹理被割断程度有一定的规定，而采用不同的下锯法。

特种用材下锯法根据木材年轮在材面上的分布位置，分为径切材下锯法、弦切材下锯法及胶合木下锯法。

①径切材下锯法　径切材是通过木材髓心，按横截面为径向纹理的要求，沿着原木横截面的直径或半径下锯而成的。径切材下锯法又可分为扇形径切法和弓形径切法(图 3-9)，具体如下：

扇形径切法是通过髓心先锯成 4 个扇形材，然后再按径向纹理的要求制成径切板。

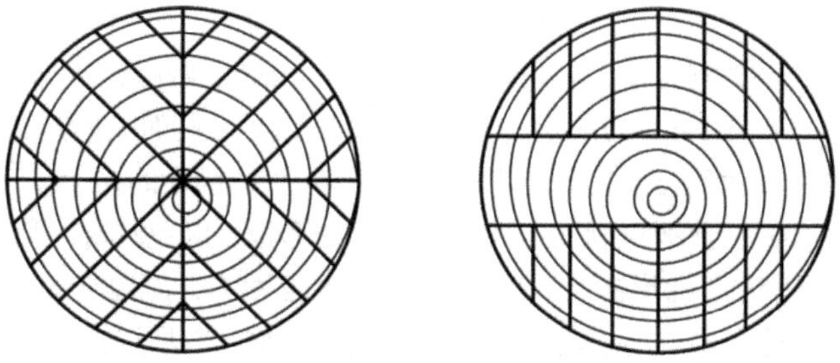

（a）扇形径切法（完全）　　（b）弓形径切法（带制）

图 3-9 径切材下锯法

弓形径切法是先沿横截面直径方向锯成两个弓形材，然后再沿原木横截面直径或半径方向制成径切板。

通常，径切材下锯法适用于锯制径级较大的原木，采用该方法锯制的板材具有干缩率小、不易开裂等特点，一般用于建筑、家具和室内地板、门窗等。

②弦切材下锯法　弦切板沿着原木的边材部分与原木直径平行或接近平行锯解而成(图 3-10)。

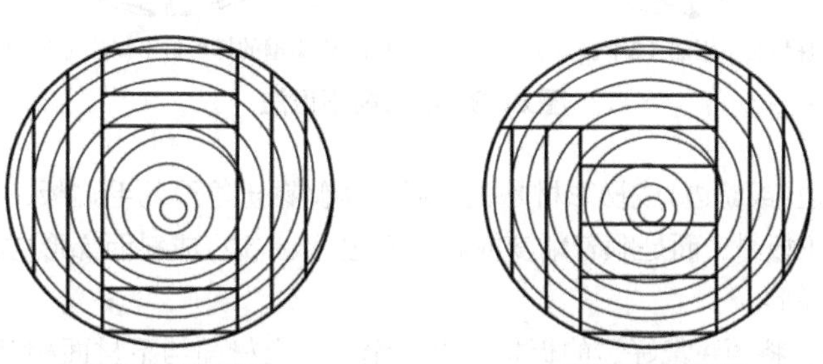

（a）带制弦切下锯　　（b）完全弦切下锯

图 3-10 弦切材下锯法

常用的是四面下锯法和三面下锯法。通常制板材、大方材，偶数根枕木多采用四面下锯法；制中、小方材，奇数根枕木或原料为 50cm 以上大径级原木时，采用三面下锯法；专门供企业细木工生产用料时，生产毛边板，采用毛板下锯法。

一般制材厂生产径切材、弦切材都是在生产普通锯材的同时，按径向或弦向纹理要求带制出来。只有在专业制材厂(如造船厂、乐器厂、体育用品厂)附属的制材车间才进行归口专制。

③胶合木下锯法　胶合木是通过特殊下锯法，把小径级原木锯成长度较短、宽度较窄、厚度为 10~30mm 的板(条)，在端部或侧面用胶黏剂拼接起来的胶合木。

小径级原木用普通下锯法制板材出材率仅为 30%~50%，而用胶合木下锯法，出材率可提高到 55%~60%，并能提高木材的使用价值。胶合木下锯法又可分为橘瓣形材下锯法和梯形材下锯法，具体如下：

橘瓣形材下锯法是将小径级原木先截成普通标准长度，然后旋成圆柱体，锯成四开材，再剖成橘瓣形材，再将橘瓣形材彼此颠倒，沿长度方向面与面胶拼在一起，拼成任意宽度的胶合板材(图 3-11)。

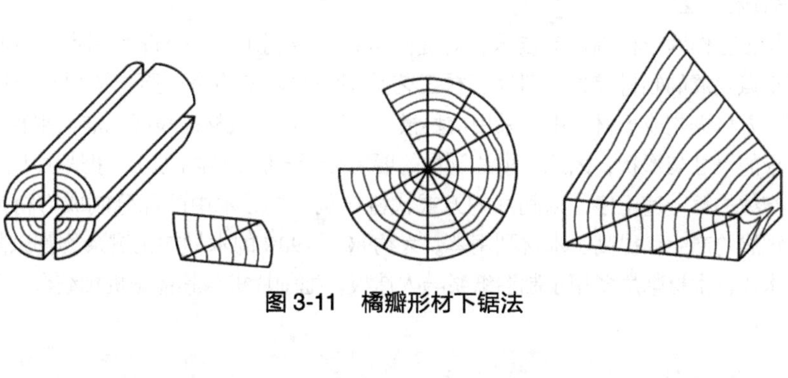

图 3-11 橘瓣形材下锯法

梯形材下锯法是另一种提高小径级原木出材率的办法。将小径级(约 10~14cm)原木先锯截成短木段，旋成直径相同的圆柱体，再用带锯机剖分 3 个锯口(两侧锯口与中央的锯口平行)得到侧面呈弧形的毛方，如图 3-12(a)所示，毛方上下两面刨平，侧面弧形铣削成斜面，使材端成等腰梯形，梯形的 4 个角大致与半圆木的外围轮廓相接。直径稍大的约 15cm 以上的旋圆木，剖分 5 个锯口，外侧锯出两块薄板铣削成边角有键槽的梯形板，以免胶拼时移动错位，如图 3-12(b)所示。板材侧面施胶后，梯形材上下底面彼此颠倒相互对齐，侧边拼接在一起成任意宽度的胶合木(胶拼时加热加压)。如端头指形胶接，可成任意长材，以后根据规格需要，可再行锯解成一定尺寸的板材。

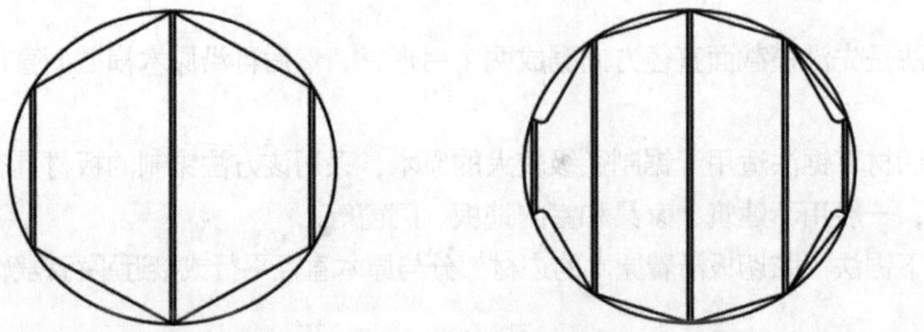

(a) 梯形材下锯法（3个锯口）　(b) 带锯槽的梯形材下锯法（5个锯口）

图 3-12　梯形材下锯法

毛边板斜面裁边(或铣边)成梯形材是先从原木两侧锯出等厚的毛边板，不垂直裁边，不裁成两头一样宽的方正板材，而是顺着削度成斜角裁边(或铣边)成斜而梯形材，板材的材面呈梯形，材端也呈等腰梯形。

如图 3-13 所示，将两块裁好边的板材宽端与窄端，上材面与下材面相互调转胶拼在一起，可制成任意宽度的成材。这种方法适用于小径级原木，特别是尖削度较大的小径级原木，它既减少了通常裁边时木材的损失，又克服了原木尖削度较大的不利条件，出材率可大大提高。如再将板材端头与端头指形胶接，可制成任意长度的板材。

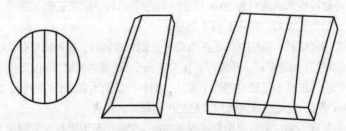

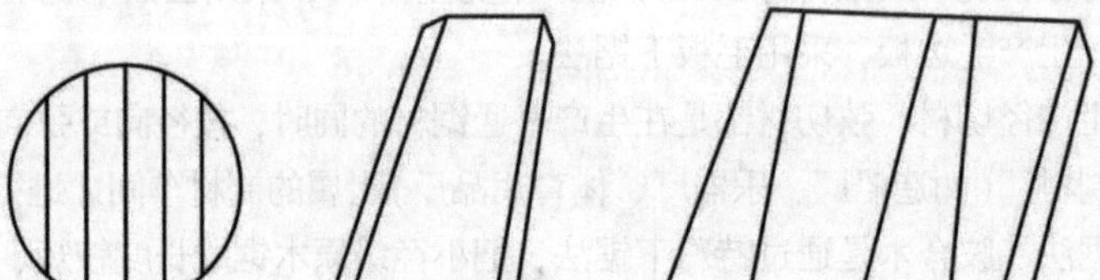

图 3-13　斜面梯形材下锯

3.1.4　新型制材工艺及设备

(1)削片制材工艺

削片制材工艺作为一种制材新技术，对提高木材综合利用率，合理利用木材资源有重要作用，是我国重点发展的制材模式。削片制材工艺是将经过剥皮的小径原木边材部分削成工艺木片，中间剩下方材锯剖成板材。由于采用该种模式不但要保证成材的表面光洁与平直，而且还要保证木片要求的尺寸与形状，因此，削片制材的要求高于一般的锯材加工。把削片机与带锯机相结合置于生产线的第一道工序，以削片的方式代替锯剖，把原木中间部分制成方材或者是规格材，减少了锯屑的产生，提高了木材利用率。大约 80%~90%的木材加工剩余物都以削片的方式加工成工艺木片，木材削片多用于制造纸浆与人造板。把削片机与其他锯机相结合，不仅简化了工艺过程，而且生产线得以缩减，其效率比一般制材方法高出 3～4 倍，因此，削片制材是一种理想的制材模式。

（2）制材设备应用及发展

我国制材生产所使用的锯机，基本上以带锯机、排锯机和圆锯机三种为主（图 3-14～图 3-16）。由于所采用的主锯机不同，制材工艺方案也各不相同。目前，国内制材的生产多数以带锯机为主，在南方有少数生产厂家是以排锯机和圆锯机为主。

①带锯机　按照工艺用途，可分为原木带锯机、再剖带锯机和细木工带锯机；按照锯轮布置，主要分为立式和卧式带锯机，立式带锯机还可以分为左向和右向带锯机，左向带锯机从进料端看，锯轮逆时针方向回转；右向带锯机，从进料端看，锯轮顺时针方向回转。带锯机具有生产率高、出材率高和锯材质量高等加工优点，但同时也存在因锯条薄、升温快、自由度大而影响加工精度，操作要求高和锯条维修技术要求高等缺陷。

②排锯机　排锯机也称框锯机，主要用于将原木或毛方锯解成方材或板材，使用该设备加工的主要优点是：生产率较高，自动化程度较高，所用锯条的刚性好，锯制的板面质量较好，对操作人员的要求低于带锯机。排锯机的主要缺点是：锯条较厚，锯路大，原材损失大，出材率不及带锯机，在减少原木缺陷对锯材质量的影响方面，不如带锯机灵活。

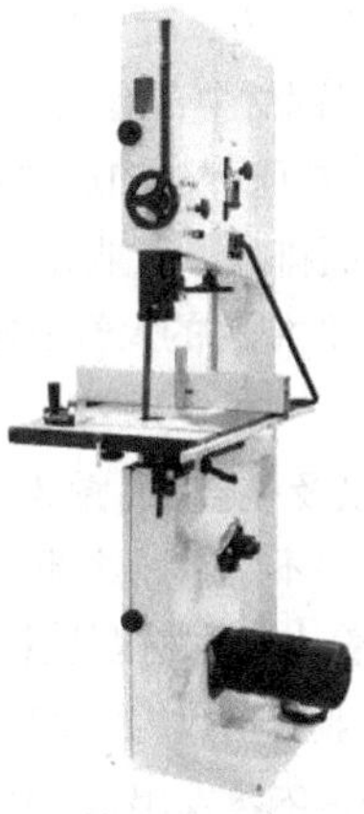

图 3-14　带锯机

图 3-15　排锯机

图 3-16　工业格式圆锯机

③圆锯机　圆锯机结构简单，效率较高，类型众多，应用广泛，是木材机械加工中最基本的设备之一。圆锯机按切削刀具的加工特征，可分为纵剖圆锯机、横截圆锯机和万能圆锯机。按工艺用途，可分为锯解原木、再剖板材、裁边、裁板等形式。按安装锯片数量，可分为单锯片、双锯片和多锯片圆锯机。圆锯机的特点是：结构简单，造价低，维修保养方便，切削速度高，能适应各种原料和产品加工要求，锯片稳定性差，锯片厚，锯路宽，出材率低于带锯机，修锯技术复杂。

我国制材设备发展主要呈现两大趋势：一是适应制材原材料的变化，制材设备向多样化、柔性化发展。对资源的利用从以天然林木为主，转变为以人工林速生材为主；从以大径锯材为主，转变为以中径材、小径材、间伐材、人工林枝桠材为主，制材原料的转变要求制材设备更加灵活多变，组合生产方式多样化。二是数控化、智能化设备向信息平台、云计算方向发展。云计算、物联网、大数据这种软件系统应该和智能化的流水线综合在一起，能够实现个性化生产，我国制材设备在这方面还有很长的路要走。

3.2 木材干燥

3.2.1 干燥原理与目的

3.2.1.1 原理

木材干燥是指在热能作用下，以蒸发或者沸腾的方式排除木材中水分的处理过程。基本原理是利用木材内部存在的含水率梯度差和加热后形成的水蒸气压力差，促使水分由内部向外部移动，并通过木材表面向外界蒸发；内部的水分移动速率与表面的水分蒸发速率应当协调一致，使木材由表及里均衡地变干。

当空气中的水蒸气分压低于该温度下的饱和蒸汽压的时候，水分发生蒸发，而一般湿空气中的水蒸气均为不饱和蒸汽，所以蒸发在任何温度下均可发生。湿原木或湿锯材中含有大量的水分，这些水分从木材表面向周围空气蒸发，木材随时都在干燥之中。当木材在常压下被加热到100℃以上时，就会发生沸腾汽化现象，木材中的水分通过蒸发或沸腾从木材表面排除。工业化木材干燥主要指按照一定的干燥基准有组织、可控制的工艺过程，也包括受气候条件制约的大气干燥。

(1)木材水分构成

木材中的水分主要以三种状态分布，即自由水、吸着水(附着水)以及化合水(图3-17)。自由水分布在木材的大毛细管系统中，与木材呈物理机械结合，但是结合并不紧密，这部分水是干燥过程中最容易去除的；吸着水(附着水)分布在微毛细管系统中，吸着水与木材既呈物理化学的结合又呈物理机械的结合，木材吸着水含量因树种的差异而不同，一般含量大约为30%，为了克服微毛细管的张力，只有当其获得到一定的能量时，它才能从微毛细管内蒸发出去，因此，吸着水不如自由水那样容易去除。化合水是指存在于木材化学成分中的水分，约占木材含量的2%，在干燥过程中，它是无法除去的，因此，一般情况下不在木材干燥的考虑范围内。

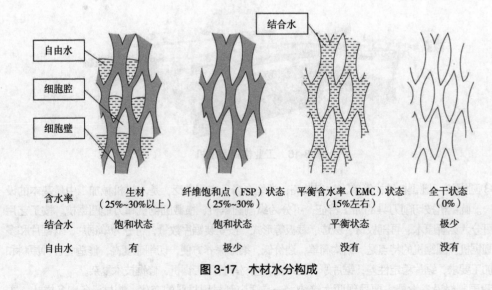

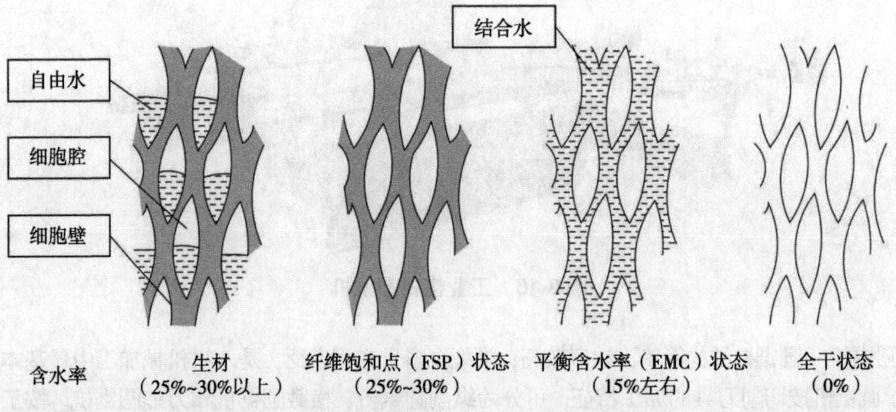

含水率	生材（25%~30%以上）	纤维饱和点（FSP）状态（25%~30%）	平衡含水率（EMC）状态（15%左右）	全干状态（0%）
结合水	饱和状态	饱和状态	平衡状态	极少
自由水	有	极少	没有	没有

图3-17 木材水分构成

(2)干燥过程中的水分迁移

干燥过程中木材中的水分可能平行于木纤维方向迁移，并在木材的两端蒸发，还可能垂直于木纤维方向迁移，最后从木材的表面和横截面排除。由于板材的表面积和截面积大于其两端的面积，因此板材干燥过程中的水分大多沿板材的表面和横截面蒸发。含水率在木材纤维饱和点以上时，水分移动时主要以液态水为主；含水率在木材纤维饱和点以下时，水分移动以水蒸气或混合方式迁移为主。

3.2.1.2 目的和意义

(1)预防木材腐朽变质和虫害

当木材含水率降低到20%以下，或贮存于水中时，可以避免受到白腐菌、褐腐菌等的侵袭。因为菌、虫的寄生需要合适的温度、湿度，以及不可缺少的水分、空气和营养物质等条件。干燥处理破坏了菌、虫寄生的湿度和水分条件，从而预防木材发生腐朽变色和虫害。

(2)防止木材变形和开裂

木材经过干燥处理后内部含水率达到与使用环境相适应的程度，在使用过程中几乎不发生大的变化，就能防止木材发生大的干缩湿胀，从而防止木材的变形和开裂，保持木材形状的稳定性，使木材经久耐用。我国加入世界贸易组织(WTO)后，木材制品在全球范围内销售，而世界各地气候条件相差很大。例如，韩国平衡含水率约在12.4%~12.9%，澳大利亚的为8%~14%，德国的为15%~16.4%。我国气候类型多样，如干旱地区，木材的平衡含水率为8%~10%，木材需相应干燥到7%~9%的终含水率；沿海地区，气候潮湿，木材应干燥到12%~13%；我国东北地区使用的木制品及出口到北美洲的木制品，因考虑到室内采暖条件等要求，终含水率应干燥到6%~8%。锯材的最终含水率应考虑到制品用途及使用地的平衡含水率。

(3)提高木材的力学强度，改善木材的物理性能

含水率在纤维饱和点以下时，木材强度随着含水率的降低而增高，反之降低。研究结果表明：木材含水率为8%~15%时，含水率与木材的静曲强度之间呈线性关系。如山毛榉由含水率30%降低到5%，其静曲强度从80MPa增加至140MPa。另外，含水率适度降低，可改善木材的机械加工性能，提高胶合和涂饰质量，充分显现木材的花纹、光泽和绝缘性能等。

(4)改善木材的环境学特性

木材经干燥处理后，其内部的含水率与周围环境的湿度相平衡，进一步改善了木材的视觉特性、触觉特性、听觉特性、嗅觉特性和调节特性，使木材与环境更加和谐，与人类更加亲近。

(5)减轻木材质量，降低运输成本

经过干燥的木材，质量可减轻30%~50%。如在木材产地就近制材，并将锯材干燥到运输含水率(20%)，然后外运，会减少大量运输吨位，从而降低运费。同时，可防止木材运输途中遭到菌、虫危害，保证木材质量和运输安全。

木材干燥是合理利用木材、节约木材、延长木材使用寿命的重要技术处理，是木材生产加工中的重要工序。木材干燥涉及的行业很多，包括家具、室内装饰、建筑门窗、车辆、造船、纺织、乐器、军工、机械制造、文体用品、玩具等，几乎所有使用木材的地方都要进行干燥。木材干燥对于合理以及节约利用我国森林资源，保持生态平衡，发展国民经济和现代化建设都具有非常重要的意义。

3.2.2 干燥方法与原则

木材干燥的方法很多，按照木材中水分排出的方式分为三种：热力干燥、机械干燥和化学干燥。热力干燥是通过分子振动以破坏与木材之间的结合力，而使水分子以蒸发或沸腾的方式排除的方法；机械干燥是通过离心力或压榨作用排出木材中水分的方法；化学干燥是使用吸水性强的

化学品(氯化钠等)吸取木材中水分的方法。由于机械干燥和化学干燥均存在严重缺点，因此仅作为辅助干燥手段，在实际干燥过程中主要采用热力干燥。

热力干燥根据干燥条件人为控制与否，可分为大气干燥(简称气干，也称为天然干燥)、人工干燥两类。大气干燥是利用自然界中空气的热能、湿度和风力对木材进行干燥；人工干燥是指利用专用设备，人为控制干燥过程的方法，其中包括人为提高气流速度的大气干燥法——强制气干。

热力干燥根据木材加热方式的不同，又可分为对流干燥、电介质干燥、辐射干燥和接触干燥。对流干燥根据干燥介质不同，还可分为湿空气干燥、过热蒸汽干燥、炉气干燥、有机溶剂干燥等。其中，湿空气干燥还包括大气干燥、常规室干、除湿干燥、太阳能干燥、真空干燥等。电介质干燥包括高频干燥和微波干燥，是将湿木材作为电介质，置于高频或微波电磁场中干燥木材的方法。辐射干燥主要指红外线干燥，木材热能是由加热器辐射传递的。接触干燥是通过被干木材与加热物体表面直接接触传递热量并蒸发水分的方法。

(1)大气干燥

大气干燥简称气干，是将木材堆垛在空旷场上或棚舍内，利用大气作为传热、传湿介质，利用太阳辐射的热量，排除木材中的水分，达到干燥目的。气干又分为普通气干和强制气干。强制气干时间比普通气干短1/2~2/3，且木材不致霉烂变色，干燥质量较好，但干燥成本约增加1/3。大气干燥的优点是简单易行，节约能源，比较经济，可满足气干材的要求。若与室干等其他干燥方法相结合，还可缩短干燥时间，保证干燥质量，降低干燥成本。气干中木材堆积得好坏，直接影响气流循环与干燥质量。常见堆垛方式如图3-18所示。缺点是受自然条件的限制，干燥时间较长、干燥终含水率偏高，占用场地大，气干期间木材易受菌、虫危害等。目前，单纯的大气干燥使用渐少，但作为一种预干法与其他干燥方法相结合，在我国南方地区还是经济可行的。

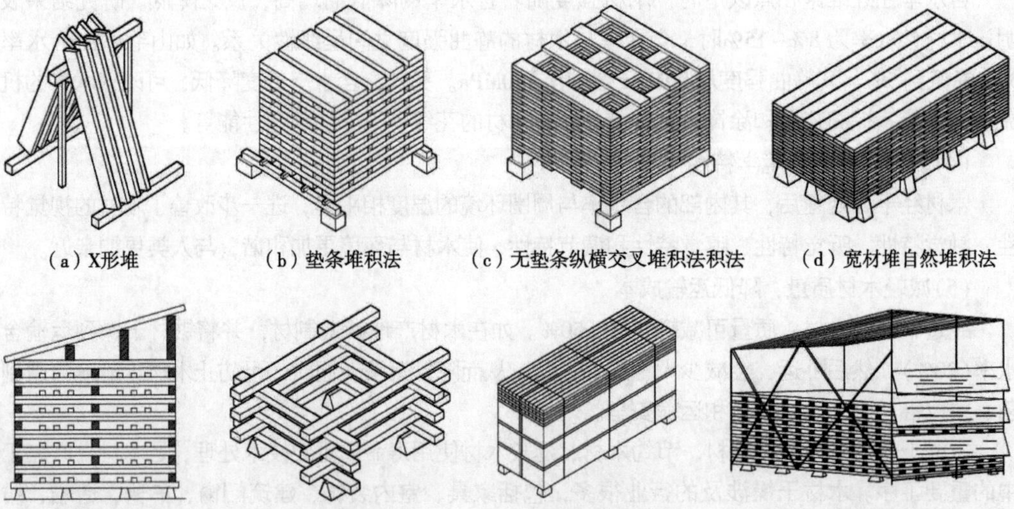

(a) X形堆　(b) 垫条堆积法　(c) 无垫条纵横交叉堆积法积法　(d) 宽材堆自然堆积法

(e) 抽屉式堆积法　(f) 井字堆积法　(g) 组堆堆积法　(h) 荫棚堆积法

图3-18 小料气干堆积法

(2)室干(窑干)

室干指在干燥室内人工控制干燥介质的参数对木材进行干燥的方法。按照干燥介质温度的高低可分为低温室干、常规室干及高温室干。应根据被干木材的树种、厚度、用途等条件，正确选用适当的室干方法。室干的优点是干燥质量好，干燥周期较短，干燥条件可灵活调节，便于实现装卸、搬运机械化，干燥介质参数调节自动化，木材可干燥到任何终含水率。缺点是设备和工艺较气干复杂，投资较大，干燥成本较高。

(3)除湿干燥

除湿干燥与室干的区别是将湿热空气部分流过除湿机经冷却，使部分水蒸气冷凝成水排出，同时回收水蒸气的汽化潜热。经冷凝后湿空气变干，再经加热后流入材堆，干燥木材(图3-19)。除湿干燥的优点是能量消耗显著低于常规室干，特别是在干燥过程的前期，基本没有环境污染，干燥质量较好。缺点是普通干燥湿度较低，干燥周期长；由于采用电能，干燥成本较高；一般无蒸汽发生器，难以进行调湿处理。

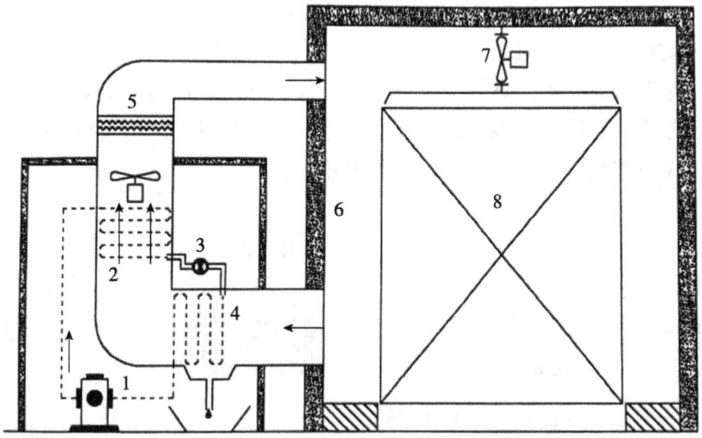

1. 压缩机；2. 冷凝器；3. 热膨胀阀；4. 蒸发器；5. 辅助加热器；6. 干燥室外壳；7. 轴流通风机；8. 材堆

图3-19 木材除湿干燥系统

(4)真空干燥

真空干燥是指在密闭容器内及负压条件下对木材进行干燥的方法(图3-20)。按作业方式，可分为间歇真空干燥和连续真空干燥两种。间歇真空干燥是常压加热和负压干燥两个阶段交替进行，用蒸汽或热水加热，也有少数用烟气或电加热。连续真空干燥是加热和真空同时连续进行，用热板(以热水为热媒)、电热毯或高频电介质加热。真空干燥的优点是可以在较低的温度下加快干燥速度，保证干燥质量，特别适合于渗透性较好的硬阔叶树材厚板或方材的干燥。缺点是设备较复杂，容量较小，投资较大。

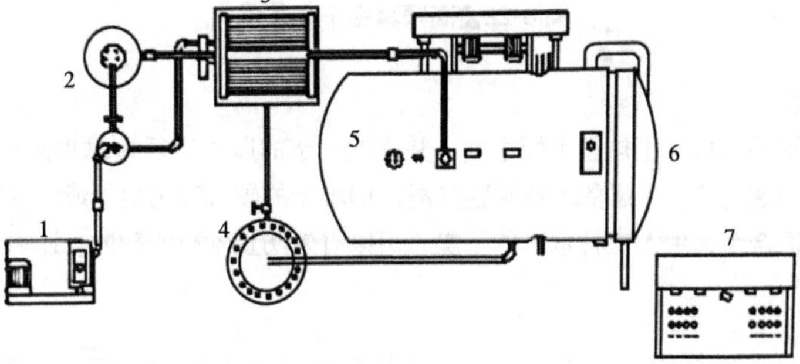

1. 真空泵；2. 汽水分离器；3. 冷凝器；4. 蒸汽发生器；5. 干燥罐体；6. 门；7. 控制柜

图3-20 木材真空干燥设备组成

(5)太阳能干燥

太阳能干燥是利用集热器吸收太阳的辐射能加热空气，再通过空气对流传热干燥木材的方法。太阳能干燥室大致可分为温室型和外部集热器型。太阳能干燥室的干燥速度一般比气干快，比室干慢，因气候、树种、集热器(图3-21)的结构和比表面积等而异。太阳能干燥的突出优点是节约能源，可利用取之不尽的太阳能，没有环境污染；运转费较低；干燥降等比气干少，终含

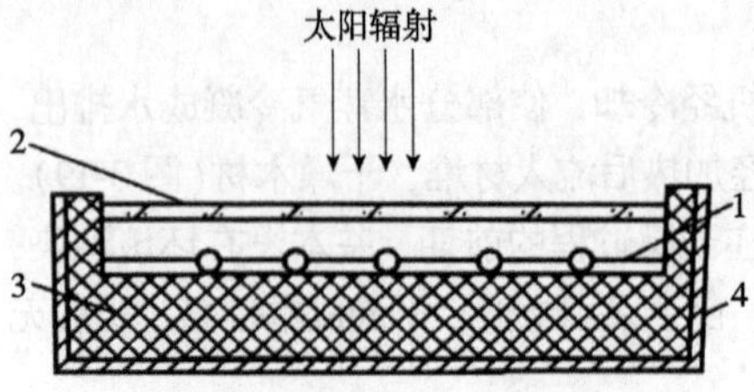

1. 吸热板；2. 透明盖板；3. 隔热板；4. 外壳

图 3-21　平板式集热器

水率比气干低，干燥质量较好。缺点是受气候影响大，高纬度地区冬季干燥效果差；设备投资与室干相仿，但干材产量却比室干少得多。

(6)高频、微波干燥

高频、微波干燥是将湿木材作为电介质，置于高频或微波电磁场中，在交变电磁场作用下木材中水分子随电场的变化和不断振动，摩擦生热，干燥木材的方法。微波的频率远高于高频电磁波的频率，对木材的加热干燥的速度也快得多；但对木材的穿透深度不如高频电磁波。高频干燥的应用趋向于联合干燥，如高频—对流联合干燥，高频—真空联合干燥(图 3-22)等。高频、微波干燥的优点是木材内外同时均匀加热，干燥速度很快，干燥质量好，可以保持木材的天然色泽等。缺点是使用电能作为热源，干燥成本高，设备投资及维修费用较大。

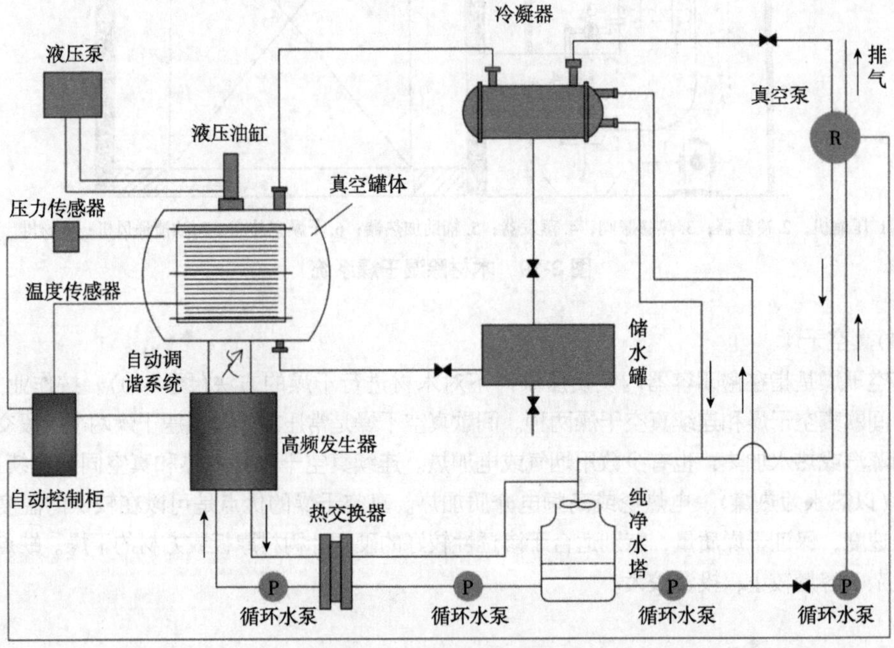

图 3-22　高频真空干燥装置

(7)热压干燥

热压干燥是指将木材置于热压平板之间，并施加一定的压力进行接触加热干燥木材的方法。特点是传热及干燥速度快，干燥的木料平整光滑。但难干的硬阔叶树材干燥时易产生开裂、皱缩等缺陷。此方法适合于速生人工林木材的干燥，可以有效防止木材的翘曲，还可增加木材的密度和强度。

(8)热泵干燥

热泵干燥在我国发展较晚，近年来广泛应用于农副产品领域中，相较于传统的干燥技术，热泵干燥具有高效节能、干燥参数易控制、干燥条件可调节范围宽的显著优势。热泵干燥系统包括干燥室、热泵系统和供气系统。干燥室用于烘干物料，热泵系统包括蒸发器、压缩机、膨胀阀和冷凝器等，供气系统则包括风机和管道。工作原理是先由电能驱动热泵，压缩机将工质(实现热能和机械能相互转化的媒介物质称为工质)压缩成为高温高压的气体进入冷凝器，在冷凝器里工质液化释放出高温热量，为干燥系统提供热能；而冷凝后的工质成为液态，经过膨胀阀膨胀，在蒸发器中吸热蒸发，转化成低温低压的气体；气态工质回到压缩机，完成热泵工质闭路循环过程，工质如此循环实现物料的连续干燥。该技术的本质是利用被加热的热空气与被干燥物料之间的对流热交换，利用干燥介质使热空气中的水分冷凝，以达到脱水干燥的目的。

3.2.3 常规窑干燥工艺及相关设备

3.2.3.1 木材干燥工艺(以典型的室干干燥工艺为例)

(1)干燥前准备

在使用干燥室前，要对干燥室壳体和设备进行检查，特别是长期运行的干燥室是否处于完好状态必须进行检查，以保证干燥过程的正常运行。干燥室壳体是指室顶、地面和墙壁，起围护作用。壳体结构的完好，才能保证木材干燥过程的正常运行。设备检查包括对通风设备、供热、调湿设备以及检测设备和仪表等的检查。

锯材的干燥效果与干燥室的结构、设备的性能、干燥基准以及操作人员的技能有关，同时也与材堆的堆积是否合理有关。例如，干燥厚板时，若使用薄的隔条，虽然增加了材堆的收容材积，但由于木材表面的风速高，有使木材表面过分干燥的危险。反之，干燥薄板时，使用厚的隔条，则会使材间的风速降低，影响板材的干燥速度。另外，材堆的堆积方式也直接影响板材的干燥质量。因此，材堆的堆积要有利用循环气流均匀地流过材堆的各层板面，使材堆和气流能够充分地进行湿热交换。

(2)干燥基准

干燥基准就是根据干燥时间和木材状态(含水率、应力)的变化而编制的干燥介质温度和湿度变化的程序表，在实际干燥过程中，正确执行这个程序表，就可以合理地控制木材的干燥过程，从而保证木材的干燥质量。按干燥过程的控制因素通常将干燥基准分为时间干燥基准和含水率干燥基准。

①时间干燥基准　按干燥时间控制干燥过程，制定介质参数，即把这个干燥过程所需要的时间分为若干个时间阶段，规定每个时间阶段的权重，并按每一时间阶段规定相应的介质温度和湿度。时间干燥基准是在长期使用含水率基准的基础上总结出的经验干燥基准。只要操作者对使用的干燥设备和被干木材的状态、性能相当了解，并按照干燥时间控制干燥过程就可以干燥出合格的板材。示例见表3-1中干燥基准1~19。

②含水率干燥基准　按木材的含水率控制干燥过程，制定介质参数的大小，即在整个干燥过程中按含水率阶段的幅度划分成几个阶段，并按阶段制定出相应的介质温度和湿度。每一阶段内含水率降低的幅度是一致的，如由35%到30%、由30%到25%等。示例见表3-1中干燥基准20~30。

表3-1　锯材干燥基准表

基准序号	干燥阶段	干球温度/℃	湿球温度/℃	相对湿度/%	干燥时间系数/%
1	1	100	—	—	10
	2	120	—	—	40
2	1	96	74	41	30
	2	116	70	17	70
3	1	96	79	51	30
	2	114	72	20	70
4	1	90	74	52	40
	2	110	70	20	60

（续）

基准序号	干燥阶段	干球温度/℃	湿球温度/℃	相对湿度/%	干燥时间系数/%
5	1	90	70	43	30
	2	100	70	29	20
	3	110	63	18	50
6	1	90	76	56	35
	2	100	76	39	30
	3	110	70	20	35
7	1	80	70	51	30
	2	96	74	41	20
	3	106	70	23	20
	4	110	68	17	30
8	1	80	69	62	30
	2	90	71	45	20
	3	100	74	35	20
	4	11	70	20	30
9	1	78	7	70	30
	2	88	74	56	20
	3	98	76	42	20
	4	108	74	26	30
10	1	78	72	77	30
	2	88	77	64	20
	3	98	76	42	20
	4	108	76	29	30
11	1	76	68	70	30
	2	80	67	56	20
	3	90	73	49	20
	4	100	72	32	30
12	1	72	63	66	30
	2	80	66	54	20
	3	88	69	44	20
	4	96	66	28	30
13	1	64	60	82	30
	2	72	66	76	20
	3	78	67	61	20
	4	84	64	41	30

（续）

基准序号	干燥阶段	干球温度/℃	湿球温度/℃	相对湿度/%	干燥时间系数/%
14	1	50	45	62	30
	2	54	44	56	20
	3	64	49	45	20
	4	76	52	30	30
15	1	74	69	80	30
	2	80	71	68	20
	3	86	68	46	20
	4	90	62	29	30
16	1	68	61	72	30
	2	74	63	60	20
	3	78	60	43	20
	4	84	58	30	30
17	1	60	61	79	30
	2	70	63	72	20
	3	76	64	58	20
	4	82	62	40	30
18	1	64	60	82	30
	2	72	66	76	20
	3	78	67	61	20
	4	84	64	41	30
19	1	80	69	62	30
	2	90	73	49	20
	3	100	76	39	20
	4	110	70	20	30
20	40 以上	68	65	87	—
	40~30	72	67	80	15
	30~25	96	81	56	8
	25~20	100	80	46	10
	20~15	106	76	31	12
	15 以下	110	70	20	—
21	40 以上	70	66	83	—
	40~35	72	66	76	8
	35~30	76	68	70	9
	30~25	80	69	62	10
	25~20	86	71	53	11
	20~15	92	72	44	12
	15 以下	100	72	32	—

（续）

基准序号	干燥阶段	干球温度/℃	湿球温度/℃	相对湿度/%	干燥时间系数/%
22	40以上	68	65	87	—
	40~35	72	67	80	8
	35~30	74	67	73	9
	30~25	78	69	67	10
	25~20	84	71	57	11
	20~15	90	71	45	12
	15~10	96	66	31	—
	10以下	66	59	71	—
23	40~35	68	59	65	8
	35~30	70	59	59	9
	30~25	72	58	51	10
	25~20	74	57	44	11
	20~15	78	56	35	12
	15~10	82	56	29	14
	10以下	88	56	30	—
24	40以上	68	64	83	—
	40~35	70	65	79	8
	35~30	74	67	73	9
	30~25	78	69	67	10
	25~20	82	70	60	11
	20~15	88	72	51	12
	15以下	—	—	—	—
25	40以上	64	60	82	—
	40~35	68	63	79	8
	35~30	72	65	73	9
	30~25	76	65	68	10
	25~20	80	65	51	11
	20~15	86	66	42	12
	15~10	90	66	35	14
	10以下	96	68	31	—
26	40以上	62	58	82	—
	40~35	64	59	78	8
	35~30	66	60	75	9
	30~25	68	60	68	10
	25~20	72	62	63	11
	20~15	74	61	54	12
	15~10	76	59	45	14
	10以下	—	—	—	—

（续）

基准序号	干燥阶段	干球温度/℃	湿球温度/℃	相对湿度/%	干燥时间系数/%
27	40 以上	64	60	82	—
	40~35	66	61	79	8
	35~30	68	61	72	9
	30~25	70	61	65	10
	25~20	72	60	57	11
	20~15	76	60	47	12
	15~10	80	60	40	14
	10 以下	86	60	31	—
28	40 以上	60	57	86	—
	40~35	62	58	86	8
	35~30	64	58	74	9
	30~25	68	60	68	10
	25~20	70	60	62	11
	20~15	74	60	52	12
	15~10	80	62	44	14
	10 以下	86	60	31	—
29	60 以上	58	56	90	—
	60~40	60	57	86	8
	40~35	64	60	82	9
	35~30	66	60	75	10
	30~25	68	61	72	11
	25~20	70	61	65	12
	20~15	72	60	57	13
	15~10	76	59	45	14
	10 以下	82	58	35	—
30	60 以上	50	48	90	—
	60~40	54	51	85	8
	40~35	56	52	81	9
	35~30	58	52	73	10
	30~25	62	55	70	11
	25~20	64	55	64	12
	20~15	68	56	55	13
	15~10	74	57	44	14
	10 以下	80	56	32	—

表 3-2 半波动干燥基准

含水率/%		干球温度/℃	湿球温度/℃	相对湿度/%	干燥时间系数/%	
50 以上		60	57	86	—	—
50~40		62	58	82	—	—
40~35		64	58	74	—	—
35~30		68	60	68	—	—
30~25		70	59	59	—	—
含水率/%	波动周期	干球温度/℃	湿球温度/℃	相对湿度/%	延续时间/h	
					6.8~7.7cm	7.8~9.2cm
25~20	升温	84	81	89	16	18
	冷却	60	47	49	20	20
	常温	74	60	52	72	72
20~15	升温	88	84	85	16	18
	冷却	86	45	43	24	24
	常温	80	62	44	72	72
15~10	升温	92	87	82	17	19
	冷却	60	43	38	24	24
	常温	80	62	37	72	72
10 以下	升温	96	90	80	17	19
	冷却	60	40	31	28	28
	常温	88	62	31	72	72
终了处理		90	85	82	18	20

③波动式干燥基准 对于那些硬阔叶树材的厚板，因其干燥较为困难，在干燥过程中容易产生很大的含水率梯度。为了加快干燥速度，避免产生较大的含水率梯度，可采用波动式干燥基准。在整个含水率阶段，介质的温度作升高、降低反复波动变化的，称作波动式干燥基准；介质温度在干燥前期逐渐升高，在干燥后期作波动变化的，称半波动干燥基准。波动干燥工艺是使干燥温度不断波动变化，即周期性地反复进行“升温—降温—恒温”的过程，升温过程只加热木材而不干燥，当木材中心温度接近介质温度时，即转入降温干燥阶段，降到一定程度再保持一定时间的恒温，以便充分利用内高外低的温度梯度。当木材中心层的温度降低，使温度梯度平缓时，须再次升温，如此周而复始，以确保内高外低的温度梯度。波动干燥工艺在干燥前期对提高干燥速度比较明显，后期则不甚明显。但前期波动须确保一定的相对湿度，否则木材易产生开裂，后期波动则安全。在生产上，通常采用半波动工艺，即前期干燥采用常规干燥工艺，后期采用波动工艺。

④连续升温干燥基准 此工艺的原理是干球温度从环境实际温度开始，在干燥过程中，根据锯材的树种、厚度和干燥质量要求，等速上升干球温度，相对湿度不控制，也不进行中间处理，但要求干燥介质以层流状态流过材堆(气流速度为 0.5~1m/s)，不改变气流方向。为了保持干燥介质和木材温度之间的温差为常数，在木材的整个干燥过程中，匀速升高干燥介质的温度，从而恒定干燥介质传给木材的热流量，并使木材的干燥速度基本保持一致。可见，连续升温干燥工艺是一种方法简单、操作方便、干燥快速节能的干燥工艺。在美国被广泛地应用在针叶树材的干燥过程中。对厚度 30mm 和 50mm 的红松板采用连续升温干燥基准进行初步试验，并与常规干燥相比较，有如下特点：干燥时间比常规干燥要短；干燥板材的物理力学性能与常规干燥、中高温干燥相比无明显区别；连续升温干燥工艺可采用较高的气流循环速度。

⑤干燥梯度基准 干燥梯度就是木材的平均含水率与干燥介质平衡含水率之比，这是木材干

燥学上特殊的梯度，并非物理学上的梯度。这一意义下的梯度可直接反映木材干燥的快慢。干燥梯度的制定是根据木材的厚度和干燥的难易程度，以及不同含水率阶段木材水分移动的不同性质，使干燥梯度维持在一定的范围内，从而保证木材的干燥质量。

⑥三段干燥基准　三段干燥基准源自苏联国家标准的干燥基准，所有的干燥基准都分为三个阶段：第一阶段由初含水率干燥至含水率30%，第二阶段为含水率从30%干燥至20%，第三阶段为含水率从20%干燥至终含水率。三个阶段的干燥强度差异明显，符合木材的干燥规律，具有较强的可操作性。但三个阶段间温度突变，严重影响干燥质量和干燥设备的寿命。

⑦单向升温常规强化干燥基准　这种干燥工艺同常规干燥工艺一样，都是按含水率变化划分阶段，但含水率在30%和20%为界限的三个区间，基准的软硬程度明显有差距，并注意逐步过渡，每个区间内又分若干阶段，使整个基准由软到硬逐渐变化。干燥前，先预热半小时，再提高干球温度，而湿球温度则保持不变；处理时，只提高湿球温度，干球温度保持不变，或自然升高1~2℃。单向升温干燥基准前期硬度适中，中后期硬度较大；不需要大量蒸汽和排气，可减少热量损失；阶段过渡容易调节，既易确保基准状态，又可缩短调节过程的时间；干燥质量好，干燥速度快。

根据被干木材的干燥质量、干燥时间，可以评价干燥基准性能，常用下列三个指标去评价干燥基准的使用效果。

①效率　用干燥延续期的长短作为评价标准。在同一干燥室内用两个不同的基准干燥同样的木材，得到两个干燥基准干燥延续期的比率，在同样质量标准下，延续期短的效率高。

②安全性　保证木材不发生干燥缺陷的程度，用干燥过程中木材内存在的实际含水率梯度与应力达到使木材发生缺陷的含水率梯度的比值来表示，比值越小，安全性越好。

③软硬度　在一定介质条件下，木材内水分蒸发的程度。当木材的树种、规格和干燥机性能相同时，干球、湿球温度差大和气流速度快的干燥基准为硬基准；反之为软基准。同一干燥基准对某一树种或规格的锯材是软基准，对另一规格或树种的锯材可能就是硬基准。

(3)干燥过程的实施

木制干燥主要以周期式强制循环干燥为名。本文以周期式强制循环干燥为例，介绍木材干燥过程的实施。

周期式强制循环木材干燥室的干燥工艺过程包括：准备工作、干燥基准的控制、干燥结束和干燥贮存等工序。

①准备工作　干燥前的准备工作包括干燥设备的检查、制定或选择干燥基准、确定终含水率和干燥质量指标、锯制检验板和试验板并测试其含水率、材堆或材车进干燥室等。干燥设备除定期检查外，每次干燥作业开始以前，还必须再检查干燥设备，如为湿球温度计更换纱布、换平衡含水率测试片、注润滑油等，以确保干燥设备处于无故障状态。

②干燥基准的控制　干燥室启动，关闭进、排气道，启动风机；打开疏水器旁通管的阀门，缓慢打开加热器，使加热系统缓慢升温同时排出管系内的空气、积水和锈污，待旁通管有大量蒸汽喷出时，再关闭旁通管阀门，打开疏水器阀门，使流水器正常工作。

a. 锯材预热。在木材干燥室启动后，首先对木材进行预热处理。其目的是加热木材，并使木材熟透，使含水率梯度和温度梯度的方向保持一致，消除木材的生长应力，对于半干材和气干材还有消除表面应力的作用，对于生材和湿材，预热处理可使含水率偏高的木材蒸发一部分水分，使含水率趋于一致。同时，预热处理也可以降低纤维饱和点和水分的黏度，使木材表面的毛细管扩张，提高木材表面水分移动的速度。

预热温度：比第一阶段的温度高8~10℃；

预热湿度：预热处理时，介质的相对湿度根据锯材的初始含水率确定，含水率在25%以上时，相对湿度为98%~100%；含水率在25%以下时，相对湿度为90%~92%。

预热时间：决定于锯材的树种、厚度和最初温度，可用式(3-3)计算：

$$T_0=0.1\times B_B\times C\times 24T_0=0.1\times B_B\times C\times 24T_0=0.1\times B_B\times C\times 24 \tag{3-3}$$

式中，T_0 为升温时间在内的预热时间(h)；B_B 为锯材厚度(cm)；C 为升温时间系数，取1.5~2。

b. 干燥室温度和湿度的调节。木材经预热处理后，已处于干燥的最佳状态，因此可以转入按干燥基准进行操作，从而进入干燥阶段。在干燥过程中，干燥介质参数的调节严格按照干燥基准进行。在做温度转换时，不允许急剧的升高温度和降低湿度。否则，使木材表面水分蒸发强烈，造成表面水分蒸发太快，易发生表裂。

c. 中期处理。在木材干燥过程中，由于木材表面水分的蒸发速度比木材内部水分移动的速度大10倍左右，因此，木材表面的含水率首先降低到纤维饱和点，并开始发生干缩，而此时木材内部的含水率还远远高于纤维饱和点，干燥基准越硬，这种现象越明显，木材发生开裂的可能性就越大。因此，在实际干燥操作过程中，要根据木材的干燥快态，及时地进行中期处理。也就是对木材进行喷蒸处理，使木材表面的水分蒸发停止。甚至有一点吸湿，让木材内部的水分向木材表面移动，从而减少木材中的应力。

d. 终了处理。当锯材干燥到终含水率时，要进行终了处理。终了处理的目的是消除木材横断面上含水率的不均匀分布，消除残余应力。要求干燥质量为一级、二级和三级的锯材，必须进行终了处理。

③干燥结束　干燥过程结束以后，关闭加热器和喷蒸管的阀门。为加速木材冷却卸出，通风机继续运转，进、排气口呈微启状态。待木材冷却后(冬季30℃左右；夏季、秋季60℃左右)才能卸出，以防止木材发生开裂。

④干木料存放　干木料存放期间，技术上要求含水率不发生大幅度波动。因此，要求存放干木料的库房气候条件稳定，力求和干木材的终含水率相平衡，不使木料在存放期间含水率发生大的变化。这样，就要求有空气温度、湿度调节设备，或安装简易的通风采暖装置，使库房在寒冷季节能维持不低于5℃的温度并使相对湿度维持在35%~60%。对于贮存时间较长的木料，应按树种、规格分别堆成互相衔接的密实材堆，以此减轻木料的变化程度。

3.2.3.2 木材常规窑干燥设备

干燥室的主要设备，包括供热设备与调湿设备、气流循环设备、木材运输设备等。

(1)供热与调湿设备

①蒸汽加热器(散热器)　木材干燥室内的加热器是加热室内空气、提高室内温度，使空气成为具有足够热量的干燥介质的换热设备，或是室内水蒸气过热，形成常压过热蒸汽时，作为干燥介质来干燥木材的换热设备。对加热器的要求是能够均匀地放出足够的热量，有最大的传热系数及较大的传热面积；能灵活可靠的调节所放出热量的大小；耐腐蚀、结构紧凑，使用金属材料少，造价低；当温度大面积的变化时，加热器的结合处不松脱等。干燥室内通常采用的加热器包括铸铁肋形管加热器、平滑管加热器、螺旋片式加热器及轧片式加热器。

②疏水器　疏水器又叫疏水阀，其作用是排水阻汽，即排除散热器及蒸汽管道中的凝结水，同时阻止蒸汽的漏失，从而提高加热设备的传热效率，节省蒸汽消耗。木材干燥中常用的有热动力式和静水力式两种。

热动力式疏水器是一种体积小、排水量大的自动阀门。它能阻止蒸汽管道中的干热蒸汽通过，又能及时排除管道中的凝结水，并有防止水击现象产生及凝结水对管道的腐蚀作用。其型式有热动力式(S19H-16)、偏心热动力式等。

静水力式疏水器有自由浮球式、倒吊桶式、钟形浮子式等类型。它们的工作原理是利用凝结水液位的变化而引起浮子(球状或桶装)的升降，从而控制启闭件工作。

③调湿设备　干燥室内的调湿设备有喷蒸管与喷水管，主要用以喷射蒸汽或冷(热)水，是提高室内介质湿度所必需的设备。

喷蒸管是一端或两端封闭的钢管，管径一般为32~50mm，管上钻有直径3~5mm的喷孔，孔间距离为200~300mm，用以喷射蒸汽，提高干燥室内介质的湿度。安装喷蒸管时注意不要把蒸汽直接喷射到木材上，以免使木材产生污斑或开裂，同时保证喷射出来的蒸汽在干燥室的长度方向上均匀。

喷水管是用来喷射冷水或热水，以提高室内介质的湿度。它多为普通钢管，管径为 34mm，管上钻有直径为 14mm 的小孔，孔的间距为 20mm。在小孔上安装有喷头的支座，装配时将喷头拧在孔眼的支座上。喷头材料为硬聚氯乙烯或不锈钢。喷头的喷嘴对准室内风机的中心(风机叶片的凹面)。

④蒸汽管路　常规木材干燥室使用的蒸汽压力为 0.3~0.5MPa，过热蒸汽干燥室为 0.5~0.7MPa。若蒸汽锅炉压力过高时，需在蒸汽主管上装减压阀，减压阀前后要装压力表。蒸汽主管上应安装蒸汽流量计，以便核算蒸汽消耗量。

(2)气流循环设备

在干燥室内，通风机促使气流强制循环，以加速室内的加热交换和木材表面的水分蒸发。按照通风机的作用原理与形状，可分为离心式通风机(图 3-23)和轴流式通风机(图 3-24)。

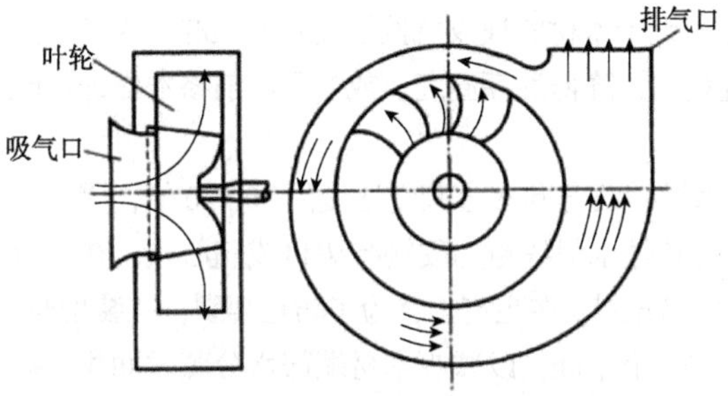

图 3-23　离心式通风机原理示意图

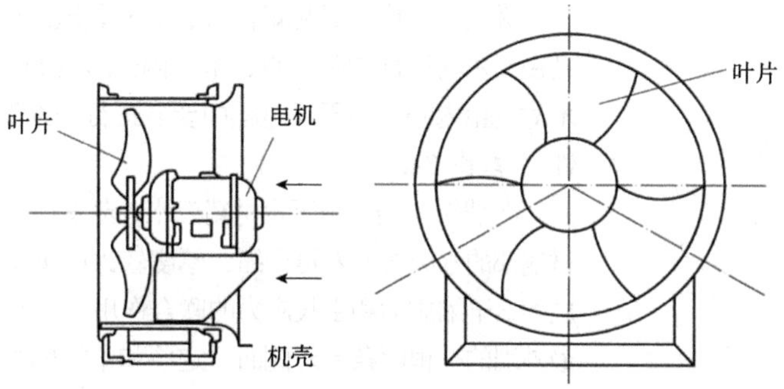

图 3-24　轴流式风机

(3)木材运输设备

木材干燥生产中，木料运送和材堆进出干燥室，一般是通过铁路线作业。木料事先在载料车上堆好，然后由转运车沿轨道转运，推入干燥室。

①轨道　木材运输作业所用的轨道与铁路轨道类似，但轨距宽度无统一标准，视材堆尺寸而定。周期式干燥室内铺设铁轨时应保持水平，以便于载料车进出。连续式干燥室内则需把铁路线沿材堆运行方向作为 0.005°~0.1°的倾斜度，使载料车易于移动。为保证载料车顺利运行，铁路线的宽度应该一致，应该常用轨距规进行检查。转运车铁轨的轨面应与干燥室铁轨的轨面在同一水平面上，以免发生材堆歪斜和材堆碰撞门档或导向板等事故。

②载料车　直接承载材堆的小车，有时又称材车。载料车可与木材一起进出干燥室，形式有固定式和组合式；也可以是过渡型的，即由载料车沿轨道将材堆送入干燥室后，材堆留在窑内，材车退出，待干燥结束时，载料车仍由轨道进入干燥室将材堆拉出，运送到指定地点后与材堆分离。

固定式载料车是指根据干燥室的大小和相应木料长度所设计的有固定尺寸的材车。优点是使用方便，无须临时组合。缺点是无法根据材长调整自身尺寸，且多为一室一车，当室的大小不同时，材车无互换性。另外，因其是和各个干燥室相配套的，故无统一标准可循，必须自行设计。尽管如此，由于使用方便，且我国中小规模的木材加工企业很多，干燥室的深度和宽度较为单一，因而此种载料车的使用仍很普遍。

组合式载料车是指用单线车经由横梁组合而成的材车。优点是可根据干燥室的大小，木料长度等临时进行组合，缺点是须现场组合，使用不便。

过渡型载料车由子母车组成，该系统由液压系统、升降装置、行走装置和电气控制系统组成。

③叉车 叉车又称叉式装卸机，它以货叉作为主要的取物装置，依靠液压起升机构实现物品的托取和升降，由轮胎式运行机构实现物品的水平运输。叉车除使用货叉外，还可装换成各种类型的取物装置，因此，它可以装卸搬运各种不同形状和尺寸的成件物品，包括装载、卸载、堆积、拆垛和水平运输等多项作业。

3.2.4 干燥缺陷与质量要求

3.2.4.1 干燥缺陷

木材干燥时，经常发生的干燥缺陷有表裂、内裂、端裂、弯曲、皱缩、炭化、表面严重变色和干燥不均匀等。

①表裂 表裂多发生在木材干燥的初期，在弦切板上沿木射线方向发生的纵向裂纹。主要是由于介质温度太高、湿度低等原因造成。为避免发生表裂，应及时调整干燥基准，降低干球温度，提高湿度，必要时可做表面喷蒸处理(图3-25)。

②内裂 内裂又称蜂窝裂，是开裂缺陷中较为严重的一种，它一般发生在干燥的后期阶段，是由于木材表面硬化严重，木材内部所受的拉应力大于木材的横纹抗拉强度时发生的。为了防止木材发生内裂，在干燥过程中要多进行中期调湿处理，降低后期温度，或在干燥前将木材进行改性处理(图3-26)。

③端裂 端裂由于木材端部水分蒸发速度是木材横纹方向水分蒸发速度的30~40倍，因此木材端部的水分先蒸发再干缩，厚度较大的锯材，尤其是木射线粗的硬阔叶树材或髓心板，在干燥应力、干缩应力和生长应力的联合作用下可发生端部开裂。在生产上，为了防止端裂，在装堆时，最外端的一根隔条的外侧面一定要和木材的端面在一个平面，以减少木材端部水分蒸发面积。对于贵重用材，可在木材的端部涂刷耐高温的黏性防水涂料，如高温沥青和石蜡等(图3-27)。

图3-25 木材表裂

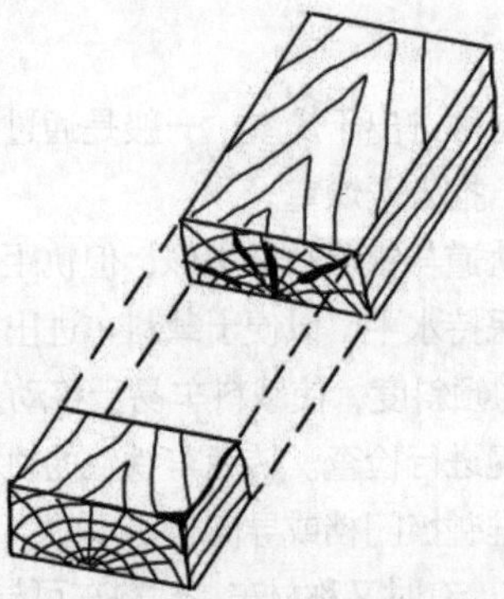

图3-26 木材内裂

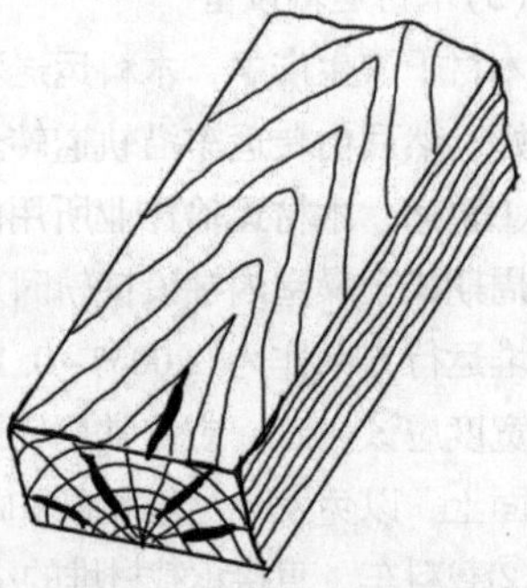

图3-27 木材端裂

④弯曲 弯曲缺陷包括横弯、侧弯、顺弯、翘弯和扭曲等。横弯是指沿锯材横向弯曲，它一般发生在弦切板，特别是小径材的弦切板上，它是由锯材上、下两个表面的弦径向干缩差异太大引起的。侧弯是由于应力木或幼龄材局部纵向收缩过大引起的。顺弯和扭翘是沿着木材的纹理方向发生弯曲，是由板材纵向纹理不直，或在干燥过程中局部受压而引起的。所有发生弯曲的板材多是由木材纹理不直引起的，属于木材固有的性质，在生产上，对于这些木材，可以采取合理堆积材堆，或在干燥开始对木材进行高温高湿处理，或在材堆顶部压重物，均可以减少弯曲。

⑤皱缩 皱缩亦称溃陷，是木材干燥时由于水分移动太快所产生的毛细管张力和干燥应力使细胞溃陷而引起的不正常不规则地收缩。皱缩通常是在干燥初期由于干燥温度高、自由水移动速度快而产生的一种木材干燥缺陷，其他木材干燥缺陷都是在纤维饱和点以下产生的，而木

材皱缩则是在含水率很高时就有可能产生，且随着含水率的下降而加剧。木材皱缩的宏观表现是板材表面呈不规则的局部向内凹陷，使横断面呈不规则图形；微观表现通常是呈多边形或圆形的细胞向内溃陷，细胞变得扁平而窄小，皱缩严重时细胞壁上还会出现细微裂纹。皱缩不仅使木材的收缩率增大，损失增加 5%～10%，而且因其并非发生在木材所有部位或某组织的全部细胞，因而导致木材干燥时产生变形。皱缩时还经常伴随内裂和表面开裂，开裂使木材强度降低甚至报废。

木材细胞的皱缩过程可以通过干燥工艺产生的外界条件来实施调控。如通过预冻处理可以在细胞腔内产生气泡，使纹孔膜破裂，使细胞的气密性下降；汽蒸处理也可以破坏细胞的气密性；用有机液体代替木材中的水分等。上述预处理均改变了细胞皱缩的基本条件，使本来能够产生皱缩的细胞不发生皱缩。另外，通过调控干燥工艺条件，降低水分移动的速度，同时降低了毛细管张力，也可以减少皱缩。对木材进行压缩处理可以使木材细胞发生变形，破坏细胞的气密性；在受拉状态下干燥木材时，也可以减小毛细管张力。

⑥炭化　在炉气干燥、熏烟干燥或微波干燥中经常出现的一种干燥缺陷，是由于温度太高而使木材内部或表面发生不同程度的炭化。熏烟干燥的锯材发生表面炭化的现象比较严重，有时表面炭化层厚度达 3mm，使用时需将这一层刨掉，以免影响木材的利用率。炭化通常使木材的强度降低，木材的颜色加深或变黑。

3.2.4.2　干燥质量要求

根据我国国家标准，锯材的干燥质量指标包括平均终含水率 $\overline{W}_Z$、干燥均匀度(即材堆内不同部位木材含水率允许偏差)、锯材厚度上含水率偏差 ΔW_Z、应力指标和可见干燥缺陷(弯曲、干裂等)等。依据这些指标的大小，将锯材的干燥质量分为 4 个等级。

①一级　达到一级干燥质量指标的锯材，基本保持锯材固有的力学强度。适用于仪器模型、乐器、航空、纺织、精密机械、鞋楦、工艺品、钟表壳等生产。

②二级　达到二级干燥质量指标的锯材，容许部分力学强度有所降低(抗剪强度和冲击韧性降低不超过 5%)。适用于家具、建筑门窗、车辆、船舶、农业机械、军工、文体用品、实木地板、细木工板、缝纫机台板、室内装饰、卫生筷、指接材、纺织木构件等生产。

③三级　达到三级干燥质量指标的锯材，容许力学强度有一定程度地降低，适用于室外建筑用料、普通包装箱、电缆箱等生产。

④四级　指气干或室干至运输含水率(20%)的锯材，完全保持木材的力学强度和天然色泽。适用于远程运输锯材和出口锯材等。

3.3　木材改性

木材改性(改良)主要是指改善或改变木材物理、力学、化学等性质的物理化学加工方法，其目的是提高木材的天然耐腐性、耐虫蛀性、耐酸碱性、耐候性、阻燃性、耐磨性、颜色稳定性、力学强度和尺寸稳定性等性能。

3.3.1　尺寸稳定化处理

木材主要由纤维素、半纤维素和木质素三大组分构成，而这三大组分中都含有游离羟基，这使木材表现出较强的吸湿性。所以当木材中的水分发生变化时，木材在尺寸上会表现出干缩湿胀现象，导致木材失稳、失效。因而，在木材使用前有必要对其进行尺寸稳定化处理，提高木材的稳定性，进而延长木材的使用寿命。

3.3.1.1　尺寸稳定化方法

木材尺寸稳定化方法按其原理可分为五类：用交叉层压的方法进行机械抑制、用防水涂料进行木材内部或外部涂饰、减少木材吸湿性、对木材细胞壁组分进行化学改性、用化学药品预先使细胞壁增容。具体处理方法，有以下几类：

(1)防水处理

防水处理主要是提高木材被水浸润、浸透的抵抗能力，也称拒水处理。常见的方法如下：

①硅油、石蜡等拒水剂处理　这些拒水剂的防水率一般在75%~90%，抗胀缩率在70%~85%，一般混合拒水剂比单一效果要好。

②辐射松、黑松、赤松等树皮的苯醇抽提物处理　其原理是这些抽提物中的脂肪酸及羟基脂肪酸能够在木材表面定向排列，形成一层拒水层，降低其吸湿性，并提高木材的耐候性。

③金属氧化物处理，如采用氧化锌、氢氧化锌处理等　其原理是这些金属氧化物与木质素发生反应，生成不溶于水的络合物，赋予木材疏水性。但值得注意的是，进行大规模处理时存在强酸或强碱，对环境和人体有一定的危害，对木材也存在不同程度的劣化作用。

(2)防湿处理

防湿处理主要采用涂料或饰面纸等材料来延缓湿空气在木材中的扩散速度，降低木材对水蒸气的吸附作用，从而减小木材湿胀和表面开裂的概率。常见的方法有涂饰油脂漆、聚酯漆、丙烯酸漆等油漆或涂料，或将树脂、蜡、干性油溶于挥发性溶剂再注入木材。防湿处理只是延缓水分在木材中的扩散或传导速率，不能改变木材的最终平衡含水率，所以这种方法对木材尺寸稳定化的效果是暂时的。随着时间的推移，木材的吸湿性又会随着涂料等防湿剂的流失而逐渐恢复。

(3)酚醛树脂处理

酚醛树脂处理主要是将低分子量的酚醛树脂注入木材，加热使其产生缩聚反应，生成不溶性树脂，使木材尺寸稳定性提高，具体原理是聚合的酚醛树脂使木材增容并与木材形成氢键连接。酚醛树脂处理对木材的物理力学性能会产生较大影响，一般木材的硬度、抗压强度、弯曲强度和模量、耐磨性、电绝缘性会发生不同程度提高，但木材韧性、抗拉强度会发生下降。

(4)聚乙二醇处理

聚乙二醇处理采用浸渍或涂饰的方式，将聚乙二醇注入木材内部或附于木材表面。由于聚乙二醇可以以任意比例溶于水，而且高相对湿度时，单位质量聚乙二醇所产生的体积增加要大于水，所以聚乙二醇的稳定化处理主要是聚乙二醇增容的结果。聚乙二醇处理可以提高木材的抗胀缩率，但力学性能如抗压强度、抗弯强度、耐磨性、干燥性、胶合性能会随聚乙二醇浸渍量的增加而降低，而韧性和耐腐性则提高。

(5)热处理

热处理是一种物理改性方法，主要是将木材在150~260℃温度下，以蒸汽、空气、氮气或植物油为介质，进行加热处理的加工工艺。热处理后木材的结构、化学组分和基本性质都会发生变化。热处理按照使用介质的不同，又分为气相介质处理、水热处理及油热处理。热处理后的木材表现出以下突出特点：①颜色变深，一般为浅褐色至褐色，与热带一些珍贵木材的颜色接近，所以深受人们的喜爱，且颜色内外一致，使用过程中不会变色；②生物耐久性显著提高；③吸水吸湿性明显降低，尺寸稳定性提高。

(6)乙酰化处理

乙酰化处理是采用乙酸酐对木材进行化学改性，主要原理是疏水性乙酰基取代亲水性羟基，使木材的吸湿性降低，同时由于木材中引入乙酰基，木材体积增大，所以也可以认为乙酰化处理是增容引起的木材尺寸稳定化。乙酰化处理的化学反应路线如图3-28所示。

乙酰化处理后，木材的横纹抗压、硬度、韧性、耐腐性发生不同程度的增加，但抗剪切强度

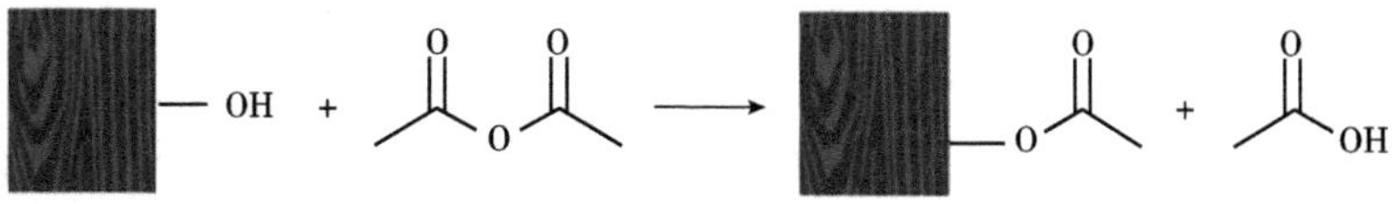

木材　　乙酸酐　　乙酰化木材　　乙酸

图 3-28　乙酰化处理的化学反应路线

降低。同时，木材的气体渗透性变差，水分扩散速率降低，阻湿率低于抗胀缩率。另外，由于木材中的羟基数量减少，木材在与热固性树脂胶合时的胶合性能变差。

3.3.1.2　尺寸稳定性评价

木材尺寸稳定性评价常用的方法包括抗胀缩率、阻湿率、拒水率、聚合物留存率、增容率等，其计算方法见式(3-4)~式(3-8)：

①抗胀缩率(*ASE*)

$$ASE=[(V_c-V_r)/V_c]\times100\% \tag{3-4}$$

式中，V_c 为未处理材的体积膨胀(收缩)率；V_r 为未处理材的体积膨胀(收缩)率。

②阻湿率(*MEE*)

$$MEE=[(M_c-M_r)/M_c]\times100\% \tag{3-5}$$

式中，M_c 为未处理材的吸湿率；M_r 为处理材的吸湿率。

③拒水率(*RWA*)

$$RWA=[(W_c-W_r)/W_c]\times100\% \tag{3-6}$$

式中，W_c 为未处理材的吸水率；W_r 为处理材的吸水率。

④聚合物留存率(*PL*)

$$PL=[(G_c-G_r)/G_r]\times100\% \tag{3-7}$$

式中，G_c 为处理材的绝干质量；G_r 为未处理材的绝干质量。

⑤增容率(*B*)

$$B=[(V_c-V_r)/V_r]\times100\% \tag{3-8}$$

式中，V_c 为处理材的绝干容积；V_r 为未处理材的绝干容积。

3.3.2　强化处理

木材虽然具有强重比高、易加工等优点，但也存在各向异性、变异性大、密度和强度低、表面硬度和耐磨性差等缺点，这些缺点严重影响了木材的使用及其应用范围。随着我国天然林木材的逐渐减少，小径材和速生材成为天然林的替代资源，但两者在木材强度方面的缺点更加突出，所以有必要对木材进行强化处理。木材强化处理主要指采用物理化学方法，提高木材的密度、强度等性能，从而实现劣材优用、小材大用，拓宽木材的应用范围，提高木材的使用价值。常见的木材强化处理方法包括：木材层积、木材压密、木材重组、木材塑合。

3.3.2.1　木材层积

木材层积是指将小径级或低质木材加工成单板、木条等小规格材后，再将这些小规格材通过胶合层压的方式加工成大规格材的加工方法，通过木材层积得到的规格材也叫层积木，层积木剔除了木材中的节子、腐朽等缺陷，所以它的力学强度和尺寸稳定性都得到了提高。常见的具有代表性的层积木是集成材和单板层积材。集成材和单板层积材的概念、分类、生产工艺及特点等内容见前文 2.2.4 和 2.2.5 所述。

3.3.2.2　木材压密

木材压密是通过软化、压缩、定型等加工工艺，提高木材密度和强度的木材强化加工方法，经木材压密工艺制得的产品称为压缩木。木材压密又分为单轴压缩、回形压缩和全面压缩，较为常见的是单轴压缩，单轴压缩又可分为端向压缩和横向压缩。端向压缩是沿树轴方向压缩，压缩范围较小，所以对木材的密度和强度影响较小，主要用于弯曲木加工的前处理。横向压缩又可分为弦向压缩和径向压缩，横向压缩比端向压缩的压缩率大，压缩时壁薄腔大的早材细胞先被压实，晚材细胞后被压缩。

压缩木根据使用要求的不同，又分为普通压缩木、表面密实化木材及整形压缩木。

①普通压缩木是指对木材进行塑化处理后，直接压缩制得的木材。普通压缩木无须其他特殊处理(如药物处理、金属化处理等)，通常采用水热方法对木材进行塑化处理，有的也采用尿素、硫酸等化学试剂进行处理。

②表面密实化木材是根据使用需求，在木材表面进行选择性厚度压缩，具体操作是将木材表面浸泡在水中一定厚度，木材吸水后经过微波辐射加热，表面软化，在热压装置上进行压缩，干燥，即可得到表面压密的木材。由于木材具有干缩湿胀性，压缩的木材吸湿或吸水后容易发生回弹使压缩木的尺寸稳定性下降。所以，也可采用疏水性树脂来代替水作为木材的塑化介质，木材在压缩过程中树脂也在木材细胞内发生聚合反应，使压缩木的回弹率大大降低，进而使表面密实化木材的尺寸稳定性得到有效提高。

③整形压缩木是将木材加热软化，经过压缩、整形、干燥等工艺处理，使木材从原始状态转变为截面为正方形或矩形木材。常见的两种原木整形加工方法为微波加热软化原木整形法和高温高压水蒸气软化原木整形法，整形压缩后的木材在密度、硬度、强度及耐磨性上都有所提高。

3.3.2.3　木材重组

木材重组是在不打乱木纤维排列方向，同时保留木材基本性质的前提下，先将小径材、枝丫材、速生材等低质木材压制成“木束”，再将木束进行重组，从而制成一种强度高、密度大、规格可控且具有天然木材纹理结构的新型木材加工方法。重组后的木材也叫重组木，其概念、生产工艺、特点和分类见前文2.2.6所述。

3.3.2.4　木材塑合

木材塑合，即木材与塑料复合使木材同时具有两者特性的一种加工方法，复合制得的材料称为塑合木，它与前文2.3所述的木塑复合材料为同一体系的材料，所以，塑合木也可以称为木塑复合材料，但两者在加工工艺及材料特点上略有区别。

塑合木是直接将单体在一定条件下(如真空、加压等)注入木材细胞内部，然后通过一定手段(如辐射、触媒、超声波等)使单体与单体或单体与木材组分发生聚合反应，最终获得的一种复合材料。其加工工艺流程如图3-29所示。

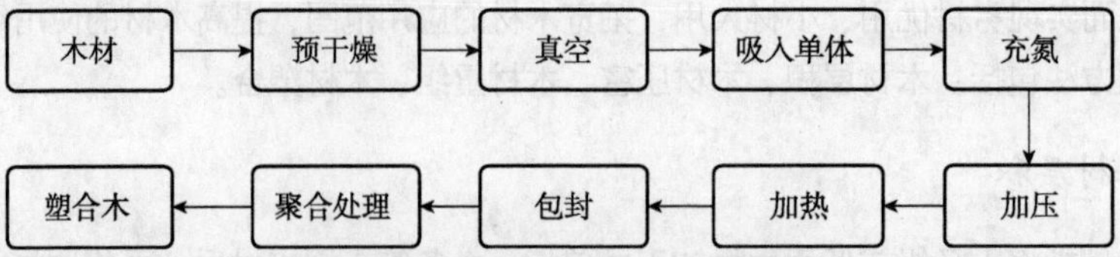

图3-29　塑合木的加工工艺流程

与常见的挤出型木塑复合材料不同的是，塑合木是直接将单体注入木材，使其在木材中聚合形成塑合木。塑合木需要考虑塑料的聚合过程，而挤出型木塑复合材料则不需要，所以塑合木的加工工艺复杂且较难控制，其所需的化学试剂、反应条件及加工设备也存在VOC释放、存在对人体有危害和价格昂贵等问题。但塑合木的吸水吸湿性比未处理木材要低、尺寸稳定性好，耐候性和耐腐性也有所提高，加工性能与木材基本相同。塑合木外观既可以保持木材原有色泽与纹理，也可以通过在单体中添加染料，赋予塑合木各式各样的颜色，甚至可以仿制各类珍贵木材颜色和纹理。另外，在塑合木制造过程中通过添加不同功能的添加剂，也可以使塑合木获得不同性能，如阻燃性、防水性等。

3.3.3 阻燃处理

木材和木质材料与人们的生活息息相关，但这些材料具有一定易燃性，这给人们的生活安全带来了巨大威胁。研究表明，发生火灾的住宅中占比70%左右是木结构住宅，所以研究木材阻燃性对住宅安全具有重要意义。

3.3.3.1 木材燃烧必要条件

一般燃烧的必要条件有三点：可燃物、助燃物和着火源。木材是良好的可燃物，氧气可以作为木材的助燃物，而着火源则是一些木材附近的明火或热源。所以，木材燃烧木材在热源的作用下发生炭化并释放低分子易燃有机物，这些有机物在氧气条件下，发生燃烧，而燃烧又进一步为木材提供热量，进而使木材发生持续燃烧，直至木材燃尽。

3.3.3.2 木材燃烧过程

在木材阻燃处理之前，首先要充分了解和掌握木材的燃烧过程，这样才能提高木材阻燃处理的效率，使木材获得最佳的阻燃性能。

木材燃烧过程主要分为五个阶段：升温、热分解、着火、燃烧、蔓延。

升温阶段主要是木材与外部热源发生作用，温度逐渐升高。当温度达到木材分解温度时，木材分解产生可燃气体，如一氧化碳、甲烷、乙烷、乙烯、醛、酮等。这些可燃气体从木材内部被释放到木材表面，与足够氧气结合并在一定温度下被点燃而燃烧。木材在燃烧过程中继续分解产生焦油成分，而焦油成分在高温条件下继续分解释放低分子物质，这些物质部分是可燃性气体，又进一步加剧了木材燃烧。所以，木材燃烧是加热、热分解、着火、燃烧、蔓延几个阶段的循环过程。当木材燃烧得不到外部持续热量或其热释放速率较低时，木材即停止燃烧。表3-3为木材在不同热解阶段性能的变化情况。

表 3-3 木材燃烧过程中的性状特征

燃烧阶段	木材温度/℃	木材性状特征
初期加热阶段	100	木材脱水并释放微量二氧化碳、甲酸、乙酸、乙二醛等物质，无化学反应
	150	细胞壁脱水，化学反应缓慢
热降解阶段	200	木材缓慢变化，初步降解释放二氧化碳、乙酸、醋酸、乙二醛、一氧化碳等物质，热降解气体大部分是不燃的，这个阶段为吸热反应
热分解阶段	280	木材开始热解释放大量热量，并释放可燃性气体及蒸汽，生成烟。进一步热解生成木炭，第一次热解生成物进行二次热解；木炭催化作用进一步促进热解，焦油热解加剧放热反应
炭化阶段	320	木材化学组分发生巨大变化，但细胞和纤维构造仍保持完整，烟生成终止
	400	产生木炭石墨结构
	500	木炭内部进行气体及蒸汽的热分解，并释放可燃性气体；由炭、水及二氧化碳生成一氧化碳、氢气、甲醛等

3.3.3.3 木材阻燃机理

木材阻燃机理又分为阻火机理和抑烟机理，阻火机理和抑烟机理又分别有物理和化学作用，具体体系框架如图3-30所示。通常木材阻燃处理不是单一的阻火或抑烟，而是同时发生两种及以上的作用使木材达到显著的阻燃效果。

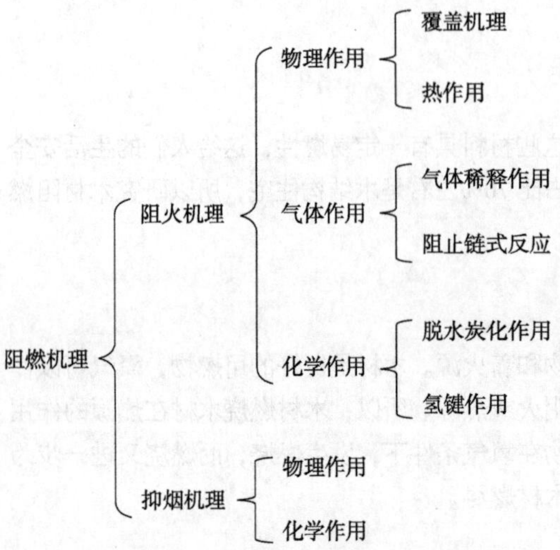

图3-30 木材阻燃机理的理论体系

通常又将木材阻燃处理分为物理防护和化学作用。

(1)物理防护

物理防护主要指能够抑制乃至阻断氧气向燃烧体系(木材等材料)的扩散，或者稀释燃烧气体以及延缓木材热解的物理因素，如涂料等，这些因素能够有效降低木材的燃烧速率。常采用的方法如下：

①用重型涂料等导热性差的不燃性材料覆盖木材表面，这种方法能够降低热量向木材传递而抑制木材热解，同时阻止空气向木材表面扩散，使得木材燃烧难以进行，但这种方法的阻燃效力受保护层制约，一旦保护层破坏则丧失阻燃性能。

②用大量不燃性无机材料(如石膏)与木材碎料复合，这种方法主要用于木质人造板的阻燃处理，其主要机理是无机材料使木材在较低温度下热解，产生较多木炭，同时释放大量结晶水，阻滞材料升温，进而抑制材料的有焰燃烧。

(2)化学作用

化学作用主要是通过化学反应的方式，利用阻燃剂改变材料的热解过程使其形成更多木炭，从而降低燃烧时的热释放总量和速度；或者通过捕获链式反应的自由基来有效抑制有焰燃烧，从而达到阻燃的效果。常见的化学阻燃剂有 Lewis 酸(如过渡金属、Ⅰ～Ⅵ主族金属元素的氧化物和盐类)、磷酸的酯类和盐类、硼酸及其衍生物、磷—氮—硼复合高效阻燃体系，磷—氮—硼复合阻燃剂，这些是目前木材阻燃市场的主流产品。

3.3.3.4 木材阻燃处理

常见的木材阻燃处理方法有表面处理、贴面处理和深度处理。

(1)表面处理

表面处理是直接在木材表面涂刷阻燃涂料，使木材达到阻燃效果。这种方法不适用于大尺寸木材阻燃，因为阻燃涂料只是在表面一层，对大尺寸木材内部阻燃效果较差。表面处理适用于胶合板和单板层积材的阻燃处理，可以先对单板喷涂阻燃涂料，再将单板胶合使最终产品获得阻燃性。常用的阻燃涂料有密封性油漆和膨胀性涂料。密封性油漆能够阻断木材与火焰的直接接触，但不能阻止木材升温，所以当密封性油漆膜发生破坏后，木材即丧失阻燃性。膨胀性涂料可以先于木材燃烧，产生不燃气体并在木材表面形成保护层，达到阻燃效果，这种涂料外观性能差且需要经常维护。

(2)贴面处理

贴面处理是在木材表面粘贴一层具有阻燃作用的材料，如无机物或金属薄板等非燃性材料，或经过阻燃处理的单板，或在木材表面制备一层金属层(常称为金属化木材)，无机材料贴面阻燃处理通常是指石膏镶板。

(3)深度处理

深度处理是指在常压、真空或加压等条件下，将阻燃剂浸注到木材中一定深度或浸透整个木材，使木材获得阻燃性能。常见的处理方法有浸渍法和浸注法。浸渍法主要用于渗透性好的木材，如无机质复合化木材就是利用浸渍法，将阻燃剂渗入木材内部，一般渗透深度在几毫米。浸注法主要用来处理渗透性较差的木材，通常采用真空加压的方式将阻燃剂浸入木材，浸注法的渗透深度较浸渍法高，处理效果主要取决于木材的渗透性。

3.3.3.5 常用木材阻燃剂

在选用木材阻燃剂时，通常要根据以下要求选择合适的阻燃剂：①能防止木材着火；②能阻止木材着火时或去除热源时的有焰燃烧，降低木材的热解和炭化速率；③成本低廉，绿色环保；④不会对木材材性和加工性能产生影响；⑤能够溶脱，且不会溢出到木材表面。

一般用于木材阻燃剂的物质主要是含有磷、氮、卤素等元素的无机物或有机物，主要分为无机阻燃剂和有机阻燃剂。无机阻燃剂包括磷及其化合物、卤素及其化合物、硼及其化合物；有机阻燃剂包括氨基树脂阻燃剂、Dricon 多功能木材保护剂、FRW 木材阻燃剂。

3.3.3.6 阻燃剂对木材性能的影响

研究表明，阻燃处理后木材强度有所降低，尤其是冲击强度，主要原因是阻燃剂对木材产生酸降解。此外，木材吸湿性也因阻燃剂的吸湿而提高；胶合性能主要是采用无机阻燃剂时，对胶固化的 pH 会有影响；无机阻燃剂不会对木材的涂饰性能产生影响，但当环境湿度较高时，木材含水率升高，这时木材表面漆膜容易发生变色或污染。所以，在进行阻燃木材涂饰时，要将木材含水率控制在 12%以下，环境相对湿度控制在 65%以下。

3.3.4 防腐处理

木材由细胞组成，其中细胞壁又主要由纤维素、半纤维素和木质素三种组分复合而成，所以木材具有明显的生物特性，它容易受环境生物的侵害，并产生性能劣化，进而导致产品功能失效而影响正常使用。因此，有必要对木材进行防腐处理，以抵御外界生物的侵害，提高木材的耐腐性和耐久性。木材防腐处理是采用表面涂刷、真空加压浸渍等物理手段，将生物灭菌剂或杀虫化学药剂注入木材细胞结构中，从而有效抑制真菌或害虫对木材侵害的技术的统称。

3.3.4.1 生物破坏种类

目前，生物破坏主要分为真菌、动物和细菌破坏，真菌破坏又包含霉菌、变色菌、白腐菌、褐腐菌及软腐菌破坏，动物破坏主要有昆虫和海生蛀虫破坏。在这三种生物破坏中，木材主要以真菌破坏为主，所以本节主要介绍真菌对木材的破坏。

3.3.4.2 木材真菌破坏的必要条件

木材发生真菌破坏要具备一定条件，这些条件包括营养、空气、温度、水分、酸度以及传播等。

①营养　真菌生长需要碳源，而木材中细胞壁的组分如淀粉、单糖等物质，正好为真菌的生长提供营养物质。

②空气　真菌属于好氧菌，它们的生长需要氧气，而木材中的孔隙可以为真菌生长提供一定氧量。

③温度　真菌适宜的生长温度在 3~40℃，这个范围也将真菌分为低温菌、中温菌和高温菌。

④水分　木材腐朽属于酶作用，需要在含水环境进行，水分也是微生物营养物质流动的介质、新陈代谢的溶剂，所以水分对真菌的生长至关重要，一般含水率在 20%~60%的木材最适宜真菌生长。

⑤酸度　木腐菌一般在弱酸性(pH 为 4.5~5.5)环境中生长，在孢子萌发和菌丝生长阶段均

需弱酸介质，而大多数木材 pH 为 4.0~6.5，这恰好能满足菌类的生长需要。

⑥传播　真菌在木材上生长主要靠孢子接触传播。

3.3.4.3　木材腐朽类型

常见的木材腐朽类型有褐腐、白腐和软腐。

①褐腐(brown rot)　其菌种为密黏褶菌(*Gloeophylum trabeum*)，其腐朽特征是木材变干、砖型裂纹、棕色、细胞壁收缩、消耗综纤维素。

②白腐(white rot)　其菌种是采绒革盖菌(*Coriolus versicolor*)，其腐朽特征是木材不变形、尺寸不变、变白色、消耗综纤维素和木质素。

③软腐(soft rot)　其菌种是球毛壳菌(*Chaetomium globosum*)，其腐朽特征是木材在高含水率下、变软、开裂、变暗色、菌丝体在细胞壁沿微纤丝方向纵向生长。

3.3.4.4　木材防腐机理

木材防腐处理是通过一定手段，消除上述微生物赖以生存的必要条件之一，以达到阻止其繁殖的目的。目前，木材防腐剂的防腐机理主要包括机械隔离防腐和毒性防腐两方面。机械隔离防腐是将暴露的木材表面保护起来，阻止木材与外界环境因素直接接触，以防微生物侵蚀。毒性防腐是靠防腐剂的毒性抑制微生物生长，或微生物吸收防腐剂后被毒死。

3.3.4.5　木材防腐剂类型

木材防腐剂种类繁多，大致可分为：油质类、油溶性类和水溶性类。下面简要介绍三种常见的木材防腐剂。

(1)高黏重质原油

高黏重质原油主要来自杂酚油，源自煤或木焦油。它其中的焦油酸、酚类组分可杀灭真菌，防腐效果好且抗流失；而重油成分则防水、防晒。但这种原油是黑色黏稠液体，在木材中的渗透深度有限，木材表面较脏且容易溢油，改性后的染色乳化杂酚油具有低毒性。

(2)无机水基或油基防腐剂

无机水基木材防腐剂最典型的是铜铬砷(copper chrome arsenate，CCA)，常用的配方是硫酸铜(35%)、重铬酸钠(40%)、五氧化二砷(20%)。它能够较好地固定在木材中，流失比较缓慢，而且 CCA 可以根据使用环境的不同进行配方调整，以达到不同防腐要求。无机水基防腐剂是应用最多的一种防腐剂，有单一型和复合型两种，复合型防腐效果相对较好，常见的有铜铬砷、铜铬硼、氟铬砷酚等。

(3)轻质有机溶剂防腐剂

轻质有机溶剂防腐剂主要包括改性杂酚油、羟基喹啉铜、环烷酸锌/铜等，五氯苯酚曾被广泛使用，但由于环保原因现在已被禁用。因为它会对土壤和空气造成污染，所以不适宜用于接地木材的处理，且处理的木材在使用后不可焚烧处理。

3.3.4.6　木材防腐剂的副作用

木材防腐剂的副作用主要表现在以下几个方面：

①杂酚油是一种致癌物质，会刺激皮肤、吞咽对肾有损害，且其中的酚成分毒性也极强。

②CCA 有高度毒性，砷铬是致癌物质，锯切时需要防护毒性粉尘，使用前需要用水冲洗，废弃后不可焚烧，只能掩埋。

③单组分的砷容易气化到空气中，使用时需要小心。

④一些防腐剂溶剂也对人体有毒，使用前应仔细研读说明书。

⑤防腐剂对环境的破坏主要是气体污染(燃烧)、土壤污染和水污染。

3.3.4.7 木材防腐剂的发展方向

(1)植物抽提物作防腐剂

植物在生长过程中，为了抵抗外界微生物的侵害，会在内部自动建立防御系统，即分泌一些生物活性物质，来增强自身耐久性。通过提取这些活性物质并将其用于木材防腐，能够大大提高木材防腐的绿色环保性。然而，这些活性物质在植物内储量较少，难以满足木材防腐的工业化生产。所以，研究这些活性物质的化学结构，通过人工合成结构性质相近的物质，是解决这一难题的最好方法。目前，扁柏醇和肉桂醛已经被人工合成并用于木材防腐行业，应用前景良好。

(2)生物防腐

微生物破坏木材主要是通过自身酶系统将木材分解为供给其生长的营养物质，其中，纤维素酶是降解木材的主要酶系统，而人体则不具有这种酶系统，所以人体不能消化纤维素物质。利用这种现象，人工合成抑制纤维素酶系统的物质，通过生物之间的相互抑制，也可以达到木材防腐的目的。

(3)驱散剂

驱散剂的原理是从木材中驱赶微生物，使其远离木材，而不是灭杀微生物。常用的方法是将药剂溶液或膏剂涂抹在木材表面，通过这些药剂的气味、滋味等特性，来驱散微生物，改变微生物以木材为食的倾向，达到木材防腐的目的。但需要注意的是，这些药剂并不与木材发生化学结合，所以这些药剂容易流失、挥发、分解或风化而失去效力。

3.3.5 耐候性处理

暴露在室外环境的木材及其制品，受气候因子、微生物侵蚀、自身干缩湿胀、抽提物等作用因素的协同影响，其表面会发生复杂的物理化学变化，久而久之，木材材性和品质逐渐劣化，为了防止木材出现这种现象，提高木材抵抗这些作用的能力，所采用的方法称之为木材耐候性处理。

3.3.5.1 木材耐候性影响因子

影响木材耐候性的因素有气候因子、微生物、温度和氧气，这些因素协同作用木材，使木材发生不可恢复的老化。

(1)气候因子

气候因子包括太阳辐射、雨、雪、风、露、霜冻、冰雹、冷暖交替以及大气中的氧气、臭氧和大气污染物等，在这些因子的作用下木材发生老化。木材老化具体表现在以下方面：

①化学变化　在气候因子的作用下，木材中的木质素先发生降解，降解产物使木材酸度提高，进一步加剧木材降解，同时在雨水作用下木质素低分子降解产物被冲刷掉，木材中纤维素含量提高。这一过程中，木材表面颜色逐渐从原色变白再到灰色。

②颜色变化　木材具有天然美丽的纹理和色泽，但当其暴露在室外时，表面颜色会很快发生变化，这一变化与木材中木质素和抽提物含量密切相关，根据树种的不同，其表面老化颜色也不相同。如在紫外光作用下，云杉在木质素降解后，颜色变黄，这主要与云杉木质素中的α-羰基、醌基及芳香环共轭烯有关。

③物理变化　由于光、水、微生物等因素的共同作用，木材表面颜色逐渐变暗，在细胞间和细胞内出现从宏观到微观的裂纹。

④微观变化　木材光老化主要是木质素和纤维素发生降解，使木纤维结构被破坏的现象。而胞间层的木质素含量比细胞壁多，所以光老化主要发生在胞间层。通过电子显微镜观察可知，木材光老化首先是具缘纹孔开裂，然后与微纤丝一起向细胞轴向倾斜延伸，进而使细胞壁层与层之间产生破坏。

(2)微生物

木材在发生自然老化的同时伴有微生物的侵蚀，使木材进一步发生明显变化，最常见的就是木材变色和发霉。木材变色主要是变色菌的作用，多发生在边材。木材变色分为表面变色和内部变色，表面变色是霉菌的作用使木材表面变色，内部变色是菌丝渗入木材内部，孢子繁衍产生的变色。一般变色菌主要寄生于边材的射线细胞和轴向薄壁组织，以细胞腔内的物质为营养而生存，它主要是使木材变色，不破坏木材结构，经变色菌侵蚀的木材常呈蓝色、红色、绿色、黄色和褐色，其中，蓝变最为普遍。

(3)温度

相比气候因子和微生物，温度不是木材老化的主要因素。温度主要起类似催化的作用，如温度提高会加剧木材光老化和氧化反应。研究表明，在低温条件下(-160~0℃)，木材细胞壁中的水分冻结使高聚物分子价键断裂产生自由基；在高温条件下(0~180℃)，木材受热膨胀产生机械自由基。

(4)氧气

真空中木材表面自由基对紫外线既敏感又稳定，而在空气中则不同，氧气可以促使纤维素反应生成羧基和过氧化物，因而空气中的氧参与了木材自由基反应生成新的官能团，最终导致木材表面发生劣化。

3.3.5.2 改善木材耐候性的方法

(1)热处理

将木材置于超高温度(>210℃)条件下进行处理，木材的结构和化学组成都发生变化，这些变化破坏了木材原有的酸碱度、营养物质和平衡含水率，致使菌、虫和多种天然微生物失去生存所需的必要条件，从而达到提高木材耐候性的目的。

(2)化学改性

采用化学试剂对木材进行化学改性处理，通过化学试剂与木材组分的化学反应，改变木材细胞壁聚合物的性质，从而提高木材的耐候性。常见的改性处理见前文 3.3.1.1 所述的乙酰化处理，乙酰化改性绿色环保，能够赋予木材良好的尺寸稳定性、耐候性和光稳定性。

(3)表面预先变色

表面预先变色基本原理是将偶氮染料或金属络合物染料掺入水溶性防腐剂中，在进行木材防腐处理的同时赋予木材与天然珍贵木材相近的色调，并使木材获得较好的耐光、抗老化和防腐性能。

(4)涂料中添加紫外吸收剂或抗氧化剂

这种方法是在对木材表面涂饰时，在涂料中添加紫外吸收剂或抗氧化剂，这不仅可以提高木材尺寸稳定性，而且紫外吸收剂或抗氧化剂可以吸收紫外线，阻止木质素被氧化降解产生自由基，进而提高木材抗老化性。

(5)表面超疏水处理

通过对木材表面超疏水处理，降低木材对环境湿度变化的敏感性，提高木材的尺寸稳定性，进而降低木材吸湿发生霉变的可能性。

3.3.5.3 木材耐候性检测方法

木材耐候性检测暂无统一标准，从先前研究来看，目前对木材耐候性的检测主要分为人工加速老化和自然老化。人工加速老化就是将木材试样放在能够模拟自然环境条件(日晒、雨淋、冰冻等)的仪器中，经过一定周期循环测试，来检验木材的耐候性。人工加速老化的试样及检测装备如图 3-31 所示。自然老化就是将木材试样直接放在室外特制的装置上，经过一定周期的测试，来评价木材的耐候性。

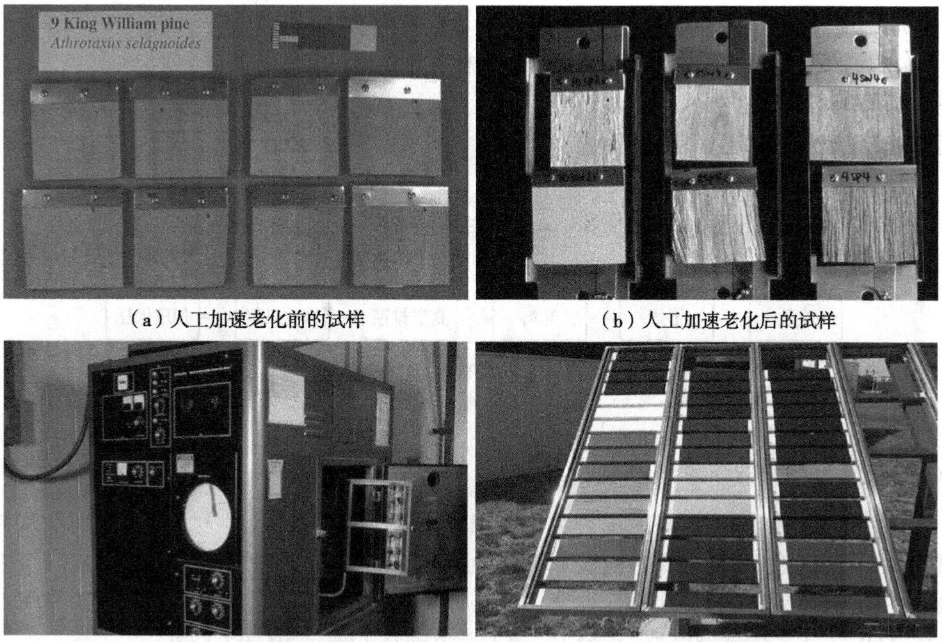

（a）人工加速老化前的试样　（b）人工加速老化后的试样

（c）人工加速老化试验箱　（d）自然老化测试

图 3-31　木材耐候性检测方法

3.3.6 木材染色

木材染色是采用物理化学方法来调节或改变木材颜色的一种木材处理方法，木材染色可以有效改善木材的表面特性，从而提高木材的附加值，拓宽木材的应用范围。经过染色处理的木材，可以用于科技木、工艺品、体育用品等领域，这对保护我国天然林资源，解决珍贵树种木材短缺矛盾，促进低质木材的加工利用具有重要意义。

3.3.6.1 木材染色原理

木材是一种各向异性的毛细孔材料，主要由纤维素、半纤维素和木质素组成，其含有丰富的羟基和羧基等亲水性基团，染料通过木材毛细管通道进入木材细胞壁并扩散，最终附着于纤维表面与其发生物理吸附或化学反应结合，从而实现木材染色。木材染色主要由染料分子在木材中的渗透和固着两个过程构成。

3.3.6.2 木材染色方法

木材染色方法按木材处理形态，分为立木染色和木质材料染色。

（1）立木染色

立木染色是对生长过程中的木材或新砍伐具有一定活性的木材，通过调控生长条件或树木中水分流动，将染色剂注入木材，使木材上色的加工方法，立木染色的效果如图 3-32 所示。

图 3-32　立木染色的木材

立木染色的方法又分为穿孔染色法和断面浸注染色法。穿孔染色法是利用活立木树叶蒸腾作用产生的驱动力，使染液分散到树干木质部，从而使木材染色。这种方法染色快，色彩鲜亮，但它只适用于边材含量大的小径材，不适用于大径材。断面浸注染色法是将新采伐的具有一定活性的木材根部浸入染液，依靠木材毛细管中的树液流动，带动染料分子沿树干上行使木材染色。

(2)木质材料染色

木质材料染色包括木材染色、薄木染色、单板染色和碎料染色，主要是对材料颜色进行加工处理。按照染料的浸注方式，木质材料染色又分为常压浸注、减压浸注和加压浸注。木材染色常采用的加工工艺流程如图 3-33 所示。

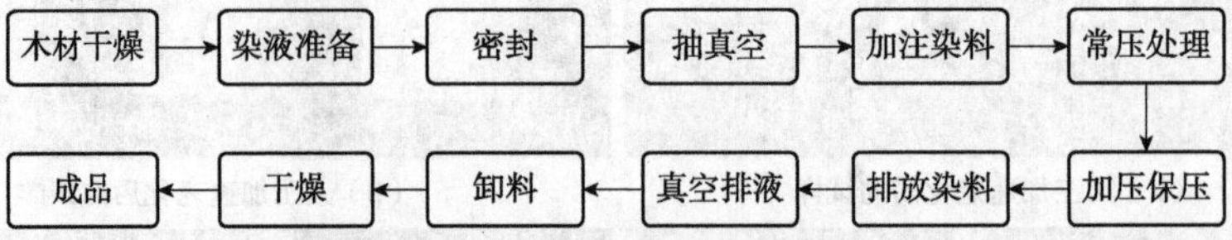

图 3-33 木质材料染色工艺流程

3.3.6.3 木材染色的影响因素

影响木材染色效果的因素较多，最主要的因素是木材渗透性，而木材渗透性又与染料性质(如染料粒径)、染色工艺(如染色温度)、木材性质(如含水率、树种、化学组成)等密切相关。一般木材染色温度要根据木材尺寸、树种、染料种类来定，通常酸性染料适宜温度为 90℃，碱性染料为 60~70℃，中性染料为 45~55℃。木材含水率在 12%~15%较为适宜。

3.3.6.4 木材染料种类及其助剂

木材染料种类分为水溶性、醇溶性和油溶性染料，其中水溶性染料在木材工业中应用较多，而水溶性染料又进一步细分为直接染料、酸性染料、碱性染料和活性染料。

①直接染料属阴离子染料，可直接用于木材染色，它与木材结合主要依靠两者之间的范德华力和氢键，这类染料大多是偶氮染料，其耐光性较差。

②酸性染料也是一种阴离子染料，主要原理是在酸性或中性介质中，染料分子与木材中的木质素以范德华力和氢键结合，使木材上色，这种染料对纤维素的染性较低，常见的染料有偶氮染料、蒽醌染料、嗪染料、硝基染料等。酸性染料色谱齐全、色泽鲜艳，湿牢度和日晒牢度因品种而异。

③碱性染料也称阳离子染料，主要种类有苯甲烷型、偶氮型、氧杂蒽型，其优点是色泽鲜亮、着色能力强，但日晒牢度和化学稳定性较差。

④活性染料是指具有反应活性，能与木材组分发生共价键结合的有机化合物，常见的种类有卤代均三嗪、卤代嘧啶及乙烯砜等。活性染料具有良好的湿牢度、日晒牢度及均染性能，其色泽鲜艳，使用方便，成本低，是纤维织物染色和印花中应用最多的一种染料。

木材染色助剂主要是用来改善木材染色效果，多数以水为溶剂，常使用的种类有渗透剂、均染剂、固色剂、pH 调节剂和耐光剂等。

3.3.6.5 木材染色的评价方法

对木材染色效果的评价，主要采用染着率、均染性、水洗牢度等指标来衡量。这些指标除了受染料、助剂、染液 pH 和染色工艺影响外，还受木材树种、组织结构和化学成分的影响。通常用到达度、上染百分率和染料浓度等性能来测试上述指标，检测仪器主要选用色差计。到达度指染料到达木材结构内部的程度；上染百分率是指纤维附着染料与总染料量的比值；染料浓度主要采用紫外可见分光光度计来检测染料的吸光度，从而确定染料浓度。

3.3.7 其他新型改性方法

随着木材应用需求的多样化以及人们对木材研究的深入，木材改性呈现出高效、绿色化、简单化和功能化的发展趋势。因此，一些新型概念和改性方法不断涌现，如超疏水木材、超强超韧木材、透明木材、导电木材、弹性木材等。这些新型木材改性方法，大多以对木材中木质素的改性研究为主，下面简要介绍几种新型的木材改性方法。

3.3.7.1 超强超韧木材

首先去除木材中部分木质素，然后在100℃下进行压缩，即可获得超强超韧木材，其各项机械性能包括拉压弯强度、韧性、刚度、硬度、抗冲击性能等，都超出天然木材10倍以上。其拉伸强度达到587MPa，可媲美钢材；而比拉伸强度高达451MPa·(cm^3/g)，超过几乎所有金属和合金材料，甚至包括钛合金[244MPa·(cm^3/g)]。木材中木质素的去除，一定程度上消除了天然木材中存在的多尺度本征缺陷，使木材在热压过程中完全致密化；同时完全致密化又提高了木材中纤维素纳米纤维有序排列程度和紧密度，从而极大程度地增加了纤维素纳米纤维之间的氢键密度，最终使木材获得超高的强度和韧性。

3.3.7.2 光子木材

通过简单、快速且可扩展的紫外线辅助光催化氧化方法，对木材中的天然木质素进行原位化学修饰，可制造出一种木质素含量保留率在80%以上的“光子木材”。其基本原理是，结合 H_2O_2 的氧化和紫外辐射催化作用，裂解共轭双键去除木质素的生色基团，实现对木材的选择性脱色，同时保留芳香族骨架继续提供木材的机械强度。垂直排列的木质通道可以让 H_2O_2 和紫外线有效渗透到木材结构中，实现快速、深入脱色。紫外线辅助光催化氧化所获得的光子木材具有很高的光学白度和较为完整的微观结构，同时还具有较高的机械强度以及显著的水稳定性和可扩展性。与脱木质素木材相比，这种高效、省时的光催化制造技术具有大规模生产光子木材的潜力，可用于美学、光学设备和高效能源建筑领域。

3.3.7.3 弹性木材

采用沸腾的 NaOH/Na_2SO_3 混合溶液对木材进行化学处理，从细胞壁中去除部分木质素和半纤维素，形成分离的纤维素原纤维，接着进行冷冻干燥冰模板处理，制备得到具有蜂窝结构和水合互连的纤维素纳米纤维网络的弹性木材。弹性木材在压缩应变为40%以下，进行1万次循环后，仍具有较高的结构稳定性。弹性木材可以作为纳米流体系统、传感器、人机界面等仿生支架。此外，这种结构还能够调节流体和离子，这使弹性木材具有更多的潜在应用。

3.3.7.4 导电木材

首先用 $NaClO_2$ 去除木材中的木质素形成一种有序阵列通道、纤维素和多级孔共存的木材结构，然后将其浸润到 $FeCl_3$ 溶液中进行吸附处理，最后将处理木材置于吡咯蒸汽中进行聚吡咯的形成和生长，最终制备得到结构良好的导电木材。与天然木材相比，导电木材具备轻质、高导电率和高电磁屏蔽特性，同时还具有优异的力学性能。它可以满足工程建材所需的承重功能和电磁屏蔽特性，这将为发展下一代结构电磁屏蔽材料提供新的研究支撑。

3.3.7.5 透明木材

采用化学方法去除木材中的木质素，同时保留木材独特的纤维素微管骨架结构，然后在其中填充与木材折射率相匹配的聚合物材料，最终获得在光学上透明的木材。透明木材具有良好的隔热性能，导热系数为0.35W/(m·K)(普通玻璃的1/3)。因此，使用透明木材可以大大提高建筑的能源效率。透明木材具备优异的隔热和光学性能，被视为未来替代普通玻璃，用于节能建筑的一种潜力材料。

3.3.7.6 可塑木材

首先，采用水基去木质素工艺从木材细胞壁中去除约55%的木质素和约67%的半纤维素，由于细胞壁具有吸湿性，去除部分木质素可以使木材变软和变膨胀，使亲水纤维素含量提高。然后，在常温常压条件下将处理木材自然干燥约30h，形成收缩木材。再将收缩木材浸泡在水中3min，让水分重新膨胀木材细胞壁，这种快速水冲击过程使木材形成了一个独特的部分开放、起皱的细胞壁结构，为压缩提供了空间，并具有支持高应变的能力，使材料易于折叠和成型。通过这种方法，可以将木材加工成各种形状，同时大幅提高其机械强度。这种可塑木材强度比原木高6倍，并与铝合金等广泛使用的轻质材料强度相当。

复习思考题

1. 如何提高木材的出材率？
2. 简述木材制材工艺流程。
3. 简述木材的基本下锯法及其优缺点。
4. 简述木材干燥的基本原理、目的和意义。
5. 木材干燥基准对干燥过程有何影响？
6. 木材为什么发生皱缩现象？有哪些补救措施？
7. 木材改良处理分为哪几种？各自的优点有哪些？

第4章 传统建筑与木结构

【本章重点】

1. 传统建筑的概念及主要特点。
2. 中国古代建筑思想。
3. 中国古代建筑类型及构造。
4. 传统建筑主要构件。

4.1 传统建筑概述

我国地大物博，建筑艺术源远流长。传统是一个民族或地区在理与情方面的认同和共识。中国传统建筑体现了传统文化形态，是中国历史悠久的传统文化和民族特色最精彩、最直观的传承载体和表现形式。由于交通和交流的不便，不同地域传统建筑其建筑艺术风格各有差异，但其组群布局、空间、结构、建筑材料及装饰艺术等方面却有着共同的特点。中国古代建筑的类型很多，主要有宫殿、坛庙、寺观、佛塔、民居、园林建筑等。

4.1.1 概念及特点

建筑通过人工建造而成，是人们用泥土、砖、瓦、石材、木材等建筑材料构成的一种供人们居住和使用的空间，如住宅、厂房、寺庙、桥梁等，是建筑物与构筑物的总称，是人们为了满足社会生活需要，利用所掌握的物质技术手段与方法，并运用一定的科学规律、风水理念和美学法则创造的人工环境。

按照不同的分类依据，建筑有不同的分类方式。按地域，可统分为中国建筑、外国建筑；按时间或建筑形式，可分为传统建筑、现代建筑。中国传统建筑以木结构建筑为主，西方传统建筑以砖石结构为主。由于信息互通和交通便利，现代建筑在不同国家及地区基本相同，均以钢筋混凝土结构为主。

传统建筑是在一定区域内的民族在一定历史时期所创造的建筑物。由于地域特点的不同，不同民族各有其独具特色的建筑形式。例如，东北民居多用砖石、泥土等复合材料，以减少热量损失、提高保温性能。窑洞民居则采用土坯砖、生土等材料，充分利用生土的蓄热性能，起到保温隔热的效果。徽州民居则采用木材、夯土等含能低的材料，方便就地取材，充分挖掘地方材料的优越性(图4-1)。

图4-1 安徽宏村古民居

不同地域建筑在具体取材、形式上有所不同。按建筑功能，中国传统建筑大致可分为以下类别。

宫廷府第建筑：如皇宫、衙署、殿堂、宅第等。

防御守卫建筑：如城墙、城楼、堞楼、村堡、关隘、长城、烽火台等。

纪念性和点缀性建筑：如市楼、钟楼、鼓楼、过街楼、牌坊、影壁等。

陵墓建筑：如石阙、石坊、崖墓、祭台以及帝王陵寝宫殿等。

园囿建筑：如御园、宫囿、花园、别墅、园林等。

祭祀性建筑：如文庙(孔庙)、武庙(关帝庙)、祠宇等。

桥梁及水利建筑：如石桥、木桥、堤坝、港口、码头等。

民居建筑：如窑洞、茅屋、草庵、民宅、庭堂、院落等。

宗教建筑：如佛教的寺、庵、堂、院，道教的殿、府、宫、观，伊斯兰教的清真寺，基督教的礼拜堂等。

娱乐性建筑：如乐楼、舞楼、戏台、露台、看台等。

总体来看，我国传统建筑具有以下特点：

(1)地域性

主要基于土、石、木等原料的传统建筑，由于所处地域自然条件所限，加之物流不便，建筑师多就地取材，因而不同区域的建筑结构方式、艺术风格也不尽相同。北方地区多以条石、巨木、泥土为料，修筑大型的宽阔殿宇，气势宏伟，讲究坐北朝南，既有礼制的要求，又有向光、取暖的生活需要；黄河中游地区建筑多以木材为构架，以黄土为壁，屋顶敷草泥或茅草；西北地区植被匮乏，当地人便凿壁为窑，窑内冬暖夏凉；南方地区植被繁茂，建筑材料除土、木、石外，还常用竹子等；贫瘠的山区建筑则以石屋居多等。这一类代表性建筑有敦煌莫高窟(图 4-2)等。

(2)人文性

儒家思想对我国古代社会的各方面都产生了重大影响，毫不例外地渗透到建筑系统。自先秦至明清，统治阶级为了展现等级差别，建立了以“礼”和“法”为基础的等级森严的制度，而建筑从风水、坐势、建材、外形到内构、装饰，无不体现出政治伦理规范，显示上下有序、尊卑有礼。这种等级制度是我国传统建筑中普遍存在的、有别于西方建筑的独特之处。这一类代表性建筑有北京故宫等。

(3)科学性

与西方古建筑相比，我国传统建筑在材料的选择上偏爱木材，并以木构架结构为主。此结构形式有立柱、横梁及檩等主要构件组成，各构件之间的结点用榫卯相结合，构成富有弹性的框架，使其具有优异的抗震性能。“墙倒屋不塌”的民间俗语，反映了木结构梁柱体系的典型特点。福建土楼就地取材，选址依山就势，全楼所有木结构连成整体，与土墙紧密相连；土墙内埋设大量长木条、长竹片作为墙筋，使土楼具有极强抗震功能。典型代表性建筑有吊脚楼、永定土楼等。

(4)艺术性

中国传统建筑注重与周围环境的协调，亦注重建筑细部，如斗拱、廊檐、天花等部位的艺术处理，最具代表性的如宫殿、寺庙、园林建筑。气势宏伟的宫殿、曲径通幽的寺庙、玲珑雅致的园林展现出中华民族的美学性格，既讲究均衡、协调、典雅，又不失中和、平易、含蓄。典型代表性建筑如苏州古典园林拙政园(图 4-3)。

图 4-2 敦煌莫高窟

图 4-3 苏州拙政园

4.1.2 中国传统建筑思想

建筑是历史沧桑的见证，是文化和思想的外现。中国古代建筑在几千年的历史演变过程中，无论是宏伟的宫殿、庄严的寺庙、幽静的园林，还是丰富多彩的民居，都以其独特的形式语言，打上了中国传统文化的烙印，表现出了丰富而深刻的中国传统思想观念。中国传统思想在古代建筑中主要体现在以下方面。

4.1.2.1 敬天祭祖

敬天祭祖是中华民族的文化传统，中国的礼制思想有一个核心内容，就是崇敬祖先、提倡孝道、祭祀土地神和粮食神。"民以食为天"，有粮则安、无粮则乱，风调雨顺、国泰民安，祭祀在古代被列为立国治人之本，因此，祭祀天神、日月、山川的坛，祭祀圣贤的庙以及祭祀祖先的宗祠在建筑中占据着重要地位。祭天、祭社稷、祭祖被认为是最重大的祭祀活动，称为国之大典，合称"三大祭"，代表性祭祀建筑有天坛、太庙、社稷坛等。

坛庙建筑是中国古代都城建设中极其重要的组成部分，元明清三代之后，北京城形成了包括社稷坛、天坛(图4-4)、地坛、日坛、月坛、先农坛、先蚕坛、太庙(图4-5)、孔庙、历代帝王庙等诸多坛庙组成的宏大而复杂的祭祀建筑系统。此类建筑以祭祀为重要功能，带有强烈的礼制乃至宗教色彩，包含了古人"天人合一""慎终追远""事死如事生"等文化理念，在古建筑中具有深刻内涵，也是最具独特意境的类型。

图4-4 天坛

图4-5 太庙

4.1.2.2 皇权至上

中国古代皇权至上的思想和森严的等级制度在明清时期达到顶峰，而这种思想在建筑中亦得到体现。在古代建筑思想中，"王"与"天"联系在一起，认为其权力是神赋予的，其行为代表着天的意志，从而皇帝的权力是至高无上的。皇宫是皇权的象征，在皇宫的设计上，充分体现皇权至上的思想。凡是与帝王有关的建筑群都建造得非常雄伟、阔大、金碧辉煌，例如《礼记·冬官考工记》中，将城市分为天子的王城、诸侯的国都、宗室与卿大夫的都城三个级别，规定王城的城墙高九雉(每雉为一丈)，诸侯城楼高七雉，而都城城楼只能高五雉。《礼记·礼器》中讲"礼有以多为贵者，天子七庙，诸侯五，大夫三，士一""有以高为贵者，天子之堂九尺，诸侯七尺，大夫五尺，士三尺"。在用色上，从唐代开始，黄色就成了皇室的专用色彩，明清时期更有明文规定，只有皇帝的宫室、陵墓及奉旨修建的坛庙等建筑，才准许使用黄色的琉璃瓦。黄色成为天子的专用色并被赋予皇权的象征。此外，在建筑用数、路、桥、门等各方面，均有严格限定。

4.1.2.3 以中为尊

“以中为尊”是华夏文化形成与政治形态体系中的一大特色。古代传统思想中认为“中”意味着替天行道，权力至高无上，行事光明正大。在五行学说中，东、西、南、北、中，以“中”为最尊。《荀子·大略》说：“王者必居天下之中，礼也”。《吕氏春秋》提到在国都选址上，要“择天下之中而立国”；在都城规划上，要“择国之中而立宫”。

基于“以中为尊”的思想，我国传统建筑群的主体建筑都建在中轴线上，次要建筑建于中轴线两侧(图4-6)。以木结构体系为主体结构的中国古代建筑，因单栋建筑体量不宜做得过于高大，因此一般由若干栋单体建筑组成庭院式建筑组群。这种庭院式建筑组群不仅与中国传统家族聚居的家庭结构相适应，也同封建礼教制约下的思想意识和心理结构相适应。这种庭院式建筑布局，将主要建筑布置于中央或中轴线上，左右布置次要建筑或围以高墙，形成了中轴突出的对称格局，提供了建筑空间的主从构成、正偏构成、内外构成、向背构成，这些空间构成都被赋予礼仪上尊卑等级的意义。例如北京四合院中，内院的正房为主人房，两边厢房供儿孙辈居住，前院倒座为客房和男仆人住房，后面的罩房是女仆的住房，以及厨房、储存杂物的房间。这样，就以一种无言却有形的方式体现了尊卑、上下、亲疏、贵贱、男女、长幼、嫡庶等一整套伦理秩序，从而赋予本无意识的建筑以浓厚的伦理意识。

图4-6 北京故宫明显的中轴线

4.1.2.4 等级森严

中国古代建筑按照建筑所有者的社会地位规定建筑的规模和形制。古代社会，统治者为保证理想的社会道德秩序和完善的建筑体系，往往制定出一套典章制度或法律条款，按照人们在社会生活中的地位差别，确定其可使用的建筑形式和规模，形成了古代建筑的等级制度。

古代建筑从等级上可分为：殿式、大式、小式。

①殿式　宫殿的样式，为建筑的最高等级。通常为帝王、后妃起居之处。佛教中的大殿(大雄宝殿)、道教中的三清殿也属于殿式建筑。其建筑宏伟华丽，瓦饰，建筑色彩和绘画有专门的意义。如黄琉璃瓦、重檐庑殿顶式、朱漆大门、彩绘龙凤者为帝王之所。

②大式　各级官员和富商缙绅宅第。不用琉璃瓦，斗拱彩饰有严格的规定。

③小式　普通百姓住房规格。颜色只能为黑白灰。

不同等级的建筑，对各部位进行以下各方面的限定：

①桥　御路桥正对天安门的中门，桥长42m，宽8.55m，最宽大，可用龙纹，仅皇帝可以走，桥栏杆上雕刻盘龙云纹望柱，显示皇权的威严，不可侵犯。王公桥可用莲花图案，位于御路桥左右，各长37.6m，宽5.78m，只允许宗室王公行走。品级桥，位于王公桥左右，各长34.97m，宽4.66m，允许三等以上官员通行。

②石狮　头上卷毛一品13个，二品12个，三品11个，依此类推，七品以下不放。

③面阔间数　唐代规定三品以下不得超五间，庶人不得超三间。宫殿九间，清宫殿十一间。

④门钉　皇宫宫门纵横各9个，亲王大门各7个，三品以下只能纵横各5个。

⑤建筑物形状　唐宋时期以前以方形最高，明清时期以圆形最高。

⑥数字　“九”为皇家专用数字。

⑦碑、碣　方首为碑，圆首为碣。五品以上才能立龟背功德碑，七品以上才能立圭首方趺的碣。

⑧坟墓高度　唐开元年间规定：一品1.8丈[①]，二品1.6丈，三品1.4丈，四品1.2丈，五品1丈，六品以下8尺。

4.1.2.5　风水堪舆

风水术，也称卜宅、相宅、青乌、山水之术，是中国术数文化的一个重要分支。“堪本”意为凸地，引申为天，且有勘察之意。“舆本”意为车厢，“承舆”即为研究地形地貌之意，着重在地貌的描述。风和水是堪舆家研究的重点，堪舆即风水。晋代郭璞为风水一词给出了定义：“气乘风则散，界水则止，古人聚之使不散，行之使有止，故谓之风水。风水之法，得水为上，藏风次之”。它积累了先民相地实践的丰富经验，承继了巫术占卜的迷信传统，糅合阴阳、五行、四象、八卦的哲理学说，附会龙脉、明堂、生气、穴位等形法术语，通过审察山川形势、地理脉络、时空经纬，以择定吉利的聚落和建筑的基址、布局，成为中国古代涉及人居环境的一个极为独特、扑朔迷离的知识门类和神秘领域(表4-1、表4-2)。

风水术的历史相当久远，早在先秦时期已孕育萌芽，汉代已初步形成，魏晋、南北朝、隋唐时期逐步走向成熟，到明清时期达到泛滥局面。它对中国建筑活动产生了极为广泛的影响，上至都邑、宫庙、陵墓的选址、规划，下至山村、民居、坟茔的相地、布局，都深受风水意识的制约。风水学中说的“阴阳五行说”实际上源于《易经》，无极生太极，太极生两仪(阴阳)，两仪生四象(春、夏、秋、冬)，四象生八卦(乾、兑、离、震、巽、坎、艮、坤)。这八卦再上下重叠组合，便推演成六十四卦。对居住建筑而言，坐北朝南最理想。正房建在北端，卦位为“坎”，称“坎宅”。宅门修在东南“巽”方或正南“离”方皆大吉，如“巽门坎宅”则以东南方为宅门，排布吉凶星位，北向正房为“生气天狼木星”，上吉；西南向为“五鬼廉贞火星”，大凶，一般为厕所使用。许多传统民宅，如北京四合院，都采用这种结构(图4-7)。

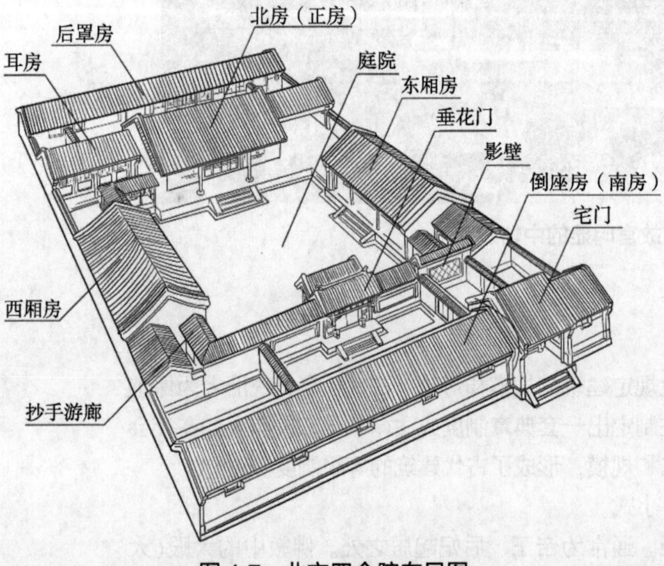

图4-7　北京四合院布局图

① 1丈≈3.33m

表 4-1 阴阳引申到自然界及方位等的表示

自然界			方位							数字	其他					颜色
阳	天	日	高	上	左	东	南	前	山南	奇	正	强	胜	升	实	红黄
阴	地	月	低	下	右	西	北	后	山北	偶	反	弱	败	降	虚	蓝紫

表 4-2 五方、五色、四时、四神与五行的关系

五行	五方	五色	四时	四神
木	东	青	春	青龙
火	南	赤	夏	朱雀
金	西	白	秋	白虎
水	北	黑	冬	玄武
土	中	黄		

4.1.2.6 人文意蕴

中国传统建筑以“间”为基本单位，由间围合成庭院，再组合成各种建筑群。建筑多为大屋顶、宽屋檐，以主轴线为中心左右分配，体现传统伦理秩序、群体和谐、组合内向、阴阳融合的人文意蕴。

(1)注重传统伦理秩序，群体和谐

无论是宫廷建筑，还是民居，中国传统建筑的平面布局大多体现出严谨纵直的“中轴”理念，在井然有序中层层扩大，左右延展，呈现和谐对称的态势，崇尚中轴的理念和依恋大地的情结，使建筑布局折射出井井有条的秩序感和对称均齐的和谐性。

布局上，注重传统伦理精神，昭示中国文化重伦理秩序及群体和谐的特点。

正房，又称“堂屋”，坐北朝南，一般三开间，供家长起居、会客。也是家中举行议事、祭祖、婚丧等礼仪活动的场所。

中堂，正房的核心单位，一般都供有“天地君亲师”的条幅。

厢房，正房的东西两侧，作书房或晚辈的居室。

檐下回廊，回廊与中心庭院类似现代公共建筑的共享空间，是各房成员亲近自然、融汇亲缘感情的场所。

四合院平实、方正、和谐、理性的建筑布局，是中国文化重伦理秩序及群体和谐的集中体现。

(2)组合的内向性

中国传统建筑平面布局的内向性表现为对墙的关注，如城墙、坊墙、院墙。

①城墙 英国作家沙尔安在其著作《中国建筑》中提到“几乎所有的古代中国的城址，无不筑有城墙。城墙、围墙来来去去到处都是墙，构成每一个中国城市的框架”，说明我国传统建筑中城墙的普遍性。

城墙是中国古代城市、城池和城堡的抵御外侵的防御性建筑。从结构和功能分，城墙主要由墙体、女墙、垛口、城楼、角楼、城门和瓮城等部分构成，绝大多数城墙外围还有护城河。

城墙是人类社会发展到一定阶段的产物，古代中外皆是如此。但中国古代城墙的广泛应用与丰富内涵，则是世界其他各国与民族所远莫能及的。就应用而言，除了上至都城下及郡县的内城外郭的城墙外，若干属于王室建筑的坛庙、陵寝、苑囿和庙宇，也在不同程度上使用了这种围护构筑物，而此种情形在其他国度是十分罕见的。其次，将城墙围护一个有限空间(如城市)的职能，极大地扩展到一个地区，甚至整个国家，始于春秋、战国时期的边城。从各诸侯国间的边防

工事，发展到贯穿我国北疆并具有完整体系的万里长城。虽然古罗马时期也曾建筑过类似的城垣以抵御蛮族的进攻、干扰，但其规模和时间都不及中国之巨大与久远。可以说，古代中国在这方面的成就是十分突出和举世无匹的。

现存的城墙，能列入全部保护的实例不多，仅陕西西安(图4-8)、江苏南京(图4-9)、山西平遥、山东蓬莱、安徽寿县、河南开封和商丘等10余处。

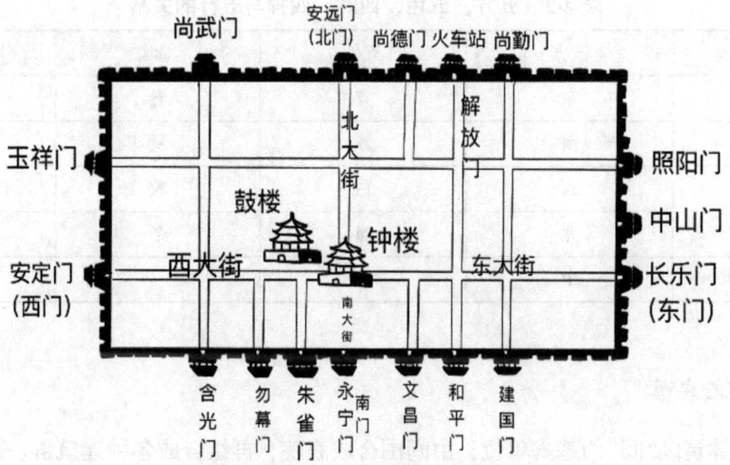

图4-8 西安城墙轮廓

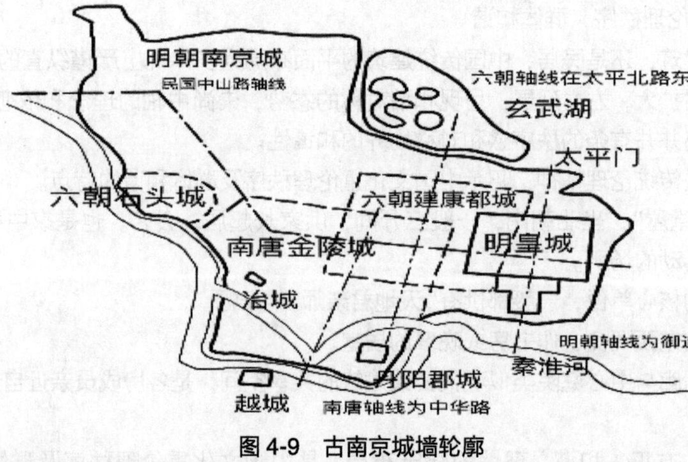

图4-9 古南京城墙轮廓

②坊墙　以唐代长安城最为典型(图4-10)。唐代在城市内大力推行坊市制，把一个城邑划分为若干区，一区称为一坊。唐代长安城内共108坊，各坊均有高墙围合，设有坊门，定时开闭，坊墙内是封闭的社区。《唐六典》记载："皇城之南，东西十坊，南北九坊；皇城之东、西各十二坊，两市居四坊之地；凡一百一十坊"，可见，作为都城长安城，市坊布局相当规整。唐代市坊的内部构造较前朝更为完善，坊内的十字街道分别称为东街、南街、西街、北街，由此划分出的四个区域内再设小十字街，形成了十六个区块，也分别有专称，如此整齐的规划有两个目的：一个是统治者居高临下便于控制；另一个是整齐的布局使逃亡的罪犯无处藏身，官司机构、居民宅第与市场不相混杂，有利于维护社会秩序。

③院墙　合院是中国传统民居的常见布局，在中国各地有很多不同类型。以内向的房屋围合成封闭院落，形制独立于外部世界，内部自成系统，构建以家庭为单位的伦理和空间秩序，分隔内外以体现内外有别观念，分隔居住区和会客区以体现"前堂后寝"的礼制格局。在人文意蕴上折射出民族心理的内敛性和向心力。合院房屋对外的立面大多不设窗户，但内部空间完整统一。对墙的重视是相对封闭的内向性格的反映。

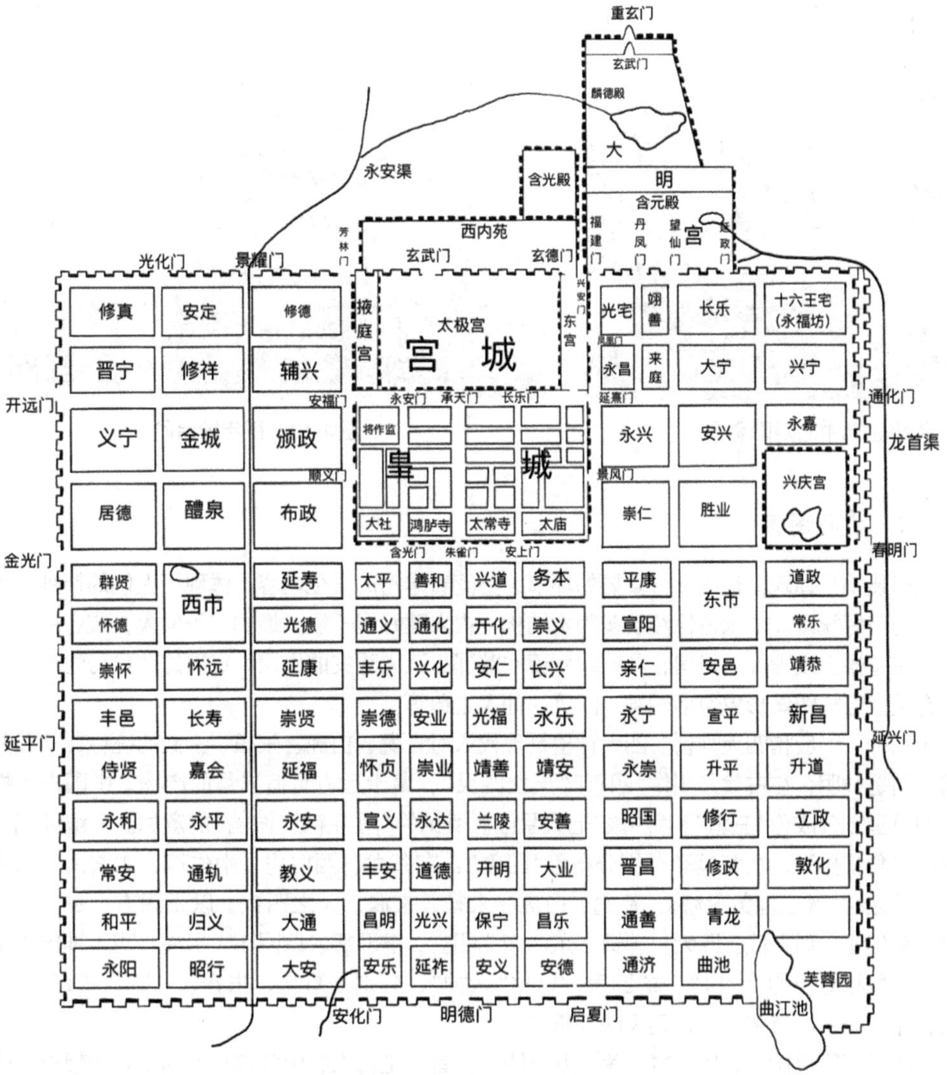

图 4-10 唐代长安城的坊墙

(3)阴阳融合

以《易传》为代表的阴阳对立统一的哲学思想，对中国建筑有着多方面影响。中国传统建筑对阴阳相辅、阴阳合德的观念有着充分体现。山南为阳、山北为阴，阳为刚、阴为柔。中国建筑一般都坐北朝南，即背阴向阳。

美学上注重刚柔相济之美。如宫殿建筑的屋顶面积大，屋檐宽，坚实的立柱将其刚直有力地擎托而起，整体上呈阳刚之美；立柱与屋顶之间则设置斗拱，斗拱与屋顶向上向外夸张卷起的飞檐翘角，形式飞动、轻巧、跳跃的阴柔美。大屋顶与立柱的阳刚，与斗拱和飞檐翘角的阴柔，合构成阴阳融合、刚柔相济的造型(图 4-11)。

阴阳的融合性包括对数字应用的讲究。建筑无论大小，中轴线(主干道)都只设计一条，象征“唯一”，这与古代奇数为阳的理念有关。以奇数为阳，九为极阳，象征吉祥。天坛祈年殿按明清时期尺寸，高 9 丈 9 尺①，台基 3 重(图 4-12)，屋檐 3 层，东、西配殿各 9 间。圜丘由 3 层汉白玉露天平台组成，其台阶、栏杆、铺石地板等，数目都取“九”的倍数。

---

① 1 尺≈0.33m

图 4-11 传统建筑中的阴阳融合

图 4-12 祈年殿台阶

4.1.2.7 吉祥图案

建筑装饰是建筑营造中十分重要的环节，蕴涵着丰富的文化内容，体现了人们的精神追求和对生活的美好祝愿。中国古代建筑多为木结构，古人建好屋子后，最怕屋子失火，或者屋内发生灾祸，在屋檐上设置仙人走兽，希望起到镇宅辟邪、灭火防灾的作用。走兽的数目与建筑规模和等级有关。吉祥图案形象包括四神、四灵、仙人走兽等。

①四神　一般指四大神兽。四大神兽是现代人对青龙、白虎、朱雀、玄武的统称，实际并非神兽，而是神明，在古代又叫作"四象""天之四灵"，属于远古星宿崇拜的产物。中国古代把天空里的恒星划分成为"三垣"和"四象"七大星区。所谓的"垣"就是"城墙"的意思。三垣环绕着北极星呈三角状排列。在"三垣"外围分布着"四象"：东苍龙、西白虎、南朱雀、北玄武。四象是四方守护之神，《三辅黄图》称，苍龙、白虎、朱雀、玄武，天之四灵，以正四方。左青龙、右白虎、前朱雀、后玄武，四大灵兽镇守东西南北四宫，辟邪恶、调阴阳。另外，四大神兽也是周易六爻卦象相对应的"六兽"中的四兽，总称"六神"，分别是青龙、朱雀、勾陈、腾蛇、白虎、玄武，除了表示五行和方位，还反映卦象信息。

②四灵　四灵指龙、凤、麟、龟。龙是四灵之首，是古人集中各类动物的长处而想象出来的神物，传说中的龙为虎头、蛇身、鹰爪、鹿角组合而成，也是由我国古代各部落的动物图腾复合而成，古代龙是皇帝的象征，也是中华民族长期相互影响、融合、团结的标志。凤，是人们集中孔雀、雄雉等美丽的鸟类复合而成，凤头顶华丽的头冠，身披五彩斑斓的羽毛，是吉祥如意的象征，雄的叫凤，雌的叫凰，形象男女之间的爱情和美好。麟是一种神兽，遍体鳞甲，形态似鹿，头上有角，长着翅膀，身有鳞甲，尾像牛尾。龟是四灵中唯一存在的生物，由于龟寿命长，是健康长寿的象征。同时龟是风水灵物，可镇宅、避邪、化煞，家中养龟也是改善家居风水的方法，是吉利的象征。

③仙人走兽　仙人走兽又称蹲兽、走兽、垂脊兽、戗脊兽等，是古代中国宫殿建筑庑殿顶的垂脊上，歇山顶的戗脊上前端的瓦质或琉璃的小兽。瓦兽的数量和宫殿的等级相关，最高为11个，每一个兽都有自己的名字和作用。仙人走兽是由一个仙官和九头走兽组成，只有琉璃屋顶才可以有仙官，其他的青瓦屋顶的都没有仙官，只有走兽。从外到内，排列的走兽的名称分别是龙、凤、狮子、天马、海马、狻猊、押鱼、獬豸、斗牛。只有最高等级的皇家建筑，才能用满这9头走兽，其他按等级递减，每隔一个等级，递减两头走兽，由斗牛、獬豸、押鱼、狻猊等依次向前递减，减后不减前，人们抬头一望其个数就能清楚地知道其等级的高低。故宫作为皇家宫殿，更是严格遵循了这一礼制，比如乾清宫，是皇帝的起居处，属于最高等级，因此用满了一个仙官加九头走兽；交泰殿是皇后的起居处，差了一个等级，就用一个仙官加七头走兽。太和殿是中国皇权的中心，是最高等级的，比已经列为最高级别的乾清宫还要高一级，因此为了区分太和

殿的等级，特别规定，太和殿除了最高等级的一个仙官加九头走兽外，另外再加一头走兽"行什"，因此太和殿有一个仙官加十头走兽，全中国只此一例。

仙人走兽，从建筑结构上来说有固定屋脊上脊瓦的作用。中国古建筑大都为砖木结构，屋脊是由木材上覆盖瓦片构成的。檐角最前端的瓦片因处于最前沿的位置，要承受上端整条垂脊的瓦片向下的推力；同时，毫无保护措施也易被大风吹落。因此，人们用瓦钉来固定住檐角最前端的瓦片，在对钉帽美化的过程中逐渐形成了各种动物形象，在实用功能之外进一步被赋予了装饰和标示等级的作用。梁思成先生评价道："使本来极无趣笨拙的实际部分，成为整个建筑物美丽的冠冕"(图 4-13)。

图 4-13 屋脊上的仙人走兽

4. 1. 3 中国传统建筑类型

中国古建筑有悠久的历史和丰富的文化内涵，承载着中华民族的建筑艺术、宗教、民俗、营造技术等多方面的理念和智慧。因地域、环境和生活习惯等的不同，各地建筑在具体表现形式上有所差别。根据建筑功能，可将中国古建筑划分为城墙、宫殿、民居、陵墓、坛庙、宗教、园林等。

4. 1. 3. 1 城墙

城墙，是中国等东亚国家古代的军事防御建筑。为保护百姓生命财产安全，筑城是东亚国家的传统。城市的整体性封闭，即用高墙深池把整个城市与外界隔绝开来，城门在规定时间开启供人们出入，城市分作城、郭两部分，城内供统治者居住，郭内供老百姓居住。与欧洲国家比较起来，东亚的城郭规模一般较大。城池依等级的不同，可分为府级、县级、厅级、堡级等。一般来说，层级越高，规模也越大，配置的官方建筑也不同(图 4-14)。

城墙是城市的主要防御线，也界定出城市的范围。中国早期的城池，绝大多数是土筑，材料大多就地取材，初期以竹、木栅为主；发展到一定程度后，改为土石或砖等材料为墙。到明代以后，各地城墙开始大规模包砖。著名城池如隋代大兴城、唐代长安城、明清时期北京城等。

城墙主要包括墙体、女墙、垛口、城楼、角楼、城门和瓮城等结构。女墙，是外墙垣上及腰的矮墙，即城墙、马面墙和羊马墙顶部外沿建筑的薄型挡墙，高约 5 尺，大致与士兵身高相等，中有射孔(雉堞)。垛口，是城墙上呈凹凸形的短墙，在城墙顶外侧的迎敌方向，战斗人员瞭望敌情、射击敌人时掩护自己之用。城楼，是城门座上的城楼，可分为楼阁式和碉堡式。城门洞，是出入城门的孔道。角楼，是位于城墙转角处，功能与城楼相仿。城池的城门数量由行政层级或

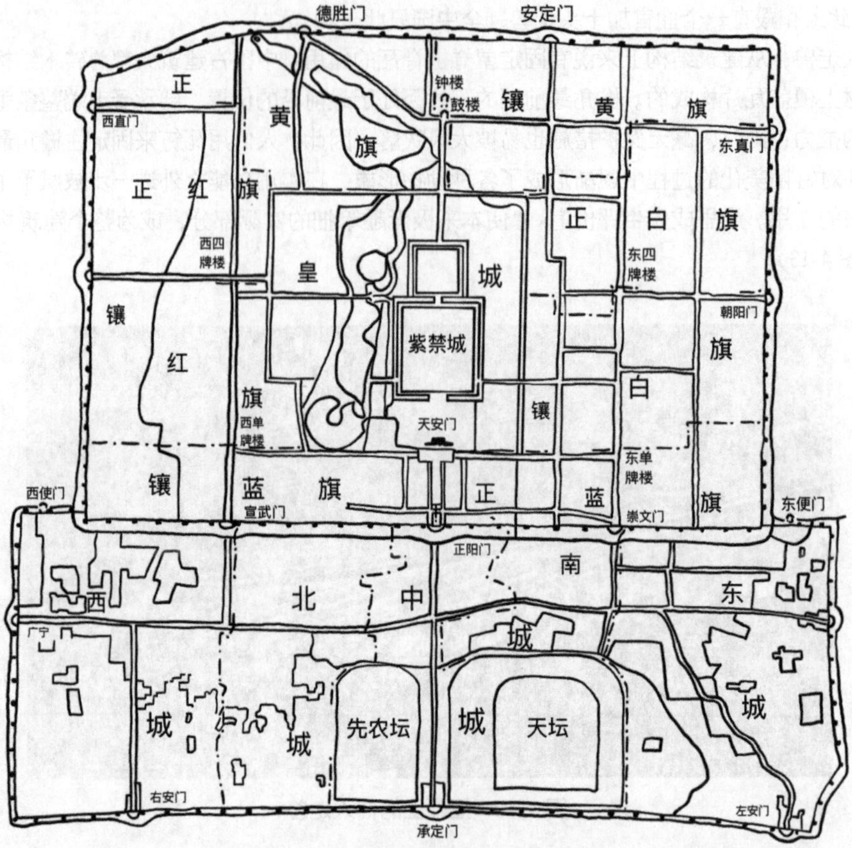

图 4-14　明清时期北京城平面图

规模决定。通常府城有 8 门，县城有 4 门。通常分置于东、西、南、北 4 个方向。瓮城，是圈绕城门外的一道城墙，又称为“月城”。避免城门直接暴露在敌人攻击下。平时是城内通向城外的要道，战时是城防部队坚守的重点。

现保存比较好、较有代表性的城墙有南京城墙、西安城墙。代表性城池有平遥古城、丽江古城。

①南京城墙，即南京明城墙(图 4-15)　南京明城墙包括明代京师应天府(今南京)的宫城、皇城、京城和外郭城四重城墙，今多指保存完好的京城城墙，是世界最长、规模最大、保存原真性最好的古代城墙。南京明城墙始建于元至正廿六年(1366 年)，完工于明洪武廿六年(1393 年)，历时达 28 年，终完成四重城垣的格局。

图 4-15　南京城墙台城段

南京明城墙的营造一改以往取方形或矩形的旧制，在六朝建康城和南唐金陵城的基础上，依山脉、水系的走向筑城。得山川之利，空江湖之势。南以外秦淮河为天然护城河、东有钟山为依、北有后湖为屏、西纳石城入内，形成独具防御特色的立体军事要塞。其中，京城城墙长达 35. 3km，现仍完整保存 25. 1km，是中国规模最大的城墙，也是世界第一大城墙，入选吉尼斯世界纪录。而京城外的外郭城墙更是超过 60km，围合面积逾 230km^2，为世界历史之最。

②平遥古城　平遥古城位于山西省中部，始建于西周宣王时期，明洪武三年扩建，距今已有 2800 多年的历史，较为完好地保留着明清时期县城的基本风貌，

图 4-16 平遥古城

是中国汉民族地区现存最为完整的古城，1998 年，联合国教育、科学及文化组织将平遥古城整体列入"世界遗产名录"，是研究中国政治、经济、文化、艺术和宗教发展的实物标本。

平遥古城有中国目前保存最完整的古代县城格局(图 4-16)。平遥古城的交通脉络由纵横交错的四大街、八小街、七十二条蚰蜒巷构成。整座城市非常周正，街道横竖交织，街巷排列有致。市楼位于城市中央，明清街位于南北中轴线上。古城建筑分为两部分，城隍庙居左，县衙居右，文庙居左，关帝庙居右。道教清虚观居左，佛教寺院居右。平遥也被称作"龟城"，南门是头，北门是尾，东西四座城门为四条腿，城内四大街、八小街、七十二条蚰蜒巷仿佛龟背上的花纹，组成了一个庞大的八卦。它反映了平遥人经受苦难，渴望和平的朴素本质，人们希望在城墙的护卫下，这里是一个远离战乱的世外桃源。

4.1.3.2 宫殿

宫殿建筑，又称宫廷建筑，为传统建筑之精华。宫殿是供皇帝理政和满足居住功能的院落式建筑群。为表现君权受命于天和以皇权为核心的等级观念，宫殿建筑采取严格的中轴对称的布局方式，中轴线建筑高大华丽，中轴线纵长深远，显示帝王宫殿的尊严，两侧的建筑低小简单，明显的反差体现了皇权的至高无上。古代宫殿建筑物自身也被分为两部分，即"前朝后寝"。在"前朝"中央靠墙处，设有御座，"前朝"是帝王上朝治政、举行大典之处，这是帝王上朝坐的地方，多称"殿"；在"后寝"，则设有床具，供休憩之用，是皇帝与后妃们居住生活的所在，多称"宫"。

除中轴对称、前朝后寝的格局外，中国礼制思想的一个重要内容，是崇敬祖先、提倡孝道，左祖右社，则体现这些观念。所谓"左祖"，是在宫殿左前方设祖庙，祖庙是帝王祭祀祖先的地方，因为是天子的祖庙，故称太庙。所谓"右社"，是在宫殿右前方设社稷坛，社为土地，稷为粮食，社稷坛是帝王祭祀土地神、粮食神的地方。社稷坛早期是分开设立的，称作太社坛、太稷坛，供奉社神和稷神，后逐渐合而为一，共同祭祀。

宫殿建筑是中国古代建筑中最瑰丽的奇葩。不论是结构上，还是形式上，都显示了皇家的尊严和富丽堂皇的气派。为体现皇家建筑的威严，不仅在建筑布局上很讲究，宫殿外的很多陈设，也被赋予深厚的寓意。

华表，相传源于墓碑、华表木、恒表、诽谤木。古代设在宫殿、城垣、桥梁、陵墓前作为标志和装饰用的大柱。设在陵墓前的又名塞表。一般为石制，柱身通常雕有蟠龙等纹饰，上为方板和蹲兽。华表高高耸立，既体现了皇家的尊严，又给人以美的享受。竖立于皇宫或帝王陵园之前，将其作为皇家建筑装饰标志。

石狮，中国传统文化中常见的辟邪物品。宫殿大门前都有一对石狮(或铜狮)。因狮子是兽中之王，所以又有显示"尊贵"和"威严"的作用。按照中国传统文化习俗，成对石狮系左雄右雌。还可以从狮爪所踩之物来辨别雄雌。爪下为球，象征着统一寰宇和无上权力，为雄狮。爪下踩着幼狮，象征着子孙绵延，为雌狮。在中华大地还有北狮、南狮之分。北狮雄壮威严，南狮活泼有趣。还有所谓"三王狮"，因为狮子是兽中之王，而狮子所蹲之石刻着凤凰和牡丹，凤凰是鸟中之王，牡丹是花中之王，故称"三王狮"。

日晷(图 4-17)，即日影，它利用太阳的投影和地球自转的原理，借指针所生阴影的位置显示时间。

嘉量，我国古时的标准量器。全套量器从大到小依次为：斛、斗、升、合、龠。含有统一度量衡的意义，象征着国家统一和强盛。

图 4-17　日晷

吉祥缸(门海)，置于宫殿前盛满清水以防火灾的水缸，有的是铜铸的，古代称之为“门海”(图 4-18)，以比喻缸中水似海可以扑灭火灾，故又被誉之为吉祥缸。故宫中的吉祥缸，古时每年冬天在缸外套上棉套，覆上缸盖，下边石座内燃炭火，以防止冰冻，直到天气回暖时才撤火。

鼎式香炉(图 4-19)，有盖为鼎，无盖为炉，是古代的一种礼器，举行大典时用来燃檀香和松枝。

龟鹤，龟和鹤是中华文化中的神灵动物，用来象征长寿，护佑帝国的安宁。

现存保存度比较好的宫殿建筑有北京故宫、沈阳故宫。

图 4-18　门海

图 4-19　鼎式香炉

①北京故宫，是中国明清两代的皇家宫殿，旧称紫禁城，位于北京中轴线的中心，1406 年始建，历经 14 年完工，是世界现存规模最大、最完整的古代木结构建筑群(图 4-20)。建成后，明清两朝 24 位皇帝先后在此登基。北京故宫内的建筑分为外朝和内廷两部分，外朝的中心为太和殿、中和殿、保和殿，统称三大殿，这些建筑都建在汉白玉砌成的 8m 高的台基上，远望犹如神话中的琼宫仙阙，建筑形象严肃、庄严、壮丽、雄伟，大殿的内部均装饰得金碧辉煌。这是皇帝举行重大典礼、发布命令的地方，三大殿左右两翼辅以文华殿、武英殿两组建筑。内廷的中心为乾清宫、交泰殿、坤宁宫，统称后三宫，是皇帝和后妃居住的正宫，后三宫两侧排列东、西六宫，建筑多包括花园、书斋、馆榭、山石等，富有浓郁的生活气息。

图 4-20　代表性宫殿建筑——北京故宫

②沈阳故宫，又称盛京故宫，为清代初期的皇宫，是我国现存仅次于北京故宫的最完整的皇宫建筑，共分三个部分：大政殿、大内宫阙、故宫西路。建筑形式仿造宁波天一阁，建筑布局是天命、天聪至崇德及乾隆三个时期积累式布局，各时期特征有所存留。东路明显地体现了后金八旗制度，同时也体现了满族固有的民族特色和蒙古族、藏族其他少数民族建筑艺术相融合的开创性布局。中路充分表现了满族及其先世长期的居住习俗，同时吸收了汉族文化前朝后寝的宫殿布局。东路，大政殿居中控制整个空间，两侧排列的十王亭呈“八”字微微向外敞开，在视觉上使大政殿更为深远。这种布局及空间处理方式在中国宫殿建筑史上仅此一例。其内部不再分割，空间开阔，气势恢宏，与欧洲有些大型建筑区域的空间处理方式有相似之处。

4.1.3.3 民居

民居建筑，是满足人们最基本生活需要所营建的居住性建筑，是出现最早的建筑类型。传统民居是各地居民自行设计建造的具有一定代表性、富有地方特色的民间住宅。民居建筑受环境、气候、民俗文化、礼制等因素的影响，在风格和工艺做法上有较强的地域性。建筑形式以院落为主，房屋多单层建筑，也有多层。山区、丘陵地区的民居依地形而建，江南水乡多临水而建，组合灵活，西北地区有窑洞，福建地区有土楼。传统民居中，最具特点的如赣派建筑、北京四合院、西北黄土高原的窑洞、福建和广东等地的客家土楼、内蒙古的蒙古包等(图 4-21、图 4-22)。

图 4-21 蒙古包

图 4-22 乌镇民居

①土楼 是客家人与畲族的传统民居，是一种防御性建筑(图 4-23)。分布最广、数量最多、品类最丰富、保存最完好的是福建土楼。现存已被严格确认的福建土楼建筑有 3000 余座，主要分布在福建省龙岩永定区、福建省漳州南靖县和华安县。土楼是世界独一无二的大型民居形式，被称为中国传统民居的瑰宝。

图 4-23 永定土楼

土楼最显著的特点是单体布局规整，中轴线鲜明，主次分明，与中原古代传统的民居、宫殿的建筑布局一脉相承。群体布局依山就势，沿溪(河、涧)落成，面向溪河，背向青山。注重选择向阳避风的地方作为楼址。土楼布局既采用了宫殿、坛庙、官府等建筑整齐对称、严谨均衡的布局形式，又创造性地“因天材、就地利”，按照山川形势、地理环境、气候风向、日照雨量等自然条件以及风俗习惯等进行灵活布局。除结构上的独特，土楼内部窗台、门廊、檐角等也极尽华丽精巧，实为中国民居建筑中的奇葩。土楼分为长方形楼、正方形楼、日字形楼、目字形楼、一字形楼、殿堂式围楼、五凤楼、府第式方楼、曲尺形楼、三合院式楼、走马楼、五角楼、六角楼、八角楼、纱帽楼、吊脚楼(后向悬空，以柱支撑)、圆楼、前圆后方形楼、前方后圆形楼、半月形楼、椭圆楼等30多种，其中数量最多的是长方形楼、府第式方楼、一字形楼、圆楼。

②窑洞　是中国西北地区黄土高原上居民的古老居住形式(图4-24)。在陕西、甘肃、宁波部分地区，黄土层非常厚，有的厚达几十米，当地居民创造性利用高原有利的地形，凿洞而居，创造了被称为绿色建筑的窑洞建筑。窑洞一般有靠崖式、下沉式、独立式等形式，其中靠山窑应用较多。窑洞是黄土高原的产物、人民智慧的象征，它沉积了古老的黄土地深层文化。

图4-24　窑洞

修窑洞一般以山形走向，避湿就干，避低就高，避阴就阳。窑洞圆拱形，显得轻巧而活泼，体现了传统思想里天圆地方的理念。窑洞建筑最大的特点就是冬暖夏凉，门洞处圆拱加上高窗，冬天可使阳光进一步深入到窑洞内侧，可充分利用太阳辐射。内部空间呈拱形，加大了内部的纵深感，使人们感觉开敞舒适。窑洞一般高4m，宽八尺至一丈，深三丈，正面的主窑比其他窑洞略高，作正堂为长辈居住。窑口砌墙安门窗，一般为一门三窑洞或一门二窗，靠窑顶的窗子称天窗。窑内靠山墙均盘有土炕，土炕一边紧接山墙，一边紧连窑壁，留有炕洞门，“烧柴点炕，满窑生暖，主窑坐炕，其乐融融”。

③徽派建筑　又称徽州建筑，流行于安徽及浙江严州、金华、衢州等浙西地区。总体布局上，依山就势，构思精巧，自然得体。一般坐北朝南，倚山面水。布局以中轴线对称分列，微派民居外观整体性和美感很强，广泛采用砖、木、石雕工艺，表现出高超的装饰艺术水平。整个建筑精美如画、如诗，是徽州文化的重要组成部分，历来为中外建筑大师所推崇(图4-25)。

马头墙，又称风火墙、防火墙、封火墙，特指高于两山墙屋面的墙垣，也就是山墙的墙顶部分，因形状酷似马头，故称“马头墙”(图4-26)。马头墙的“马头”，通常是“金印式”或“朝笏式”，显示出主人对“读书做官”这一理想的追求，是徽派建筑的重要特色，在江南传统民居建筑中广泛采用。江南民居多聚族而居，建筑密度较大，发生火宅时，火势容易蔓延。在居宅的两山墙顶部砌筑高出屋面的马头墙，可应房屋密集防火、防风之需，起到隔断火源的作用，久而久之，形成了独特的风格。

图 4-25 安徽村落

图 4-26 马头墙

4.1.3.4 坛庙

以坛或庙两种形态出现的中国古代建筑类型被称为坛庙建筑，孙大章将坛庙建筑定义为“一种介于宗教建筑与非宗教建筑之间，具有一定国家宣教职能的建筑”。坛庙建筑奉祀自然神祇、上古人神、祖先、历代帝王与先贤等，承载着中国传统神灵祭祀文化与儒家思想礼制文化两大核心价值观，在中国乃至世界建筑与文化领域都有着举足轻重的地位。

坛庙建筑的布局与宫殿建筑一致，只是建筑体制略有简化，色彩上也不能多用金黄色。明代北京坛庙建筑是坛庙建筑与文化的集大成者，现存著名坛庙建筑有天坛、地坛、日坛、月坛等。地方坛庙建筑如各地的文庙(如孔庙)、武庙(如关帝庙)、泰山岱岳庙、嵩山嵩岳庙、太庙(皇帝祖庙)，各地还有祭社(土地神)稷(农神)的庙，充分体现了中华民族文化的特点。

①北京天坛　始建于明永乐十八年(1420 年)，清乾隆、光绪时曾重修改建，是明清两代帝王祭祀皇天、祈五谷丰登之场所，是中国保存下来的最大祭坛建筑群。天坛以严谨的建筑布局、

奇特的建筑构造和瑰丽的建筑装饰著称于世。天坛是圜丘、祈谷坛(即祈年殿)的总称，有坛墙两重，形成内外坛，坛墙均为南方北圆，象征天圆地方。主要建筑在内坛，南有圆丘坛、皇穹宇，北有祈年殿、皇乾殿，圜丘、祈谷两坛同在一条南北轴线上，中间有墙相隔。由一条贯通南北的甬道——丹陛桥，把这两组建筑连接起来。外坛古柏苍郁，环绕着内坛，使主要建筑群显得更加庄严宏伟。

祈谷坛是举行孟春祈谷大典的场所，主要建筑有祈年殿、皇乾殿、东西配殿、祈年门、神厨、宰牲亭、长廊，附属建筑有内外壝墙、具服台、丹陛桥，内坛墙上东南西北各设天门，西外坛墙设祈谷坛门，内坛东部有七星石。祈谷坛的祭坛为坛殿结合的圆形建筑，是根据古代“屋下祭帝”的说法建立的。坛为3层，高5.6m，下层直径91m，中层直径80m，上层68m；殿为圆形，高38m，直径32.7m，三重蓝琉璃瓦，圆形屋檐，攒尖顶，宝顶鎏金。坛内还有巧妙运用声学原理建造的回音壁、三音石、对话石等，充分显示出中国古代建筑工艺的发达水平(图4-27)。

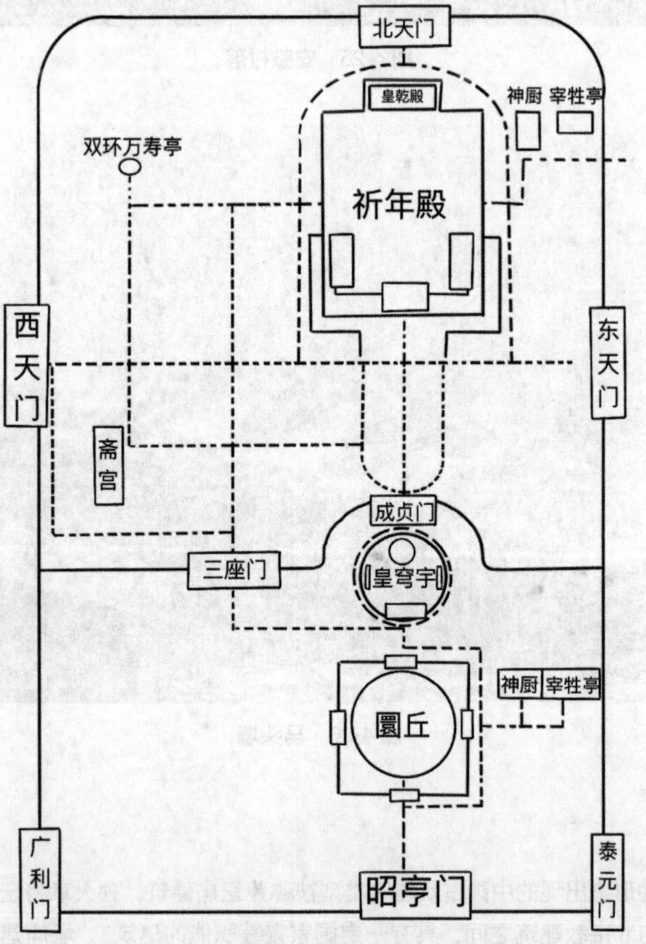

图4-27 天坛布局

②曲阜孔庙 又称“阙里至圣庙”，是祭祀中国古代著名思想家和教育家孔子的祠庙。随孔子与儒家思想在封建社会中逐渐被重视而成为传统，祭祀孔子成为古代中国一个非常重要的世代相袭的典礼，是国家政治活动中相当重要的一部分，而孔庙则是祭孔活动的场所。曲阜孔庙的主要建筑包括大成殿、棂星门、圣时门、奎文阁、杏坛、碑林等。

曲阜孔庙始建于鲁哀公十七年(公元前478年)，历代增修扩建。其以孔子故居为庙，岁时奉祀。西汉以来历代帝王不断给孔子加封谥号，孔庙的规模也越来越大，成为全国规模最大的孔庙。现存建筑群绝大部分是明清两代完成的，占地 327 亩①，前后九进院落。庙内有殿堂、坛阁和门坊等 464 间。四周围以红墙，四角配以角楼，是仿北京故宫样式修建的。与相邻的孔府、城北的孔林合称“三孔”。

曲阜孔庙的发展见证了中国古代政治体制、经济发展的状况，并能够对儒家乃至中国古代思想文化的演变进行更加深入的了解与研究。被建筑学家梁思成称为世界建筑史上的“孤例”。与北京故宫、承德避暑山庄并列为中国三大古建筑群，与南京夫子庙、北京孔庙和吉林文庙并称为中国四大文庙。1994 年曲阜孔庙被联合国教育、科学及文化组织列为“世界文化遗产”(图 4-28)。

图 4-28 曲阜孔庙

4.1.3.5 园林

园林即中国古典园林。古典园林是在一定的地域运用工程技术和艺术手段，通过改造地形(或进一步筑山、叠石、理水)、种植树木花草、营造建筑和布置园路等途径创作而成的自然环境和游憩境域。中国古典园林艺术是人类文明的重要遗产，被举世公认为世界园林之母，世界艺术奇观，造园手法被西方国家推崇和摹仿，以追求自然境界、“虽由人作，宛自天开”为最终和最高目的为审美旨趣。

中国有悠久的造园历史。始于商周时期，称之为囿。汉代起称苑。魏晋南北朝时期兴起以山水画为题材的创作阶段，宋元时期重用石，至明清时期达到中国园林创作的高峰，这一时期的园林以其丰富的创作手法，成为中国古典园林的集大成者。按地理位置，可分为北方、江南及岭南类型。北方园林因地域宽广，所以范围较大，又多为百郡所在，园林建筑多富丽堂皇，但因气象条件所限，河川湖泊、园石等较少，风格粗犷，秀美不足，以北京、西安、洛阳等地为代表，如颐和园、圆明园等。江南园林，地域范围小，又以河湖、园石、常绿树多，园林景致较精美细腻，明媚秀丽、淡雅朴素，但略显局促，多集中于南京、上海、扬州、苏州、杭州等地，尤以苏州为代表，如拙政园、狮子林、留园等。岭南园林因岭南地处亚热带，终年常绿，又多河川，造园条件最好，最明显的特点是具有热带风光，较著名的如广东顺德清晖园、东莞可园、番禺余荫山房等。

留园，中国大型古典私家园林，占地 2.33 万 m^2，代表清代风格，以建筑艺术著称。苏州留园中的园林建筑，不但数量多，分布也较为密集，但其布局合理，空间处理巧妙，每个建筑物在

---

① 1 亩≈666.67m^2

其景区都有着自己鲜明的个性，从全局来看，没有丝毫零乱之感，给人一个连续、整体的概念。整个园林采用不规则布局形式，使园林建筑与山、水、石相融合而呈天然之趣。利用云墙和建筑群把园林划分为中、东、北、西4个不同的景区，中部以山水见长，东部以厅堂庭院建筑取胜，北部陈列数百盆朴拙苍奇的盆景，一派田园风光。西部颇有山林野趣。其间以曲廊相连。迂回连绵，逾700m，通幽度壑，秀色迭出(图4-29)。

图4-29 苏州留园

4.1.3.6 陵墓

陵墓，主要为古代帝王、诸侯的坟墓。中国古代讲究风水，人们把墓地选择看作是一件造福子孙后代的大事。帝王陵墓的选址更是非常讲究，而龙脉则是皇陵的最佳选择之地。秦始皇陵地下寝宫内“上具天文，下具地理”“以水银为百川江河大海”，明清时期的陵墓都是选择群山环绕的封闭性环境作为陵区，将各帝陵协调地布置在一处。在神道上增设牌坊、大红门、碑亭等，建筑与环境密切结合在一起，创造出庄严肃穆的环境。

中国古代习用土葬，封土是关于帝王墓穴上方堆土成丘的形状和规模的制度。新石器时期墓葬多为方形竖穴式土坑墓，地面无标志。大约从周代开始，出现“封土为坟”的做法。封土的大小是按照官吏级别大小来决定的。天子、诸侯的陵墓封土是最大的。战国时期陵墓开始形成巨大坟丘，设有固定陵区。秦始皇陵规模巨大，封土很高，围绕陵丘设内外二城及享殿、石刻、陪葬墓等，其建筑规模对后世陵墓影响很大。汉代帝王陵墓多于陵侧建城邑，称为陵邑。唐代是中国陵墓建筑史上一个高潮，有的陵墓因山而筑，气势雄伟。陵区内置陪葬墓，安葬诸王、公主、嫔妃，乃至宰相、功臣、大将、命官。陵山前排列石人、石兽、阙楼等。元代帝王死后，葬于漠北起辇谷，按蒙古族习俗，平地埋葬，不设陵丘及地面建筑，陵址难寻。明代是中国陵墓建筑史上另一高潮。明太祖孝陵在南京，其余各帝陵在北京昌平的天寿山，总称明十三陵。各陵都背山而建，在地面按轴线布置宝顶、方城、明楼、石五供、棂星门、祾恩殿、祾恩门等一组建筑，在整个陵区前设置总神道，建石像生、碑亭、大红门、石牌坊等，造成肃穆庄严的气氛。清代陵墓，前期永陵在辽宁新宾，福陵、昭陵在沈阳，其余陵墓建于河北遵化和易县，分别称为清东陵和清西陵，建筑布局和形制因袭明陵，但建筑雕饰风格更为华丽。现存著名陵墓，如秦始皇陵、汉茂陵、唐乾陵、明十三陵等。

帝王陵园地面建筑主要分为三部分，祭祀建筑区(祭殿)，为陵园建筑的重要部分，用来供祭祀之用，主要建筑物是祭殿，早期曾称作享殿、献殿、寝殿、陵殿等。神道又称作"御路""雨路""勇路"等，是通向祭殿和宝城的导引大道，主要建筑物石兽、石人。护陵监，是专门保护和管理陵园的机构，主要建筑物衙署、住宅等。

秦始皇陵，占地近 $8km^2$。陵墓近似方形，顶部平坦，腰略呈阶梯形，高76m，东西长345m，南北宽350m，占地逾12万 m^2。陵园以封土堆为中心，四周陪葬分布众多。陵园按照"事死如事生"的原则，仿照秦国都城咸阳的布局建造，大体呈回字形。以封土为核心，秦始皇陵有内外两重城垣，城垣四面设置高大的门阙。宏伟壮观的门阙和寝殿建筑群，以及600多座陪葬墓、陪葬坑，一起构成地面上秦始皇陵的完整形态(图4-30)。

图4-30 秦始皇陵

4.1.3.7 宗教建筑

中国古代宗教是儒、释、道三家并存，宗教派别类型繁多，不仅有本土的道教，亦有佛教、伊斯兰教、基督教等外来宗教，相应的宗教建筑也多。道教建筑如白云观、紫霄宫。佛教传入较早，在两汉之际传入中国，最早的佛教寺院白马寺，距今已近2000年历史。由于佛教教义与统治者的统治思想不谋而合，历代统治者都很重视佛教，佛教在中国各地蓬勃发展，佛教建筑层出不穷。佛教建筑在南北朝至隋唐时期的四五百年间达到顶峰，唐代杜牧有诗云"南朝四百八十寺，多少楼台烟雨中"。

佛教建筑根据具体用途及形式的不同，有佛寺、佛塔、石窟等。最古老的佛教建筑石窟寺，是根据古印度佛教造型艺术，结合中国传统建筑形式建造。中国佛教石窟甚多，以敦煌、云冈、龙门尤为出名。

①佛寺　佛寺因梵文音译或隐喻等，在历史上曾有宝坊、宝刹、禅刹、伽蓝等名，明清时期通称寺庙，是佛教僧侣供奉佛像、舍利，进行宗教活动和居住的处所。1世纪东汉明帝时期，为供养西域高僧摄摩腾、竺法兰，建造白马寺，成为我国最早建立的一座佛寺。佛寺中数量最多、分布最广的是"精舍"式佛寺，初期受古印度影响，以塔为中心，周围建以殿堂、僧舍，塔中供奉舍利、佛像。晋、唐代以后，殿堂逐渐成为主要建筑，佛塔移于寺外或另建塔院，形成以大雄宝殿为中心的佛寺结构。佛寺主要有三部分构成：寺庙建筑、佛塔和园林。

②佛塔　佛塔传入我国时，曾被音译为"塔婆""佛图""浮图""浮屠"等。因佛塔用于珍藏佛的舍利或供奉佛像、佛经，故也被意译为"方坟""圆冢"。隋唐时期，以"塔"作为统一的译名，

沿用至当代。我国佛塔有木塔、砖石塔、金属塔、琉璃塔等，两汉南北朝时期以木塔为主，唐宋时期砖石塔得到了发展。按类型可分为楼阁式塔、密檐塔、喇嘛塔、金刚宝座塔和墓塔等。不管佛塔形态、大小如何，其造型基本由地宫、塔基、塔身、塔刹组成。塔的平面以方形、八角形为多，也有六角形、十二角形、圆形等形状。塔的层数一般为单数，如3层、5层、7层、9层、11层、13层等。所谓救人一命，胜造七级浮屠，七级浮屠指的就是7层塔。著名佛塔有白马寺齐云塔、妙应寺白塔、应县木塔等。

图4-31 释迦塔(应县木塔)

释迦塔，全称佛宫寺释迦塔，位于山西朔州应县城西北佛宫寺内，俗称应县木塔。建于辽清宁二年(宋至和三年，1056年)，金明昌六年(南宋庆元一年，1195年)增修完毕，是中国现存最高最古的一座木结构塔式建筑。与意大利比萨斜塔、巴黎埃菲尔铁塔并称“世界三大奇塔”。2016年获吉尼斯世界纪录认定，为世界最高的木塔。释迦塔高67.31m，底层直径30.27m，呈平面八角形。全塔耗材红松木料3000m^3，逾2600t，纯木结构、无钉无铆。塔内供奉着两颗释迦牟尼佛牙舍利(图4-31)。

4.1.3.8 其他建筑

其他常见中国古代建筑如楼阁、桥梁等。

①楼阁 是我国历史上非常重要的一种古建筑类型，是中国古代建筑中的多层建筑物。楼与阁在早期是有区别的。楼指重屋，阁是指下部架空、底层高悬的建筑。阁一般平面近方形，两层，有平坐，建筑组群中可居主要位置。楼则多狭而修曲，在建筑组群中常居于次要位置，如佛寺中的藏经楼，王府中的后楼、厢楼等，处于建筑组群最后一列或左右厢位置。后世楼阁二字互通，无严格区分。

中国古代楼阁多为木结构，有多种构架形式。以方木相交叠垒成井栏形状所构成的高楼，称井干式；将单层建筑逐层重叠而构成整座建筑，称重屋式。唐宋时期以来，在层间增设平台结构层，其内檐形成暗层和楼面，其外檐挑出成为挑台，宋代称为平坐。各层上下柱之间不相通，构造交接方式较复杂。明清时期以来的楼阁构架，将各层木柱相续成为通长的柱材，与梁枋交搭成为整体框架，称之为通柱式。此外，尚有其他变异的楼阁构架形式。著名楼阁有黄鹤楼(图4-32)、岳阳楼、滕王阁、阅江楼(图4-33)等。

图4-32 黄鹤楼

图4-33 阅江楼

②桥梁 中国是桥的故乡，自古有“桥的国度”之称。中国古代桥梁的建筑艺术，有不少是世界桥梁史的创举。中国四大名桥之一的赵州桥，首创“敞肩拱”的结构，是世界上现存年代最

久远、跨度最大的单孔石拱桥，对后世桥梁建筑有深远影响。传统桥梁用的材料主要有两种，木材和石材。对于大型桥梁，一般是石桥，或者以石材为支座、桥墩等基础，以木材做桥跨。

木桥，以天然木材作为主要建造材料的桥梁。由于木材分布较广，取材容易，而且采伐加工不需要复杂工具，所以木桥是最早出现的桥梁形式。茶马古道永锡桥，始建于清光绪年间，为全木结构，至今仍发挥着连接一河两岸的功效。

廊桥，亦称虹桥、蜈蚣桥等，是一种有顶盖的桥，可遮阳避雨，供人休憩、交流、聚会、观光等用途，有的廊桥还有供人暂居的房间、风雨亭。民间廊桥数量众多，结构类型多种多样。其中木拱廊桥分布于福建、浙江边界山区，尤其在浙江泰顺、浙江庆元，因其廊桥众多，被称为“中国廊桥之乡”。廊桥基本单元是六根杆件，纵四横二，不用钉铆，别压穿插，平面呈“井”字形。利用受压产生的摩擦力，构件之间越压越紧。桥构件统一，无特殊异型构件，装卸方便，拆桥时可以做到不损构件，重复利用。小杆件便于运输，用小构件形成大跨度，经济合理(图 4-34)。

图 4-34 浙江泰顺木廊桥

4.2 传统木结构建筑构造

中国古代建筑大都以木结构为主要结构形式，传统木结构极尽木材应用价值，以木材为主要建筑材料，以榫卯为主要连接方法，构架形式主要有抬梁式、穿斗式、井干式。木结构体系的关键技术是榫卯结构，即相邻木构件间的连接。榫卯连接使木结构框架富有弹性，不仅可以承受较大的载荷，且允许一定的变形，在地震载荷下可通过变形抵消一定的地震能量，抗震性强。

4.2.1 抬梁式建筑

抬梁式，又称叠梁式，是中国传统建筑中最普遍的木构架形式(图 4-35)。在宫殿、庙宇、寺庙等大型建筑中普遍采用，如故宫太和殿，是木构架建筑的代表。抬梁式在春秋时期已经出现，唐代发展成熟，出现了厅堂式和殿堂式两种类型。厅堂式构架室内柱与墙外柱不等高，柱子与房屋上部结构间不通过铺作层(斗拱)衔接。殿堂式室内所有柱子等高，柱子与上屋架间通过铺作层(斗拱)衔接。唐宋时期，厅堂式架构多用于低等级、小体量建筑，殿堂式架构多用于体量较大的高等级建筑。宋代以后，斗拱在建筑结构中的作用日益减弱，殿堂式架构逐渐被厅堂式取代。

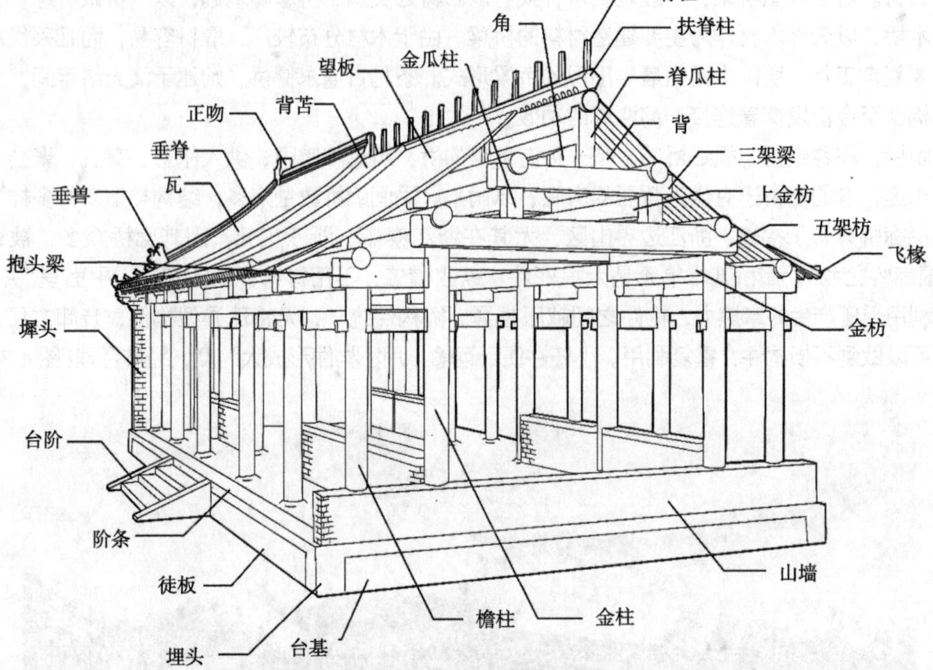

图 4-35 抬梁式建筑木构架

抬梁式以垂直木柱为房屋的基本支撑，木柱顶端沿房屋进深方向架起数层叠架的木梁。柱子上放梁、梁上放短柱、短柱上放短梁，层层叠叠直至屋脊，各个梁头上再架檩条以承托屋椽。木梁由下至上，逐层缩短，层间垫短柱或木块，最上层梁中间立小柱或三角撑，形成三角形梁架。梁架中的短柱或木块又称为蜀柱。梁架中各层梁两端和最上层蜀柱上架檩，檩间架椽，构成双坡顶房屋的空间骨架。坡顶的重量依次通过椽、檩、梁、柱，传递到地面。抬梁式架构复杂，要求加工细致，结实牢固，经久耐用，且内部使用空间大，建筑气势宏伟。

据清工部《工程做法则例》，对抬梁式构架介绍如下：

①形制　清官式建筑构架有大式、小式之分。大式建筑等级较高，多用斗拱。有的檐柱、内柱同高，上加主要起装饰作用的斗层，上承梁架，近似宋式殿堂构架，多数则近似宋式厅堂构架。大式也有不用斗的，用材较为粗壮。小式建筑规模小，不用斗，用料也较节省。

柱。抬梁式构架中的柱子按位置定名。位于前、后檐最外一列柱子称为檐柱，位于山墙正中的柱子称为山柱，在建筑的纵中线上的内柱称为中柱，除中柱以外的内柱，均称金柱。从故宫现存建筑看，明代建筑柱子尚保留了侧脚、生起的做法，清代则很不明显。

②梁　每榀梁架中主要的梁，按本身所承托的檩数定称谓，例如，上承九檩者称九架梁，依次有八架梁、七架梁，直至三架梁。梁的长度以步架(即檩间水平距离)来计，九架梁者长八步架，七架梁者长六步架，六架梁者长五步架等。此外，还有几种次要的短梁，如檐柱与金柱间的梁，长仅一步架，在大式建筑中称桃尖梁，在小式建筑中称抱头梁。如果廊宽两步架，挑尖梁加长一倍，称双步梁；这时往往上面还有一道一步架长的短梁，称单步梁。各种类型的梁，截面高宽比多近于 6∶5，或 5∶4，截面近于正方形。

③斗　元代以后，梁、柱节点上的斗逐渐变小，与唐宋建筑中的斗相比，结构作用减弱，装饰性加强。到清代斗几乎蜕化为装饰性构件。

④其他　梁架中的叉手、托脚被取消，纵向的联系构件减少，襻间、串等被统一成檩、垫、枋三位一体的标准作法，称“一檩三件”。

下面介绍抬梁式建筑的几种主要部件：

①梁(图 4-36)　承托着建筑物上部构架中的构件及屋面的全部重量。梁的下面，主要支撑

物就是柱子。大型建筑中，梁放在斗拱上面，斗拱下方才是柱子。大多数梁的方向与建筑物的横断面一致，置于前后金柱之间或金柱与檐柱之间。宋代称栿，有些地方称柁。

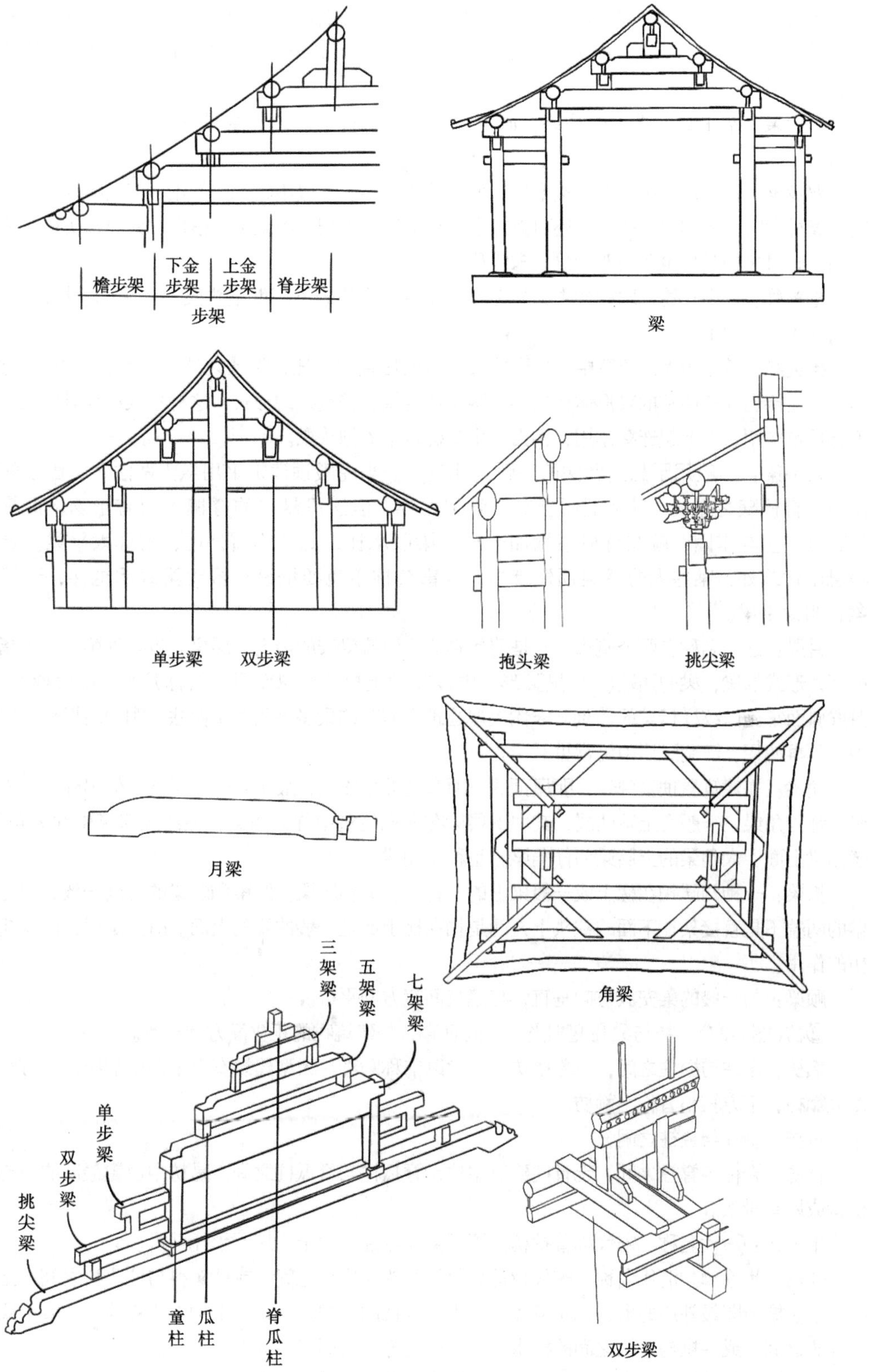

图 4-36 梁

清代古建筑构架中，相邻两檩的水平距离称为步架。步架依位置不同可分为廊步(或檐步)、金步、脊步等。如果是双脊檩卷棚建筑，最上面居中一步称“顶步”。同一栋建筑中，除廊步(或檐步)和顶步在尺度上有所变化外，其余各步架尺寸基本是相同的。

举架指木构架相邻两檩垂直距离(举高)除以对应步架长度所得的系数。清代建筑常用举架有五举、六五举、七五举、九举等，表示举高与步架之比为 0.5、0.65、0.75、0.9 等。檐步一般定为五举。

单步梁：架在双步梁上的短梁，放置在双步梁瓜柱上。因长度只有一步架，所以称为单步梁。

双步梁：在建筑物构架中连接金柱和檐柱的挑尖梁。一般不起承重作用。但当檐柱和金柱之间距离过大时，在挑尖梁的正中还可以加立一根瓜柱，上架一条梁和一根桁，此时挑尖梁具承重作用。同时梁的名称也改为双步梁，宋代称乳栿。

抱头梁：在小式建筑木构架中，处在檐柱和金柱间的短梁叫做抱头梁，一头插入檐柱之上，一头插入金柱之中。

挑尖梁：带檐廊大式建筑中，主要的梁多由前后金柱承托，除此之外，还有一些次要的梁，其中，连接金柱和檐柱的梁形体较短小，两头通常做成较复杂的形式，这种短梁称为挑尖梁，它不起承重作用，主要起连接作用，相当于小式建筑中的抱头梁。

太平梁：一般用于悬山做法的庑殿式建筑中。当庑殿顶建筑采用悬山做法时，由于两山推出，脊檩随之加长，其两端便悬空于梁架之外，但这段悬空的脊檩上面有正吻、瓦等构件，为安全与牢固，就在脊檩下增加一柱一梁以承托，此柱称雷公柱，梁称太平梁。除庑殿悬山建筑处，某些大的攒尖顶建筑中，其雷公柱下也要增设一根短梁做承重件，这根短梁也叫太平梁。

月梁：这一名称有两个概念，一是清代卷棚顶建筑梁架的最上一层梁，也叫顶梁；二是指做成新月形式的梁，梁的两端(肩)呈弧形、中段微微上拱，形似新月，故称月梁，汉代称虹梁。月梁侧面常施以纹样精美的雕刻。宋代大型建筑中露明的梁多采用月梁做法，明清时期官式建筑中已不再使用，江南民居中仍常见。

角梁：在建筑屋顶垂脊处，即屋顶的正面和侧面相接处，最下面一架斜置并伸出柱子之外的梁，称为角梁。一般有上下两层，其中下层梁在宋式建筑中称大角梁，在清式建筑中称老角梁，老角梁上面，大角梁的上层梁为仔角梁，也称子角梁。

扒梁：一种两端扣在椽上或一般梁上的一种梁，又称趴梁。趴梁和顺梁的方向一致，但是趴梁的两端不是直接架在下面的柱头上，而是扣在椽上或是一般的梁的上面。趴梁是梁，但也起着枋的作用。

顺梁：与一般的梁安放方向垂直，与建筑面宽方向平行。

②枋(图 4-37)　枋与梁高度相当，方向垂直，与建筑物的正立面方向一致。

额枋：檐柱与檐柱之间，也称檐枋，宋代以前称阑额。大型建筑有上下两层额枋，上方较大为大额枋，下方较小者称小额枋。

金枋：金柱与金柱之间。

脊枋：脊柱与脊柱之间，无脊柱建筑中位于脊瓜柱与脊瓜柱之间。是枋中位置最高的，与脊檩构成屋脊骨架。

平板枋：清代名称，宋代称普拍枋。置于阑额与柱头之上，用于承托斗拱。

③桁　也称檩。清代名称，宋代称槫。位于梁头与梁头之间，或柱头科与柱头科之间，上边架椽子。檐桁即最外边的桁，也叫檐檩，相当于宋代的檐槫。小式大木构中统称为檩，架于梁头与梁头之间，或斗拱与斗栱之间的横木，置于枋上方，断面多为圆形。

正心桁：位于正心枋上方的桁。正心就是左右斗拱中线的位置。

金桁：正心桁与脊桁之间的都称为金桁。

脊桁：脊瓜柱上的桁。

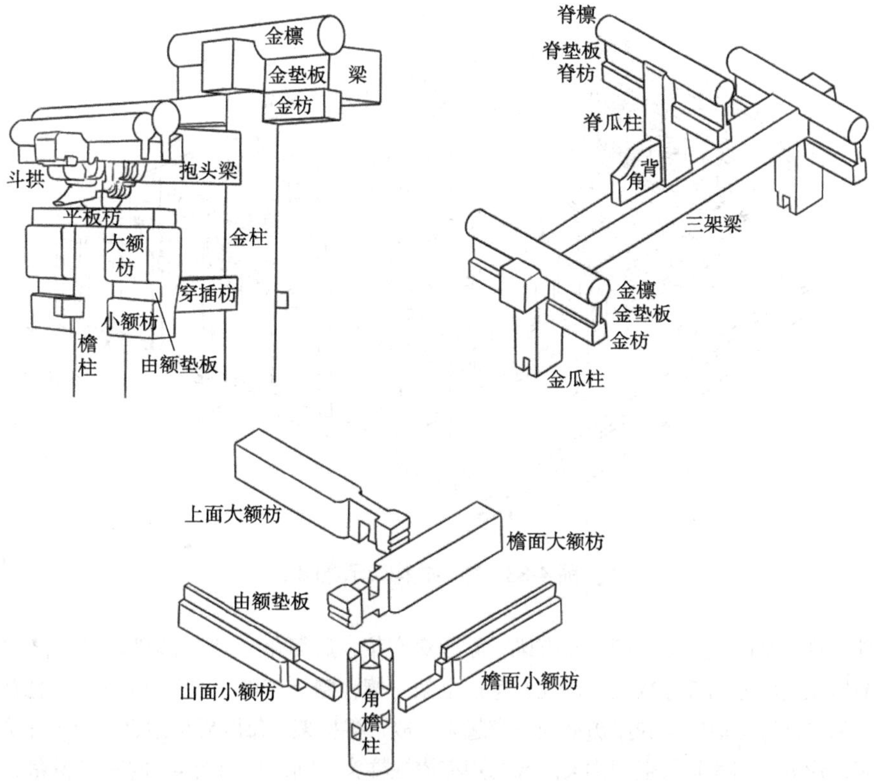

图 4-37　枋

④椽　密集排列于桁上，并于桁正交的木条。按屋顶坡面设置，一般比枋、桁要细得多。

花架椽：又叫平椽，处于各个金桁上的椽。

脑椽：脊桁到金桁之间的椽，上端插入扶脊木中，下端钉在金桁上或是搭在金桁上的椽椀上。扶脊木是脊桁上有一条长度相仿的横木，断面一般为六角形，在其前后朝下的斜面上，各打一排小洞，以承托脑椽上方。

椽椀：与桁平行，长度与桁相仿，置于桁上承托椽，同扶脊木其上也打一排小洞。

檐椽：由下金桁到正金桁之间的椽。

飞椽：大式建筑中，为增加屋檐挑出的深度，在原有圆形断面的檐椽外，加钉一层方形断面的椽。

⑤其他部件

叉手：宋式建筑中，最上一层短梁与脊檩之间斜置的木件。

托脚：宋式大型木建筑中，置于除最上一层短梁外的梁，与其上的檩之间的木件。

由戗：庑殿顶正面与侧面相交处的骨干构架。

推山：庑殿顶建筑中，将两山屋面向外推出，使正脊加长，两山屋面变陡。

彻上明造：室内顶部不用天花板与藻井，让屋顶梁架全部暴露。也称彻上露明造。

4.2.2　穿斗式建筑

穿斗式建筑构架，是由柱距较密、柱径较细的落地柱直接承檩，柱间不施梁，而用数层穿枋贯穿连接各柱，并以挑檐枋承托出檐。该方法形成于汉代，为我国南方地区建筑普遍采用。其特点是可以用较小的木材构建出较大的构架，缺点是内部立柱较多，不便于空间的使用。因此往往形成山墙面用穿斗式，中央诸架用抬梁式的混合木构架(图 4-38)。

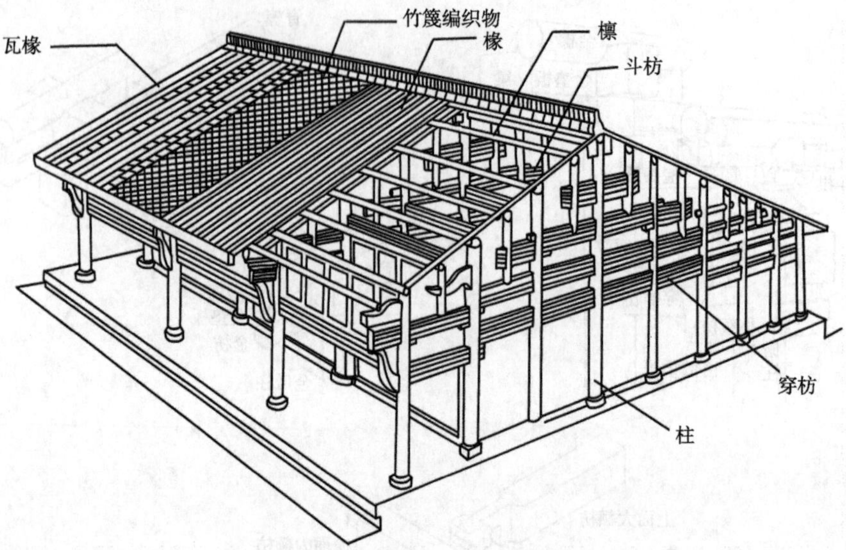

图4-38 穿斗式构架示意图

穿斗式构架是以柱直接承檩，没有梁，原作穿兜架，后简化为“穿逗架”和“穿斗架”。穿斗式构架沿房屋进深方向按檩数立一排柱，每柱上架一檩，檩上布椽，屋面载荷直接由檩传至柱，不用梁。每排柱靠穿透柱身的穿枋横向贯穿起来，成一榀构架。每两榀构架之间使用斗枋和纤子连接起来，形成一间房间的空间构架。斗枋用在檐柱柱头之间，形如抬梁构架中的阑额；纤子用在内柱之间。斗枋、纤子往往兼作房屋阁楼的龙骨。

每檩下有一柱落地，是它的初步形式。根据建筑的大小，可使用“三檩三柱一穿”“五檩五柱二穿”“十一檩十一柱五穿”等不同构架。随柱子增多，穿的层数也增多。此法发展到较成熟阶段后，鉴于柱子过密影响室内空间使用，有时将穿斗架由原来的每根柱落地改为每隔一根落地，将不落地的柱子骑在穿枋上，而这些承柱穿枋的层数也相应增加。穿枋穿出檐柱后变成挑枋，承托挑檐。这时的穿枋也部分地兼有挑梁的作用。穿斗式构架房屋的屋顶，一般是平坡，不做反凹曲面。有时垫以瓦或加大瓦的叠压长度使接近屋脊的部位微微拱起，取得近似反凹屋面的效果。

穿斗式构架以柱承檩的做法，可能和早期的纵架有一定渊源关系。在汉代画像石中就可以看到汉代穿斗式构架房屋的形象。穿斗式构架用料较少，建造时先在地面上拼装成整榀屋架，然后竖立起来，具有省工、省料，便于施工的优点。同时，密列的立柱也便于安装壁板和筑夹泥墙。在我国长江中下游各地，保留了大量明清时期采用穿斗式构架的民居。这些地区有的需要较大空间的建筑，采取将穿斗式构架与抬梁式构架相结合的办法，在山墙部分使用穿斗式构架，当中的几间用抬梁式构架，彼此配合，相得益彰。

穿斗式木构件用料较少，整体性强，便于施工，稳定性好。但柱子排列密，适用于对室内空间要求不大的场合，如居室、杂物等。有些穿斗结构没有建造围护结构，多数情况下围护结构也不承受竖向载荷，由于有瓜柱的存在，穿斗结构可以灵活对其结构空间进行分割，因而可以自由设置房间的布局。由于木材材性限制，有些木材尺寸上不能满足建造很高的穿斗结构的要求，因而穿斗结构有层高上的局限性。

4.2.3 井干式建筑

井干式木结构是中国传统民居木结构的主要类型之一。是一种不用立柱和大梁的房屋结构。将天然原木、半圆木或方木两端开卯榫，组合成为矩形木框，层层相叠，在转角处木料端部交叉咬合，形成房屋四壁，亦是房屋的承重墙，形如古代井上的木围栏，再在左右两侧壁上立矮柱承脊檩构成房屋(图4-39)。

井干式木构架出现于商代后期墓葬的木椁，汉代宫苑之中有井干楼。目前所见最早的井干式房屋的形象和文献都属汉代。在云南晋宁石寨山出土的铜器中就有双坡顶的井干式房屋。《淮南子》中有“延楼栈道，鸡栖井干”的记载。

井干式结构构造简单，但需用大量木材，在绝对尺度和开设门窗上都受很大限制，因此通用程度不如抬梁式构架和穿斗式构架。现在除少数森林地区外很少使用(图4-40)。我国目前只在东北林区、西南山区尚有个别使用这种结构建造的房屋。

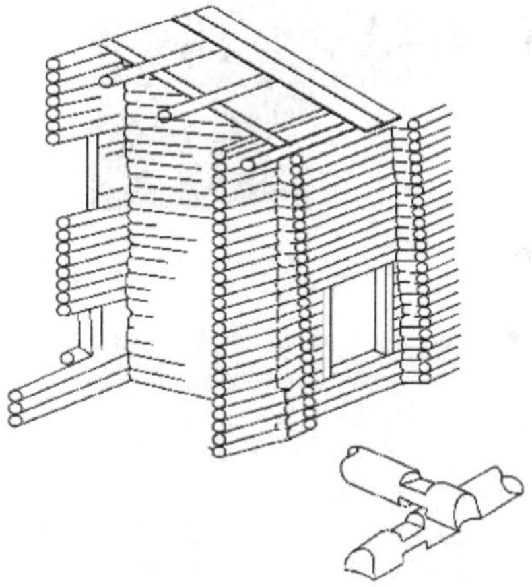

图4-39 井干式木结构示意图

图4-40 井干式木结构房屋

4.3 传统建筑主要构件

中国自古地大物博，建筑技艺源远流长，经过数千年的发展，传统建筑具有极高的文物、历史和艺术价值。我国古建筑以木结构体系为主，它源于自然，利用自然，而又高于自然。由于地域、文化、技术等的不同，不同地域其建筑风格各有差异，但传统建筑的组群布局、空间、结构、建筑材料及装饰艺术等方面有着共同的特点。以单间建筑为例，中国古代建筑从上到下可分为4个部分，即屋顶、斗拱、墙与柱、台基。除这4个基本部分，建筑中还有大量具有独特装饰作用的结构构件，如斗拱、山墙、彩画、藻井等，其中最具有代表性的是斗拱。总体来说，传统木建筑的主要结构或装饰性构件通常包括台基、木头圆柱、开间、大梁、斗拱、屋顶、墙体、彩画、藻井、神兽等。

4.3.1 台基

台基是建筑下面用砖石砌成的高出地面的台子，传统建筑中石工制作以台基为重点，石础上承柱梁荷载及屋盖重量。台基四周压面包角虽不直接承重，但有利于基座的维护与加固，而且衬托美观的作用。作为建筑物的底座，除用以承托建筑物，亦可使其防潮、防腐，同时可以弥补中国古代建筑单体不甚高大雄伟的欠缺。

台基是中国传统建筑的组成部分，最早用于御潮防水，后来出于外观及等级制度的需要而呈现不同的形式，一般可分为以下4种：

①普通台基　它是用素土或灰土或碎砖三合土夯筑而成，约高1尺，常用于小型建筑(图4-41)。

②较高级台基　它较普通台基高，常在台基上边建汉白玉栏杆，用于大式建筑或宫殿建筑中的次要建筑(图4-42)。

图 4-41 刘伯温故居

图 4-42 哈尔滨文庙大成殿

③更高级台基 即须弥座，又称金刚座。须弥座本用作佛像或神龛的台基，用以显示佛的崇高伟大。也多用于中国传统建筑，如宫殿、寺庙、月台、丹陛桥、塔幢、华表、碑座、坛台、兽座、神龛、陈设座、宝顶座、影壁等。须弥座大体上可以理解为是一段台基，其最初只用作佛像座，后逐渐延伸到各个领域。须弥座台基艺术是中国传统建筑形式与外来建筑式样的交融与发展，它不仅起到保护建筑主体的实用功能，同时也让原本厚重的台基变得精美华丽。须弥座由数层简单枭混线条(凸面嵌线为枭，凹面嵌线为混)组成，后发展到有束腰、莲瓣、角柱等复杂程式化的雕饰，一般自上而下分层为上枋、上枭、束腰、下枭、下枋、圭角(龟脚)等层间有皮条线，各层高度均有定制(图 4-43)。

从等级角度来看，须弥座形式是所有台基类型中等级最高，统治阶级地位最具代表性的象征之一。须弥座在唐宋时期就已经流行于高级殿堂建筑中。须弥座台基由木作发展为砖作、石作，经历了石仿木的历程，现存主要有宋式和清式须弥座两种形式。宋式须弥座处于砖仿木的显著期，其形式都源自木须弥座的形式特征。清式须弥座则已经取得了石构造的权衡和完善，层次简化，雕饰粗朴，整体反映出石基座的敦实、庄重，这也是台基形式美构图的成熟表现(图 4-44)。

④最高级台基 它一般由几个须弥座相叠而成，从而使建筑物显得更为宏伟高大。常用于最高级建筑，如故宫的“三大殿”和天坛祈年殿。

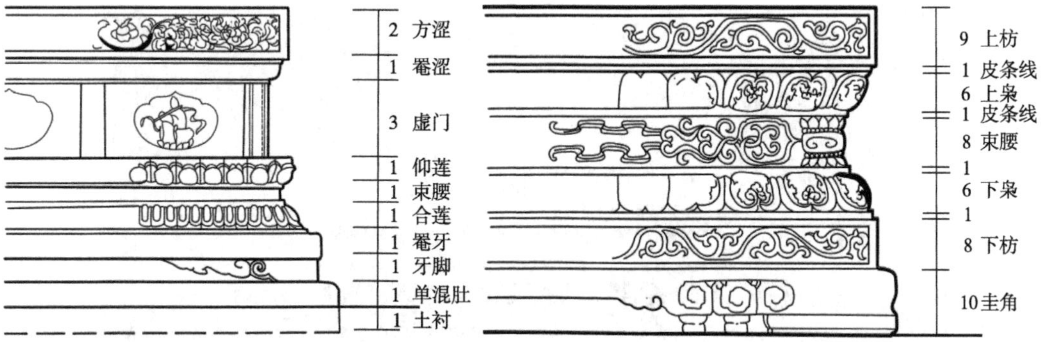

（a）宋式须弥座　（b）清式须弥座

图 4-43　须弥座

图 4-44　呼和浩特五塔寺

对于台基等级划分可从以下几点进行辨认：①级数多的高于级数少的；②白玉台基高于其他材料；③有围栏的高于无围栏的，有须弥座的高于其他形式的。例如，明清时期建筑对台基的设计极为考究，以太和殿(明代称为奉天殿)为例，其建筑是以三重汉白玉台基、须弥座加栏杆为基础，使建筑物造型庄严、比例得当，更显得宏伟壮丽。不难想象，如果太和殿舍去了下部的三重基座，是无法达到今天我们能见到的这种庄严雄伟的艺术效果的(图 4-45)。

4.3.2　圆柱

常用松木或楠木制成的圆柱形木头，置于石头(或铜器)为底的台上。多根木头圆柱，用于支撑屋面檩条，形成梁架(图 4-46)。

4.3.3　开间

4 根木头圆柱围成的空间称为(间)，它是中国古代建筑空间组合的基本单位。建筑的迎面间数称为“开间”，或称“面阔”。建筑的纵深间数称“进深”(图 4-47)。中国古代以奇数为吉祥数字，所以平面组合中绝大多数的开间为单数，而且开间越多，等级越高。

图 4-45　故宫太和殿三层须弥座

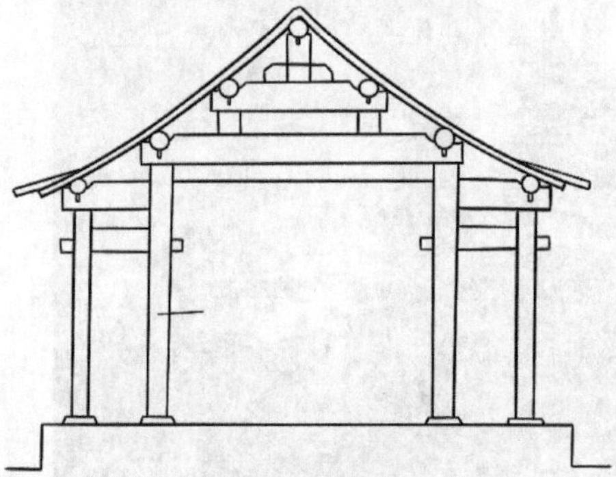

图 4-46　木头圆柱

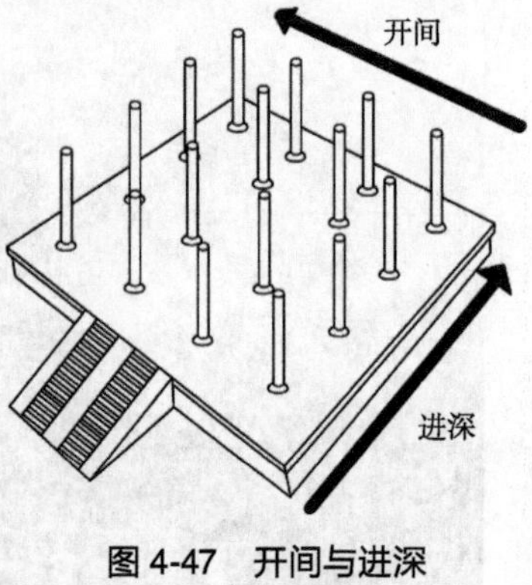

图 4-47　开间与进深

中国古代建筑上的数字等级有特殊含义，即中国古代阴阳五行中的“术数”。阴阳五行学说认为奇数为阳，双数为阴，阳数中最高的数是九，所以在建筑中凡用九的数字就是最高等级，例如开间九间、台阶九级、斗拱九踩、门钉九路、屋脊走兽九尊等。古代建筑开间的最高等级是九间，后来发展到十一间，例如北京故宫的太和殿、乾清宫，但是理论上仍然是九开间为最高，只有皇帝的建筑才能用九开间。其次是七开间，皇亲贵戚和封了爵位的朝廷命官可以用七开间。再次是五开间，朝廷一般官员和地方政府官员可以用。平民百姓就只能用最小的三间了。

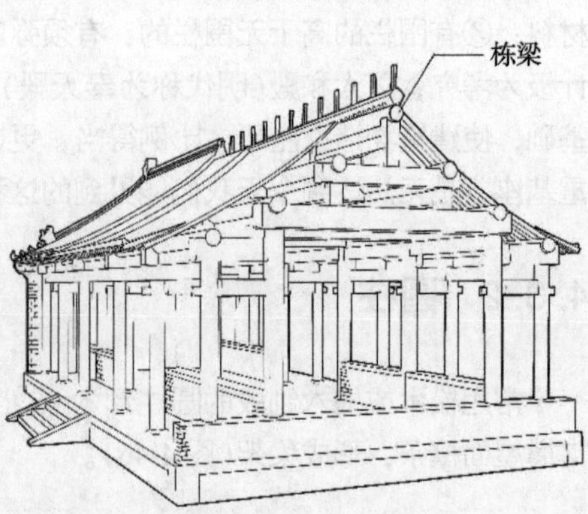

图 4-48　栋梁

4.3.4　栋梁

栋梁又称脊檩。架于木头圆柱上的一根最重要的木头，是承担一间房屋主要重量的梁，以形成屋脊。是我国传统木结构建筑骨架之一。常用松木、楠木或杉木制成(图 4-48)。

4.3.5　斗拱

斗拱，又称枓栱、斗科、欂栌、铺作等，是中国建筑特有的一种结构。它位于建筑立柱和横梁交接处、枋檩间或梁架间，由层层交错叠置的斗形木构件(斗、升)、弓形木构件(拱、翘)及斜置的木构件(昂)等组成。斗拱在结构上主要有斗、拱、翘、昂、升5种部件。方形木块叫斗，其中，整攒斗拱最底下的一个构件，是一块大的方木，称为坐斗；略似弓形，位置与建筑物面平行的叫拱；形式与拱相同，而方向与拱垂直的叫翘；翘之向外一段特别加长，斜向下垂的叫昂；在拱与翘的相交处，在拱的两端，介于上下两层的拱间，有斗形立方块叫升。升与斗的形状基本相同，区别在于它们的位置不同(图4-49)。

斗拱的产生和发展有着非常悠久的历史。在汉代已具雏形，虽无实物保存，但在留存下来的汉代石刻像中可以见到。由《中国建筑类型及结构》可知，“斗”(汉代称栌)的原型是一块块垫木叠落在一起，自下而上由小渐大；“拱”(汉代，直拱称欂，曲拱称栾)的原型是树杈、替木；而“昂”等悬挑出檐屋面的构件原型则是直通屋脊的斜梁(椽)或称之为大叉手屋架(图4-50)。

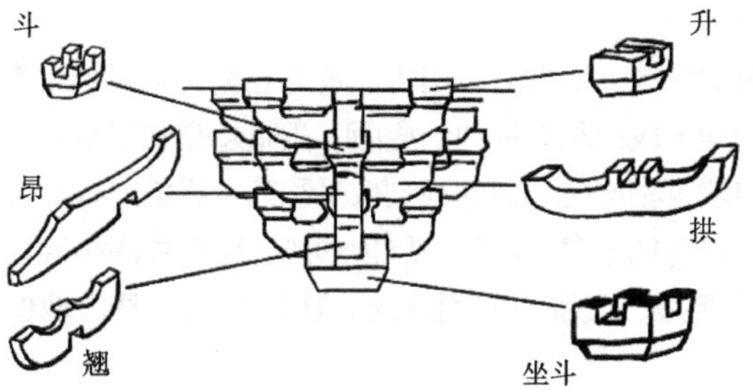

图4-49　斗拱的主要分件

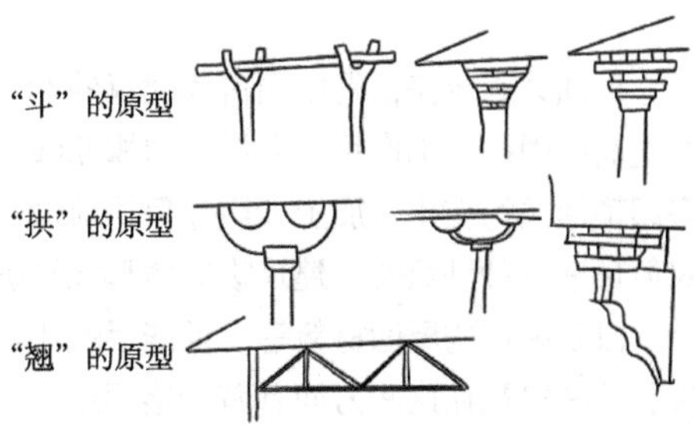

图4-50　斗拱原型

斗拱自汉代成型以来，历经三国至清各朝计2000余年，由早期出现的挑出、撑托、支顶等简单的构件，逐步发展成为“模数”的复杂系统，成为大型甚至小型重要建筑关键性的结构部分。在这漫长的发展过程中，斗拱由唐代的雄伟简练到宋、辽、金、元代的繁华富丽，至明清时期，斗拱则变得愈加装饰化了，除去柱头和角科斗拱还具备一些结构功能外，数量明显增多的平身科斗拱的结构功能几近于无。

斗拱在立柱顶、额枋和檐檩间或构架间，首先要承受上部梁架重量并将其传递给柱子，这种结构功能在唐宋时期的殿堂式构架中表现最为突出。区别于混凝土梁柱结构的刚性节点构造，斗拱具有榫卯结构的“柔性构造”特点，在地震时能充分发挥“耗能节点”的减震效果。现存天津蓟州区独乐寺观音阁、山西应县木塔等建筑，能经历多次大震不倒，这与它们的斗拱体系对地震力的缓冲作用关系密切(图4-51)。

图4-51　应县木塔斗拱细部

图4-52　故宫角檐斗拱

斗拱既具有优异的结构功能，同时还有很好的装饰效果。首先，在建筑形体处理上，外檐斗拱形成了墙身与屋顶之间的过渡层次，使两者的结合更为微妙。其次，斗拱本身构件繁多，组合富有韵律，再加斗拱上多样的艺术处理，如雕刻、异型拱的使用、彩绘使斗拱本身具有非常绚丽的装饰效果。

中国古代伦理对建筑的影响，在斗拱上也有体现。宋代《营造法式》中将建筑分为殿堂、厅堂和余屋，其中余屋一般不能使用斗拱或只能使用简单的斗拱。材分制又将材分为八等，根据屋宇的规模大小酌情使用。明清时期，斗拱的使用也十分严格，普通民房不允许使用斗拱。在大式带斗拱的建筑中，斗拱用材又划分为十一等，依据房屋规模、社会声望和社会地位等因素来选择(图4-52)。

4.3.6　屋顶

屋顶又称屋盖，是中国古代建筑外形最显著的标志，被誉为中国古建筑的冠冕。屋顶在建筑最上面起围护结构作用，屋檐、屋檐曲线、由举架形成的稍有反曲的屋面、微微起翘的屋角等众多屋顶形式的变化，加上灿烂夺目的琉璃瓦，使建筑物产生强烈的视觉效果和艺术感染力。通过对屋顶进行种种组合，建筑物的体形和轮廓线变得愈加丰富。同时，屋顶形式、屋脊做法和装饰物，以及采用的屋面材料等，都能反映出建筑的等级、类别、使用性质、建筑物主人身份地位等，传统建筑在这些方面有着严格规定。

我国传统建筑屋顶大部分属于坡屋顶。各种坡屋顶类型在秦汉时期基本形成，到宋代愈加完备。在宋代《营造法式》中就记录了四阿顶、厦两头造(九脊殿)、不厦两头造和斗尖(撮尖)4种主要的屋顶形式。到明清时期，建筑屋顶的类型更为多样。建筑行业习惯将官式建筑分为正式与杂式。

(1)正式屋顶

硬山、悬山、歇山、庑殿是正式建筑屋顶的4种基本形式(图4-53)。庑殿、歇山可以做成重檐建筑，歇山、悬山和硬山建筑有带正脊和不带正脊(卷棚)的做法。这样正式建筑就形成了9个依次降低的等级，构成了正式建筑屋顶严格的等级序列(表4-3)。

表4-3　明清正式建筑屋顶等级序列

屋顶等级	一	二	三	四	五	六	七	八	九
庑殿	重檐庑殿		单檐庑殿						
歇山		重檐歇山		单檐歇山	卷棚歇山				
悬山						起脊悬山	卷棚悬山		
硬山								起脊硬山	卷棚硬山

①庑殿顶　它是前、后、左、右四面都有斜坡的屋顶，前、后两坡相交成正脊[①]，左、右两坡同前、后两坡相交成四条垂脊[②]，形成四坡五脊，即四面斜坡，一条正脊，四条斜脊。它在中国各屋顶样式中等级最高，屋顶形式有单檐和重檐之分。庑殿式屋顶在中国古建筑中出现最早，后期各朝各代对庑殿式屋顶都有不同叫法和形制。唐代以后庑殿顶的形象是屋面平缓，正脊较短。正脊两端为鸱尾而不是鸱首。宋代称"庑殿"或"四阿顶"，"阿"是建筑屋顶的曲檐，"四阿"就是四面坡式的曲檐屋顶；"吴殿顶"也是宋式叫法。元明时期叫"五脊殿"。清代沿用元明时期的叫法，也称"五脊殿"。庑殿顶在中国各屋顶基本型样式中等级最高，用于重要建筑。明清时期只有皇家和孔子殿堂才可以使用。唐代时也用于佛寺建筑。但在福建沿海地区和琉球的民居为了防风也采用庑殿顶。

---

①　正脊：指沿前、后两坡屋面相交线做成的脊。正脊往往是沿檩、桁方向，且在屋顶最高处。

②　垂脊：凡是与正脊或宝顶相交的脊统称为垂脊。

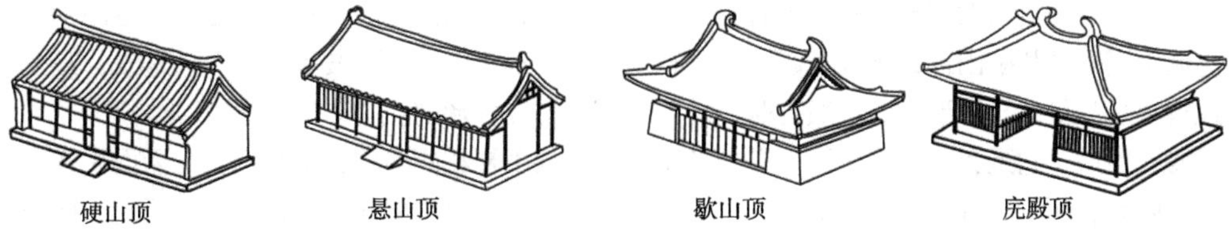

（a）四种基本形式

（b）卷棚做法

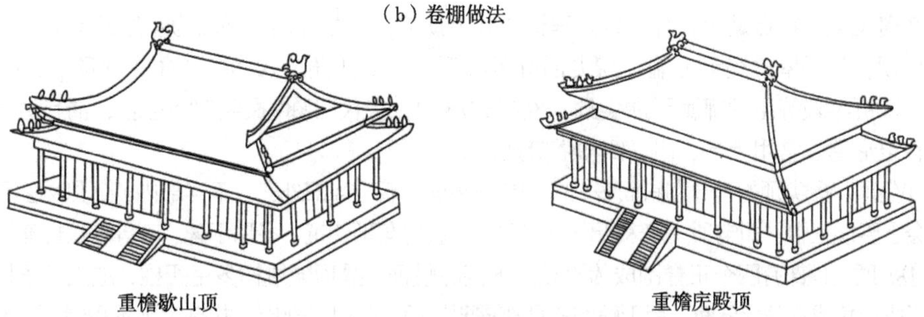

（c）重檐做法

图 4-53　正式建筑屋顶

重檐庑殿顶，就是在上述屋顶之下，四角各加一条短檐，形成第二檐，也是等级最高的屋顶形式。主要用于重要的佛殿、皇宫主殿。故宫太和殿、十三陵(长陵)祾恩殿等，就是重檐庑殿顶，而英华殿、弘义阁、体仁阁则为单檐庑殿顶。重檐庑殿顶的代表还有：日本的东大寺大佛殿、正仓院，韩国景福宫的城楼，中国台北国家戏剧院与大直忠烈祠，香港仿唐建筑志莲净苑大雄殿等。

②歇山顶　它由一条正脊、四条垂脊和四条戗脊①组成，正脊的前、后两坡是全坡，左、右两坡是半坡，由于正脊两端到屋檐处中间折断一次，好像“歇”了一歇，故名歇山顶。因为有九条脊，故也称为“九脊殿”。歇山顶的出现晚于庑殿顶，也有单檐和重檐之别。它的上半部分为悬山顶或硬山顶样式，而下半部分则为庑殿顶样式。歇山顶结合了直线和斜线，在视觉效果上给人以棱角分明、结构清晰的感觉。歇山式屋顶两侧形成的三角形墙面，叫山花。为使屋顶不过于庞大，山花从山面檐柱中线向内收进，这种做法叫收山。歇山顶屋脊上有各种脊兽装饰，正脊上有吻兽或望兽，垂脊上有垂兽，戗脊上有戗兽和仙人走兽，其数量和用法都有严格等级限制。

重檐歇山顶，宋元时期歇山顶大为流行，一些建筑物的单檐庑殿式主殿开始改为重檐歇山式，明代时重檐歇山顶被广为运用于殿宇建筑，它超越单檐庑殿成为仅次于重檐庑殿的最高等级建筑样式，如天安门，故宫的太和门、保和殿。它是仅次于重檐庑殿顶的第二等级屋顶形式，常见于宫殿、园林、坛庙式建筑。

③悬山顶　它是一种两坡顶，有一条正脊、四条垂脊和两面坡。屋顶各檩伸到山墙之外，沿两山檩头钉上博风板②。因两山部分处于悬空状态，故名悬山。宋代称“不厦两头造”，清代称“悬山”“挑山”，又名“出山”，被传到日本、朝鲜半岛和越南。各条桁或檩直接伸到山墙以外，

---

① 戗脊：在歇山建筑中，前、后坡与两山坡面交界处的脊，该脊沿着四角 45°方向与垂脊倾斜相交。

② 博风板：即博风，又名博缝板、封山板，常用于歇山顶和悬山顶建筑。这些建筑的屋顶两端伸出山墙之外，为了防风雪，用木条钉在檩条顶端，也起到遮挡檩头的作用。

以支托悬挑于外的屋面部分。悬山顶有利于防雨，因此，我国南方民居多用悬山顶。悬山顶在等级上低于庑殿顶和歇山顶，仅高于硬山顶，只用于民间建筑，是两面坡屋顶的早期样式，东亚一般建筑中最常见的一种形式。一般神橱、神库的屋顶是此种形式。

④硬山顶　它是另一种两面顶。有一条正脊、四条垂脊和两面坡，两侧山墙与屋面平齐，或略高于屋面。两侧山墙从上到下把檩头全部封住，宫殿中两庑房屋此顶形式为多。两侧山墙与屋面平齐的结构，使硬山顶有利于防风火，我国北方民居多硬山顶。

(2)杂式屋顶

传统建筑中，凡平面不是长方形，屋顶为庑殿、歇山、悬山、硬山4种基本形式之外的均属于杂式建筑范畴。杂式建筑屋顶类型有攒尖、盔顶、盝顶、圆顶、平台屋顶、单坡顶、扇面顶等形式。

①卷棚顶　又称元宝顶，也是一种两坡顶。两坡相交处不作大脊，由瓦垄直接卷过前、后两坡屋面成弧形的曲面，卷棚顶整体外貌与硬山、悬山一样，唯一的区别是没有明显正脊，屋面前坡与脊部呈弧形滚向后坡，前后瓦陇一脉相通，颇具曲线阴柔之美。此种屋顶在民居、园林中居多，屋顶一般为灰色。可细分为歇山卷棚、悬山卷棚和硬山卷棚。

②攒尖顶　特点是无正脊，数条垂脊交合于顶部，上覆宝顶。平面为圆形或多边形，上部为锥形屋顶，若干屋脊交于上端。攒尖顶有多种形式，如四角、六角、八角、圆顶等，故宫中和殿、天坛祈年殿等屋顶都属于攒尖顶。攒尖式屋顶，宋代时称“撮尖”“斗尖”，清代称“攒尖”，日语称宝形造。常用于亭、榭、阁和塔等建筑。

③盔顶　攒尖顶的垂脊和斜面多向内凹或成平面，若上半部外凸、下半部内凹，则为盔顶。各垂脊交会于屋顶正中，即宝顶。南宋所作《宫苑图》中就有盔顶建筑。多用于碑、亭等礼仪性建筑。

④盝顶　顶部有四个正脊围成为平顶，下接庑殿顶。盝顶梁结构多用四柱，加上枋子抹角或扒梁，形成四角或八角形屋面。用于殿阁的顶部需要封顶，但用于仓库、井亭时则不用封顶，而是露天的。盝顶在金元时期比较常用，元大都的建筑中很多房屋都是盝顶，明清两代也有很多盝顶建筑。例如明代故宫的钦安殿，清代瀛台的翔鸾阁，河北正定隆兴寺内的明代龙泉井亭也是盝顶(图4-54)。

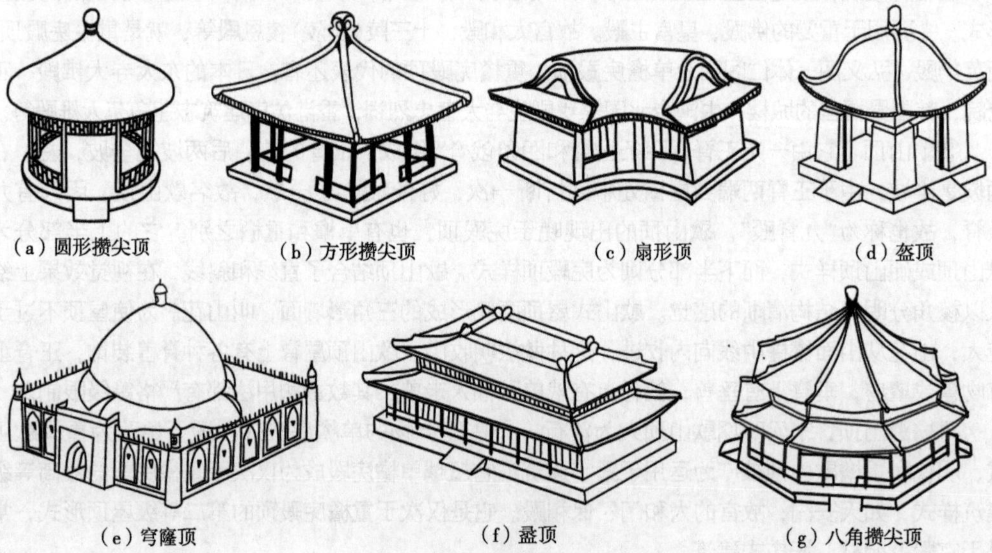

(a) 圆形攒尖顶　(b) 方形攒尖顶　(c) 扇形顶　(d) 盔顶

(e) 穹窿顶　(f) 盝顶　(g) 八角攒尖顶

图4-54　杂式建筑屋顶

(3)组合屋顶

除正式及杂式屋顶，还有一种为组合屋顶。组合屋顶多是由于建筑平面较复杂，从而使屋顶发生变化。从形态构成来看，主要是在庑殿、歇山、悬山、硬山、攒尖基本形式的基础上，通过人字坡、围护和端部结束形式的穿插组合，形成组合屋顶。可分为简单和复杂组合两种。

简单组合屋顶主要有抱厦、勾连搭(图4-55)及L顶、工字顶、十字顶、万字顶(图4-56)等。

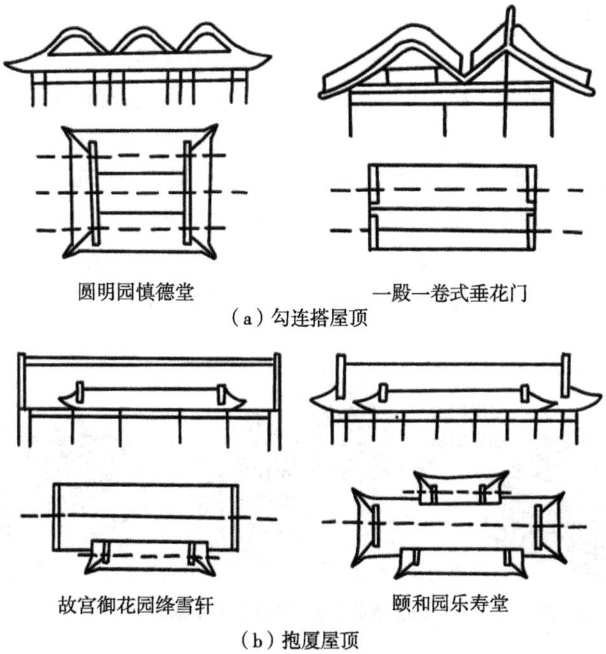

图 4-55 抱厦与勾连搭屋顶

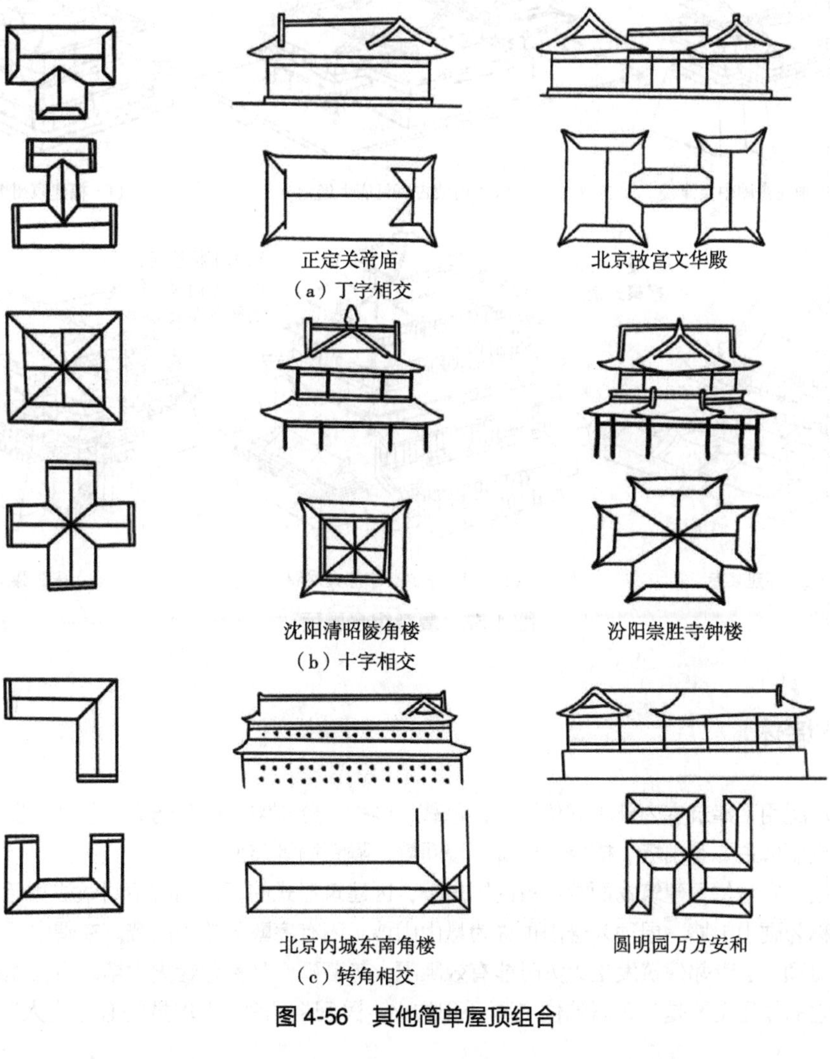

图 4-56 其他简单屋顶组合

抱厦，又称“龟头屋”。从平面上看，在主建筑一侧或两侧，局部向前突出一间(或三间)。从剖面上看，屋顶与主建筑可以采用勾连搭形式或丁字相交形式。

勾连搭。多个屋顶沿进深方向前后相连接，在连接处做水平天沟，使雨水向两边排泄的屋面做法。勾连搭使用于建筑进深较大，为降低房屋高度，则采用低屋面前后相连的形式。勾连搭与抱厦的不同之处在于，勾连搭为通长勾连，而抱厦的勾连则短于殿身面阔。

其他简单组合屋顶。主要有L形顶(转角建筑)、丁字顶、十字顶、工字顶、万字顶等。各类屋顶均为适应不同的平面而形成，参与组合的建筑屋顶呈纵横相交的状态。

还有很多建筑，其屋顶形式比L形、丁字形、万字形等更为复杂，主要呈平屋顶及各类坡屋顶上下叠置、高低错落、平行并列等多层次的组合关系(图4-57)。

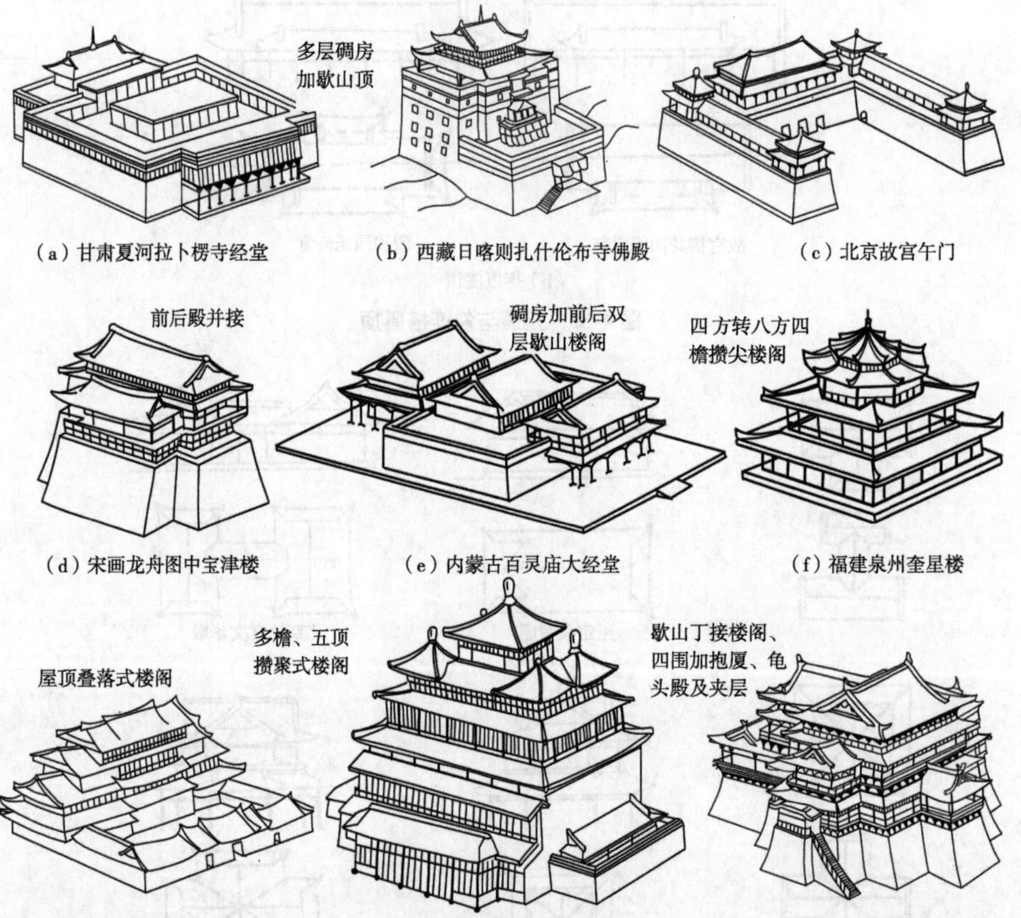

(a) 甘肃夏河拉卜楞寺经堂 (b) 西藏日喀则扎什伦布寺佛殿 (c) 北京故宫午门

(d) 宋画龙舟图中宝津楼 (e) 内蒙古百灵庙大经堂 (f) 福建泉州奎星楼

(g) 福建某寺 (h) 河北承德普宁寺大乘阁 (i) 宋画滕王阁

图4-57 复杂组合屋顶

4.3.7 墙体

墙体广泛用于建筑室内外不同位置，起承载、围护、分割空间以及防火、装饰、安全防御等作用。建筑墙体主要有山墙、檐墙、槛墙、扇面墙、隔断墙等类型。

①山墙 它是位于建筑物两端位置的围护墙，因建筑形式的不同而有不同做法和名称，屋顶为硬山顶称为硬山山墙，屋顶为悬山顶称为悬山山墙，还有庑殿与歇山山墙。在硬山顶建筑中若山墙伸出屋顶，当毗邻建筑发生火灾时能有效阻隔火势蔓延，又称为封火山墙。古代建筑一般都有山墙，它的作用主要是与邻居的住宅隔开和防火。民间俗语称“山墙扒门必定伤人”，这是因

为中国传统硬山式住宅的主梁是搭在山墙上的，而山墙常是承重墙，如果在墙上开门会使墙的承重能力下降，主梁有跌落的危险。山墙的装饰也十分重要，在古代，山墙与斗、拱、昂、柱一样，要装饰的规格及图案是受等级制度限制的，这在宋代《营造法式》一书中有详述。山墙的装饰也往往反映出主人的社会地位及其文化品位(图 4-58)。

图 4-58 故宫山墙

山墙有以下三种形制。

人字形：简洁实用，修造成本不高，民间多采用。

锅耳形：线条优美，变化大，仿照古代官帽形状修建，取意前程远大，因其形状像铁锅的耳朵，民间俗称镬(锅)耳墙。锅耳墙常用在祠堂庙宇，在一般百姓住宅也有运用，锦纶会馆等建筑为典型的锅耳形山墙。

波浪形：造型起伏有致，讲究对称，起伏多为三级，是锅耳墙的变形，更像古代的官帽，百姓基本不用。

②檐墙　它位于檐檩之下，是柱与柱之间的围护墙。在后檐位置为后檐墙，在前檐位置为前檐墙。官式做法中，前檐部位一般不设置前檐墙，多为槛墙与槅扇门窗。我国北方民居建筑中，前、后檐墙都有。

③槛墙　它位于建筑前檐或后檐位置，在槛窗踏板之下的墙体。

④扇面墙　它又称金内扇面墙，主要指前后檐方向上、金柱之间的墙体。

⑤隔断墙　它又称架山、夹山，其于前后檐柱之间与山墙平行的内墙。

4.3.8 彩画

由于中国古代建筑以木结构为主，为了避免日晒雨淋对木材的损害，人们在木材上涂刷油漆等涂料以保护木材。到战国时期，建筑彩画就已经发展成为一项专门的建筑装饰艺术。后经唐、宋、明各代发展，至清代达到顶峰。随时代发展，建筑彩画形成了三个重要的功能：保护木构、装饰美化、彰示建筑等级。建筑彩画种类众多、题材丰富，山水、楼阁、花卉、人物都能入画，历史典故、传奇故事也是彩画的常见题材。

彩画的演变伴随古建筑的发展，经历了由简单到复杂，由低级到高级的进化过程。由于年代久远，早期的实物难以保存下来，唐、宋、辽、金各代留存至今的遗存很少，元、明、清三代，特别是清代，是我国建筑彩画发展史上最活跃、硕果最丰盛的时期，遗存的历史原迹丰富，是研究古建筑彩画的重要依据。这一时期的彩画，大体可分为官式做法和地方做法两种。前者是当时建筑管理部门按照当时的等级制度和工料限额，直接组织官式工匠制造的一种定型的彩画，服务对象是皇家御用建筑、王公大臣府邸、敕建庙宇及京城衙署等。后者是民间工匠在不违背当时等级制度的前提下，绘制于地方衙署、庙宇和民居建筑上的一类比较活泼自然、不拘泥程式的彩画。两者做法不尽一致，但又互通互补。整体而言，代表这个时期最高水平、最具权威性的还是官式做法(图 4-59)。

官式做法的彩画从构图、内容、用色特征及装饰方式上都极为成熟，充分体现了中国传统建筑彩画的成就及中国传统文化的特点，与建筑一起达到了古建筑史上最后一个高峰，形成如下特点：①通过清工部的《工程做法则例》，高度统一了彩画做法及用工、用料等法式标准。②拓展了彩画表现方式，创造了具有时代特点、用于装饰不同性质建筑的 5 种彩画，即和玺彩画、旋子彩画、苏式彩画、宝珠吉祥草彩画、海墁彩画。③创造了各朝代彩画沥粉贴金之最，极大提高了彩画绘制工艺中的用金量，以彩画有金与否、贴金量大小，作为衡量彩画等级的重要标准。④表

图4-59 和玺彩画

现工艺多样，创造了分贴两色金、浑金、片金、大点金、小点金、描金不贴金及金琢墨攒退、玉做、切活、退烟云、吉祥图案、写实性绘法等多种工艺手法。⑤创立了于大木方心式彩画，按分中、分三停绘制制度。

根据梁枋大木构件上的构图和画法来分类，清代有三大官式彩画，即和玺彩画、旋子彩画和苏式彩画。

①和玺彩画 清代古建筑中最高等级彩画。它是在明代晚期官式旋子彩画日趋完善的基础上，为适应皇权需要而产生的新的彩画类型。画面中象征皇权的龙凤纹样占据主导。构图严谨、图案复杂，大面积使用沥粉贴金，花纹绚丽。和玺彩画用金量极大，主要线条及龙、凤、宝珠等图案均沥粉贴金。其花纹设置、色彩排列和工艺做法等方面都形成了规范性的法则，如“升青降绿”，即找头上绘龙纹时，若衬地为青色，则绘升龙；若衬地为绿色，则绘降龙。另外，在枋心、找头、盒子及平板枋、垫板等构件不绘施锦纹和花卉，而遍绘龙纹、凤纹、西番莲纹、吉祥草纹及仅用于重要佛教庙宇的梵文等纹饰。

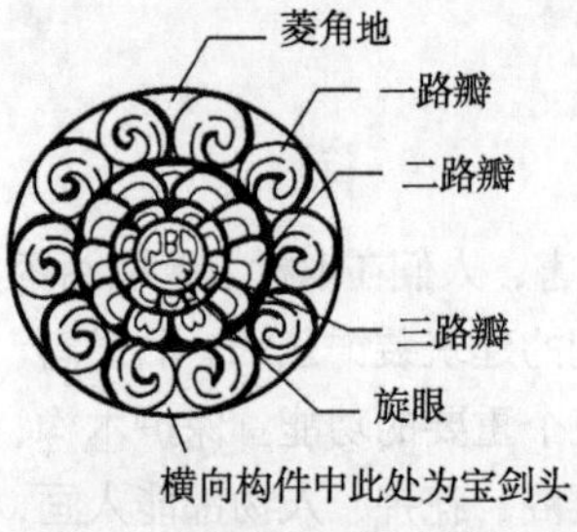

图4-60 旋花彩画各部分名称

②旋子彩画 其等级次于和玺彩画。因找头之内使用带漩涡状的几何图案，故称为“旋子”或“旋花”。旋花各层花瓣从外到内分别称“一路瓣”“二路瓣”“三路瓣”“旋眼”（“旋花眼”）（图4-60）。清代旋子彩画是在明代旋子彩画的基础上演变而成，这类彩画品种繁多，既可以很素雅，也可以非常华贵。它使用广泛，坛庙的配殿及牌楼等建筑物都用这种彩画（图4-61）。

图4-61 旋子彩画

旋子彩画不论等级高低，找头中的旋花纹饰是不能改变的，而枋心、箍头及盒子等部分的细部花纹随等级高低而变化。枋心内纹饰从高到低依次为：龙纹、龙凤纹、凤纹、锦纹、夔龙纹、卷草纹、花卉纹等，最低等级则只画一黑杠压心，称“一统天下”枋心，有的甚至不绘任何纹饰而裸露底色。

③苏式彩画　它是装饰园林和住宅建筑的一种彩画，因源于江南苏州、杭州地区民间传统做法，故名“苏式彩画”。明永乐年间营修北京故宫时，大量征用江南工匠，苏式彩画因此传入北方。历经几百年变化，苏式彩画的图案、布局、题材及设色等均已与原江南彩画不同，尤以清乾隆时期的苏式彩画色彩艳丽、装饰华贵，又称“官式苏画”。苏式彩画内容生动活泼，贴近生活，适于装饰园林及某些生活区建筑，如亭、台、廊、榭及四合院住宅、垂花门的额枋上(图 4-62)。

除梁枋外，斗拱、垫拱板、角梁、天花、椽望及平板枋、由额垫板等露明构件，它们与梁枋一样，也要绘以彩画。这些构件的彩画，繁简不一，但其做法都要与大木构件相配合。

图 4-62　苏式彩画

4.3.9　藻井

中国传统建筑中天花板的一种装饰，为屋顶顶棚的一种形式，形制做法比普通天花复杂，是平顶的凹进部分，有方格形、六角形、八角形、圆形，上有雕刻或彩绘，常见的有“双龙戏珠”，位于殿堂天花中心位置，起重点装饰作用。藻井是一种具有神圣意义的象征，只能在宗教或帝王建筑中应用，在宫殿、寺庙中的宝座、佛坛上方最重要部位，与宫殿中帝王御座和佛殿中佛像位置上下相对应。主要用于宫廷建筑、宗教建筑、坛庙建筑、农村祠堂、会馆等，如北京故宫太和殿、养心殿、万春亭、千秋亭，沈阳故宫大政殿，清真寺等均有藻井(图 4-63、图 4-64)。

图 4-63　北京故宫藻井

图 4-64　北京先农坛藻井

木结构建筑怕火，由于当时生产力低下，人们还缺乏避免自然灾害的有效手段，于是努力从多方面表达自己的愿望，殿堂、楼阁建筑中对藻井的特殊处理就属此类。屋顶正脊常用鱼龙做正吻，室内藻井用荷菱类植物做装饰。藻井之名，含有五行以水克火，预防火灾的意思。在殿堂、楼阁最高处作井，同时装饰以荷、菱、藕等藻类水生植物，都是希望能借以压伏火魔。

复习思考题

1. 中国传统建筑形成发展的主要阶段有哪些？
2. 简述中国传统木结构建筑体系，其结构主要有哪几种类型？
3. 中国传统木结构建筑的基本组成及主要构件有哪些？
4. 中国传统木结构建筑的屋顶有哪些种类？有何意义？如何分辨？
5. 什么是斗拱？其有何特征？在传统木结构建筑中有何作用？
6. 中国传统建筑木结构的主要特征是什么？
7. 举例说明中国传统木塔和木桥有什么特点。
8. 为什么中国传统建筑大多是木结构？

第5章
现代建筑与木结构

【本章重点】

1. 现代木结构建筑特点。
2. 现代木结构建筑构造。
3. 装配式建筑功能及特点。

5.1 现代木结构建筑概述

木材是人们生活中最常用的材料之一。在历史长河中，许多以木为主题的文化作品得以留传，极大程度上丰富了木的人文内涵。木质材料本身就与传统文化和哲学息息相关，建筑中所采用的木结构也与传统哲学思想相契合。将这种中国文化推广到全世界，是提升中国文化全球影响力的重要途径。现代建筑大师 Wright 认为“最有人情味的材料便是木材”。

现代木结构建筑不单单是将建筑物视为单一的个体安插在环境里，这种标新立异不是现代木结构建筑所追求的。将木结构建筑物与环境融合，从而达到“天人合一”的建筑理念，与中国传统哲学中“此中有彼，彼中有此，彼此是一个整体”的宗旨是相一致的。现代木结构建筑很多是由传统榫卯结构构建的，即便建筑物的跨度、等级、体量有所不同，也只是在原有体系上发生一些变化，“以不变应万变”便是暗藏在现代木结构建筑中的传统哲学思想之一。

木结构以其优良的环境特性一直备受人们喜爱。木结构建筑有着独特的文化背景，是传统建筑文化中的重要元素，并与人们生活环境、生活方式以及工作环境有着密切联系。木结构建筑具有节能、环保等优点，在新工艺和新理念的支持下，木质材料以其独特的方式诠释着现代建筑，展现出它特有的自然魅力。

5.1.1 现代木结构发展概述

木结构建筑在近代历史进程中断层 20 年之后，伴随新中国的发展建设、现代木结构体系的传入及全球生态环境面临压力，木结构的发展又重新焕发生机。

(1)我国现代木结构建筑的发展

新中国成立之初，百废待兴，这一时期的建设活动主要集中在修补过去战争中遭到破坏的建筑，并兴建一批急需建筑。受勒·柯布西耶的光辉城市、高层集合住宅理论，格罗皮厄斯的“行列式集合住宅”理论以及 1933 年《雅典宪章》功能城市组织结构理论等西方现代主义建筑和城市规划理论的影响，我国大量建设了投资较少的“工人新村”，这些新村住宅区别于中国传统木结构建筑，具有现代主义建筑的特点，如曹杨新村为二层联列式砖木结构建筑。此外，我国还建设了少量文化、教育、医疗、商业和观演建筑，都不再单纯采用传统木结构，如同济大学的文远楼采用了混凝土框架结构。

图 5-1 重庆市人民大礼堂穹顶钢结构之上的木屋盖系统

20 世纪 30 年代，苏联主张反对以“构成主义”为代表的现代主义思想，宣扬民族形式复古建筑，并影响了我国。这一时期以大屋顶为典型代表，如重庆市人民大礼堂穹顶钢结构之上的木屋盖系统(图 5-1)，以 36 榀木屋架为主承重结构，木屋架的竖腹杆下端通过栓锚连接在穹顶钢结构节点上。这类民族形式建筑巧妙地运用了现代建筑材料及技术，解决了传统木结构建筑跨度受限的问题，顺应了当时传统复兴的建筑潮流。

由于经济条件的制约，从 1955 开始，我国建筑开始注重经济、实用，复古建筑不再是主流，国内建筑出现简约化的倾向，建设速度加快。由于木材加工简单、取材方便，砖木结构占相当大的比重，运用比例甚至达到 46%。这种结构以砖石作为外部承重墙，内部使用木柱承重，使用木架楼板、两坡顶木屋架，与传统木结构相比，这种结构更加合理、技术简单，因此得到广泛运用。

20世纪70年代，我国木结构建筑、砖木结构逐渐被混凝土框架结构、钢筋混凝土结构替代。

(2)现代木结构的技术创新

北美洲拥有丰富的木材资源，由于工业化生产和新材料、新技术的不断发展，以加拿大等国家为代表广泛使用的现代木结构，已发展成为技术含量高、系统完善、符合绿色环保要求的建筑体系。随着我国经济高速发展和建筑业对可持续、工业化的追求，现代木结构在我国建筑业再次受到广泛关注。

工业技术的发展克服了木材本身的缺陷，使木材在建筑中的应用形式更为广泛。人们在天然木材的基础上开发了复合木材，如正交胶合木(CLT)。与各项异性的木材相比，CLT在材料的主方向和次方向均具有很高的强度，能够有效阻止连接件劈裂，还改善了传统木结构建筑的弱点。使用木材作为结构材料的建筑，在建造、使用直至回收整个过程中的能耗都低于使用其他材料的建筑。地震时，建筑受到的地震力与建筑重量成正比，由于木结构相对其他结构体系的建筑物质量较轻，发生地震时作用小，房屋倒塌时对人产生的伤害也相对小。同时，现代木结构建筑采用装配式施工，工厂预制的木结构组件和部件可进行现场组装，施工效率高、周期短、人工成本低。

后现代主义于20世纪70年代起对我国建筑文化产生深远影响，它是现代主义建筑理论的部分修正和扩充，是现代主义在形式和艺术风格方面的一次演变。如今，材料的发展和技术的进步，更为木结构建筑响应后现代主义、反映时代建筑风格与展现个性提供了机会。近年来，西方现代木结构在产业化生产、设计与施工、工程木产品的研发与应用方面发展迅速。复合木材的使用解决了木结构的技术瓶颈，现代木结构建筑正朝着高层和大跨度的方向发展。

(3)木结构对现代建筑发展的适应性

我国自古以来就有“天人合一”的思想。人作为环境的一部分，生存于环境之中，又影响和改造着环境。尤其在建筑方面，建筑是人类最富有环境性的一项内容，它充分体现着人与自然、建筑与环境的融合。建筑与环境有着密切关系，建造一栋建筑就意味着与周边环境发生关系，从而导致一系列的相互作用，进而形成自然环境系统与建筑环境系统之间的动态交换。从气候、地形等宏观因素到使用者对建筑的微观调控，都会对上述系统物质交换产生影响。建筑环境设计主要是解决建筑自身与周围环境的关系，建筑师们对寻求建筑与自然环境的和谐进行了深刻探索，通过对室内外空间、环境进行艺术处理以及绿化景观的变化、统一，从而达到人文、环境、发展的和谐统一。

从国内外可持续发展的状态分析，木结构建筑符合可持续、绿色、生态、节能的建筑要求，是能够顺应环境的人居形态。木结构建筑营造的木质环境只有通过人类活动才有意义，其设计建造一定要考虑人与环境之间的互动关系。木结构建筑所营造的居住环境对人类的影响与其原材料——木材密不可分。木材是天然的生态环境材料，木材构成的木质环境以其物理或化学特性作用于人，从而引起人们心理和生理的反映，主要包括其室内居住环境的空气质量、温度、湿度以及环境声、光、色等的调节作用。因此，随着木材科学研究的不断深入和发展，相关研究人员陆续开展了关于木质环境对人类生活和居住环境健康性、舒适性影响的研究。利用受益分析法和网络分析法，对人的满足度、影响度、认识度对环境的影响进行问卷调查。进一步利用心理生理学实验，分析木结构住宅与混凝土住宅居住性的高低。

木材作为天然、可再生的建筑材料，不仅可以改善室内微环境，提升居室的舒适和温馨感，还可以对外界生态环境产生一定积极作用。木结构建筑在节能、抗震、环保、耐久等方面的性能，均优于钢筋混凝土结构建筑。从国内外可持续发展的状态分析，木结构建筑从原材料采伐、加工制造、现场安装，到消费者使用维护、拆除，再到最后回收再利用，都符合可持续、绿色、生态、节能的建筑要求，能够顺应环境的人居形态。目前，加拿大和日本等发达国家建筑中木结构的使用十分普遍，在木结构性能以及应用研究等方面也都已经取得了一定成果。我国的传统建筑以木结构为主，轻型木结构房屋在发达国家发展了近百年，该居住建筑形式在我国出现较晚

(图5-2、图5-3)。人们不断追求和创造建筑环境的进步和深化，同时倡导木质资源的科学有效利用，关于木结构建筑的相关研究随时代发展应运而生。

图5-2 德国桁架式木结构房屋

图5-3 昆仑绿建现代木结构低碳示范建筑

5.1.2 现代木结构建筑分类

与传统木结构建筑相比，现代木结构建筑是指建筑的主要结构部分由木方、集成材、胶合木、木质板材等木质材料所构成的结构系统，是经历了古代梁柱式(抬梁式、穿斗式)小跨度结构发展而来，但又与之截然不同的建筑体系。现代木结构建筑是从取材、加工、设计、安装均融入科技成分，已成为传统营造概念和现代科技的完美结合物。现代木结构建筑营造体系，已经形成一套成熟的行业标准和规范，合理的产业链分工，具有成套专业技术和熟练的产业技术劳动者。

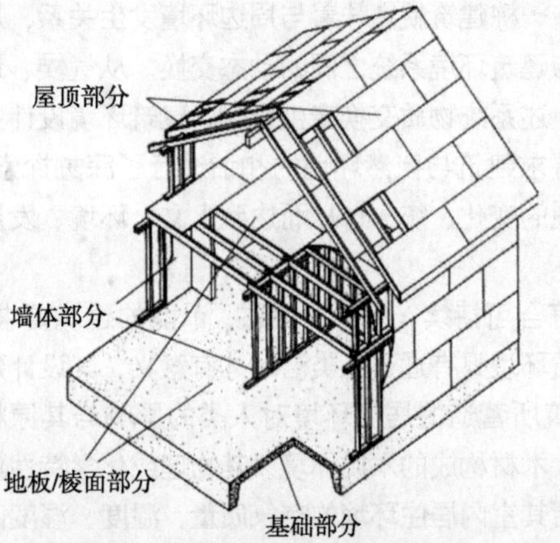

图5-4 木结构建筑的主体结构

现代木结构建筑是以木材为主而制作的结构或结构体系，木结构建筑是由天然木材或木质材料组成，并单纯由木材或主要由木材承受荷载，通过各种榫卯或金属连接件进行连接和固定的结构体系。以木材为主要结构材料，木结构的结构、形式、性能等均受材料本身条件的限制，体现出固有特征。

木结构建筑构件的组合构成了木结构建筑的各个主体结构。木结构建筑以基础、墙体、地板及楼面、屋顶为主体结构(图5-4)。

木结构建筑的基础以钢筋混凝土为主要材料，提供作为搭建上层木结构的平台，同时承受建筑物的全部荷载，并起到锚固整栋建筑的作用。为了节约成本、实现可拆卸性，近年来还出现了墩柱型基础；为向高层建筑发展，有些木结构建筑以地下层或一层砖混高墙为基础。

(1)按构造形式分类

①梁柱式结构体系(重型木结构、梁柱工法、再来工法)。

②轻型木结构体系(2×4 结构、2×4 工法)。

③井干式结构体系(井干式工法、木刻楞工法、原木结构)。

(2)按结构形式分类

①重型梁柱木结构　重型木结构是指用较大尺寸或断面的工程木产品作为梁、柱的木框架，墙体采用木骨架等组合材料的建筑结构，其承载系统由梁和柱构成。

②轻型桁架木结构　轻型木结构是指用标准的规格材、木基结构板材或石膏板制作、建造的

木框架单层或多层建筑结构，其承载系统由木构架墙、木楼盖和木屋盖构成。目前国内木结构主要以轻型木结构建筑为主，其常用形式又可分为4类：多层木结构混合建筑，其中木结构部分在其他结构体系的上部且不超过3层。多层民用建筑，采用木屋盖（含既有建筑平改坡体系）。钢混木结构混合建筑，钢筋混凝土框架结构与非承重木骨架外墙、内隔墙、木楼盖中的一种或多种组合。单层或者多层木结构建筑，主要采用由木方、集成材、木竹板材等工程木所构成的结构形式。

③井干式木结构　现代井干式木结构的做法与传统木结构相近，但在单元材料形式上，由原来的原木为主，转变为原木、矩形截面等多种形式，且连接方式、密封技术等也有了进步。

（3）按木结构适用场所及用途分类

①公共木结构建筑　广泛采用于宗教、工业、商业、学校、体育、娱乐、交通、车库等建筑。

②民用木结构建筑　可用于独户木屋、别墅、低层公寓等建筑。

③景观木结构建筑　用于凉亭、长廊、花架、木桥、栈道等。

（4）按木结构连接方式和截面形状分类

①榫卯连接木结构　中国传统木结构的一种连接方式。

②齿连接的原木或方木结构　以齿槽压杆结构承压和受剪传力，用于桁架节点的连接方式，加工简便，发展最早，应用最广。

③钢键连接的板材结构　常有裂环、剪盘、齿环和齿板等4种，多用于桁架节点和接头连接。

④螺栓或钉连接的板材结构　利用螺栓和钉受弯以及木材受挤压的良好韧性，多用于跨度较大的屋盖结构。

⑤板销连接的木结构　用板片状销阻止被连接构件的相对移动，板销主要在顺纹受弯条件下传力，具有较高的承载能力。

⑥螺栓球节点连接的木结构　新型钢木结构，木材为主材，钢结构螺栓球节点为连接，通过铰接形式形成空间铰接杆件体系，从而将木结构应用领域从传统房屋拓展到大跨度空间结构。

⑦胶合木结构　它包括层板胶合结构和胶合板结构，是木结构的主要形式，多用于大跨度的房屋。

5.1.3　现代木结构建筑特点

（1）可持续性、环保性

木材是唯一可再生的重要建材，木结构建筑特点是可拆卸和整体移动。加拿大等国家对木材从种植、砍伐到加工，都有非常严格的规定。经过防腐、防火、防虫处理的木结构建筑，在能耗、温室气体、空气和水污染以及生态资源开采方面，其环保性远优于砖混结构和钢结构，是公认的绿色建筑。

（2）设计灵活、美观舒适

木材为天然材料，绿色无污染，不会对人体造成伤害，材料透气性好，能够保持室内空气清新及湿度均衡，木结构建筑还可以进行个性化室内外设计，美观舒适。木材强重比高，可加工性强，对各种造型的表现能力是其他建筑材料望尘莫及的。这使木结构适用于几乎所有的建筑风格、造价范围及功能，并可满足不同室内外装饰的要求。它能以经济的方式添加凸墙、阳台、凹壁和其他增添情趣和魅力的设计要素，屋顶形状的设计尤为如此，使设计师、建造者在不超出项目预算的条件下，建造出满足环境和市场需求且风格独特的建筑。

（3）保温隔热、节能固碳

木材本身的蜂窝状微观结构，使其具有出色的隔热性能。木结构墙体和屋架体系由木质规格材、木基结构覆面板和保温棉等组成。测试表明，150mm厚的木结构墙体，其保温能力相当于610mm厚的砖墙。木结构建筑相对混凝土结构，可节能50%~70%。因此，木结构更容易达到高标准的节能要求。

(4)建造容易、工期短

木结构采用装配式施工，这样的施工方式对气候的适应能力较强。与混凝土结构相比，木结构取材方便、施工容易、建设工期短，从而大大节省时间成本。一个有经验的木结构建造商，建造一座普通尺寸的3层单户住宅只需要10~12周。

(5)安全、耐久性好

不同构造的木结构可通过石膏板等保护装饰性材料，使木结构的耐火时间从45min提高到1.5h，满足中国建筑防火规范一般对耐火时间规定1h的要求。另外，同其他建筑结构相比，木结构在地震时极少发生结构性损坏，维护结构与支撑结构相分离，抗震性能较高，从而减少了人员伤亡事故的发生。1995年，日本神户大地震导致大量房屋倒塌，造成14亿美元的损失，而采用北美现代木框架方法建造的建筑基本未受影响。木结构和机械紧固技术的结合运用，使得现代木结构可以很好地抵抗强风暴雨和地震等自然灾害。

(6)得房率高，易于整修

由于墙体厚度的差别，木结构建筑的实际得房率比普通砖混结构高5%~7%。且木结构建筑容易改造整修，这有益于新房买主和现有房卖主。木结构允许他们经济地改造房屋以适应使用需求的变化。虽然目前木结构住宅技术在我国刚刚起步，行业规模也较小，但随着社会对住宅产品需求趋于多样化，顺应住宅建筑理念的木结构技术会有很大的发展空间。从发展现状和趋势来看，大量本土化、功能全、价格低、舒适环保的木结构建筑会在我国市场大量出现并持续发展。

5.1.4 现代木结构防护措施

各种木材均有受菌虫侵害的可能性，应采取预防措施，提高耐久性和扩大使用范围。保护措施主要是根据害虫习性、害菌的生活条件、木材特性、使用环境的不同，遵循预防为主、防治结合的方针。经正确设计、完善施工与定期维护的木结构建筑可以经久不损。

(1)设计防护

木结构建筑的材料取之于大自然，它在体现绿色环保的同时，也体现了人与自然和谐相处的发展理念。一方面，木结构材料的使用可以降低污染，节约社会资源，保持生态平衡；另一方面，可以让环境更加亲近于大自然，给人们一种身临大自然的感觉。设计者应该将木质材料的抗自然灾害性、实用性以及审美方面高度结合到一起，在合理利用自然资源的前提下，对木结构建筑进行最大化设计，使建筑具有价值的同时又具很强的实用性。同时，通过合理的设计，来实现抗震、抗风等自然灾害，从而建造出一个既美观又具备大自然气息的现代木结构建筑。

(2)防腐措施

造成木结构建筑腐朽的原因主要来自木腐菌，此类细菌的生长条件包含以下几点：一是湿度要求。一般来讲，当木材内部含水率高于20%就容易生长木腐菌，其最佳的生长湿度为40%。二是空气要求。如果木材内含氧量超过15%，就容易生长木腐菌。三是温度要求。对木腐菌研究发现，其生长温度大致为2~35℃，如果木材温度处于这一区间则绝大多数的木腐菌都可以生长。因此在一年中的大部分时间内，木腐菌都处在适宜生长的状态。四是养料要求。木材的主要成分为纤维素，约占整体的50%，同时木质素也占整体的30%，剩余部分为半纤维素和少量的灰分、空气及水，这些都为木腐菌的生长提供了良好的养料与条件。上述条件中，只要消除一方面，木腐菌就无法继续生存、繁殖。由于在建筑物内，温度、空气都是无法操控的，所以，想要预防木竹结构出现腐蚀，最本质的方法需要由结构入手，将木材置于通风、干燥的环境，并且尽量做好防腐措施。

(3)防火措施

现代木结构建筑作为一个完整成熟的建筑体系，有着完善的防火措施和配套的建筑防火规范要求。GB 50016—2014《建筑设计防火规范》对现代木结构的高度、建筑面积、适用类型、建筑物之间的防火间距、构件的耐火极限、消防设施配置等被动和主动防火技术要求，都有非常明确的规定。

现代木结构建筑的防火应有配备完善的措施，除了要求木结构构件满足相应的耐火极限要求外，还要考虑到：需针对不同使用功能的木结构建筑配置自动喷水灭火系统、火灾报警系统、建筑灭火器、消火栓灭火系统等合理、完备的主动消防措施。管道、电气线路应考虑足够的防火保护措施等必要因素。

国内外的建筑规范要求都根据结构类型、建筑使用目的和使用者的数量对现代建筑规定了明确的防火要求。首先，要提供足够的时间和逃生设施使人们能逃离火灾；其次，结构应该维持足够的时间以便灭火队员进行灭火；最后，应保护建筑本身和邻近的建筑。

木结构建筑有多种方法来满足这些要求。一是木结构材料。使用大尺寸的胶合木作为结构材料，可减少尖锐的凸出边缘以及建设过程产生的可能让高温空气通过的缝隙。当暴露在火焰中时，木材表面将形成炭化层，这一炭化层可以防止构件内部受高温侵袭。如果没有外部的燃烧元素如氧气、油料等的持续补充，炭化层就能使火焰自然熄灭。当然，这种自动阻燃的方法禁止在隐蔽的空间使用，因为木构件可能含有闷燃的灰烬，也许会使结构重新燃烧。二是结构设计。可以使用墙壁、楼板、天花板和屋顶的防火层组合方式。采用了结构上的全封闭和内墙壁的石膏板装修，所以其防火性能和砖石或钢混的住宅的防火性能一样。石膏板不仅能自然调节室内外的湿度，同时也是极好的阻燃材料。楼板或者屋顶等多层结构系统可以防止高温空气通过，这样就可以阻止新鲜空气助燃。木构件可以被封闭在一个防火层中，防止它们暴露在火焰之中。暴露在火焰中的木材将自然地形成一个阻燃炭化层，保护内部未燃烧的部分。与其他类型的结构材料相比，在周围温度不断上升的过程中，木材的机械性能还表现出若干优点。当被加热时木材构件不会延展，能够维持相当的刚度。其他类型的结构材料虽然被描述为加热时不易燃烧，但它们在高温下的变形可能破坏其他的结构元素而导致建筑的倒塌。而木材构件因为内部未炭化的部分将维持其强度和刚度，并且在破坏时会有预警，建筑使用者可以获得一定的逃离时间，提高了救援成功的可能性。三是物理防护防火。目前市场上有一些适合木结构构件外表涂护的防火涂料，最薄厚度可达到 1mm，最长耐燃时间达到 2h。其用于可燃性基材表面，能降低被涂材料表面的可燃性、阻滞火灾的迅速蔓延，用以提高被涂材料耐火极限。防火涂料的使用要注意施工方法技巧，符合要求的高质量施工可有效地提高木材的耐火极限，为建筑失火后提高一定的逃生时间。

5.1.5 木结构建设标准规范

国内现行木结构建筑标准规范体系已完备(表 5-1)，可满足从建筑设计、施工验收、防火、多高层、装配式木结构等全面要求。相关图集图册、木材及木制品标准、地方标准已陆续出台，可满足现有市场。国家建筑规范管理小组也积极为修订工作提供建议与意见。

表 5-1 木结构工程建设国家及行业标准

序号	标准名	标准号
1	《木结构设计标准》	GB 50005—2017
2	《木结构工程施工质量验收规范》	GB 50206—2012
3	《建筑设计防火规范》	GB 50016—2014(2018 版)
4	《多高层木结构建筑技术标准》	GB/T 51226—2017
5	《装配式木结构建筑技术标准》	GB/T 51233—2016
6	《木结构工程施工规范》	GB/T 50772—2012
7	《木骨架组合墙体技术标准》	GB/T 50361—2018

（续）

序号	标准名	标准号
8	《胶合木结构技术规范》	GB/T 50708—2012
9	《轻型木桁架技术规范》	JGJ/T 265—2012
10	《木结构试验方法标准》	GB/T 50329—2012
11	《古建筑木结构维护与加固技术规范》	GB/T 50165—2020

5.2 现代木结构建筑构造

5.2.1 井干式木结构

井干式木结构是一种不用立柱和大梁的木结构，以截面经适当加工后的原木、方木、胶合木为基本构件，水平向上层层咬合叠加组成的墙体，又称原木结构(图 5-5)。这种结构以圆木或矩形、六角形木料平行向上层层叠置，在转角处木料端部交叉咬合，形成房屋四壁，形如古代井上的木围栏，再在左右两侧壁上立矮柱承脊檩构成房屋。

图 5-5 井干式木结构

井干式结构采用原木经过粗加工建造而成的，较为原始、粗犷，方法也更为简单，与北美圆木屋有较多相似之处。其具体的建造方法是将原木粗加工后嵌接成长方形的框，然后逐层再制成墙体，再在其上面制作屋顶。将圆木或半圆木两端开凹槽，组合成矩形木框，层层相叠作为墙壁，实际是木承重结构墙。

井干式结构，在绝对尺度和开设门窗上都受很大限制。云南南华井干式结构民居是井干式结构房屋的实例。它有平房和二层楼，平面都是长方形，面阔两间，上覆悬山屋顶。屋顶做法是左右侧壁顶部正中立短柱承脊檩，椽子搭在脊檩和前后檐墙顶的井干木上，房屋进深只有二椽。

这种方式由于耗材量大，建筑的面阔和进深又受木材长度的限制，外观也比较厚重，应用不广泛，一般仅见于产木丰盛的林区。中国只在东北林区、西南山区尚有个别使用这种结构建造的房屋。

5.2.2 轻型木结构

轻型木结构是指主要由木构架墙、木楼盖和木屋盖系统构成的结构体系。

轻型木结构墙体一般都由墙骨框架和墙面板组成，墙骨柱间填充保温、隔音、防火材料并预敷各种线路和管道。墙骨框架由间隔布置的墙骨柱以及顶梁板、底梁板组成，其截面尺寸和间隔密度因设计承载能力的不同而相应变化。轻型木结构墙体有承重性和非承重性之分，承重性墙体常以承重性板材为墙面板，非承重性墙体则常以水泥、石膏刨花板、石膏纤维板或普通刨花板、纤维板、胶合板或企口实木板等做墙面板。承重性墙体要求其在承受竖向荷载的同时可承受横向荷载，以抵抗地震、暴风等带来的水平剪力，故而也称为剪力墙。墙体为室内外装修提供附着基体；外墙则需要用防水材料作外防水墙面。

楼盖结构有基层楼盖结构、二层及以上的楼盖结构(图 5-6)，其作用一方面为居住提供平面，另一方面为上层建筑的搭建提供平台。楼盖主要由楼盖搁栅和楼盖面板组成，搁栅梁之间设有剪刀撑。楼盖结构坐落在下层承重墙的顶梁板。为了减小跨度，可在下层墙顶标高处加设大梁，作为楼盖搁栅的中间支撑点。

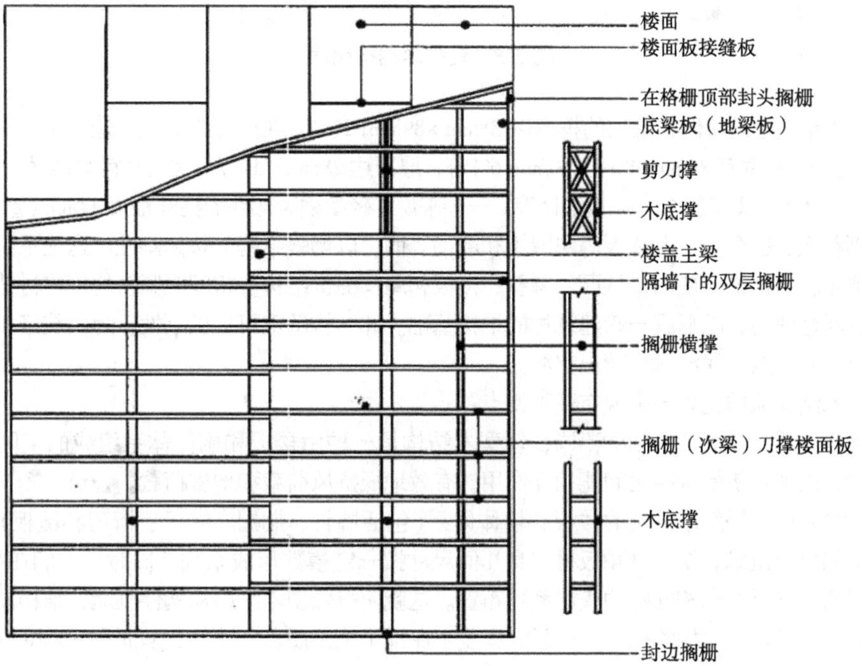

图 5-6 楼盖结构

屋盖结构主要由屋盖板、屋脊梁、椽条、顶棚搁栅或屋架、防水层、保温隔热层组成(图 5-7)。屋盖结构往往坐落在承重墙体上。屋架的底面供吊顶。屋脊梁、椽条、天棚搁栅多采用规格材，屋架常在专业工厂中预制，屋盖板常用胶合板、定向刨花板等承重性板材。

轻型木结构适用于 3 层及以下房屋建筑(图 5-8)。当采用轻型木结构时，应满足当地自然环境和使用环境对建筑物的要求，并应采取可靠措施，防止木构件腐蚀或被虫蛀，确保结构达到预期的设计使用年限。

轻型木结构的平面布置宜规则，质量和刚度变化宜均匀。所有构件之间应有可靠的连接和必要的锚固、支撑，保证结构的承载力、刚度和良好的整体性。

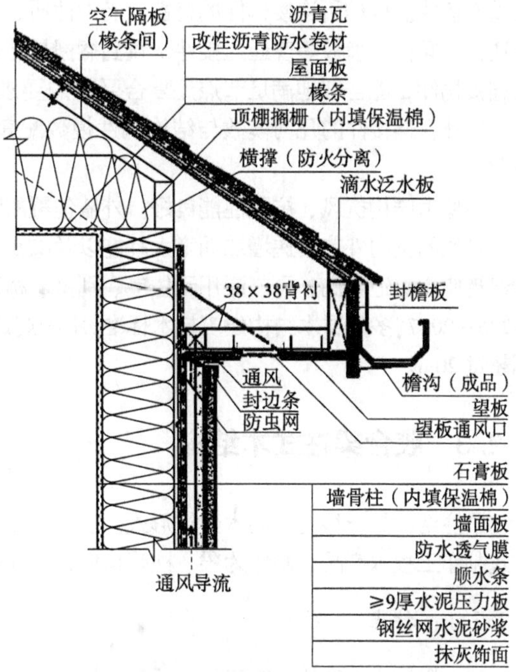

图 5-7 屋盖结构

图 5-8　轻型木结构民居

轻型木结构框架墙体和屋顶的框架以 38mm ×89mm(2″×4″)规格材为基础建造。规格材常用厚度为 38mm(2″)；宽有 89mm(4″)、140mm(6″)等，厚可达 286mm(12″)；常用材料有锯材、层积材、集成材、胶合木、正交胶合木、重组材等。一般来说，轻型框架部件的柱间距≤600mm(2′)。随后用定向刨花板、胶合板、人造板等包覆墙和屋顶表面，以增强结构的整体刚性。这些主要的结构部件与覆盖层组件统一使用，从而为墙壁、楼板和屋顶提供结构。将间距紧密的规格材结构部件和覆盖层联合使用，以形成一幢建筑物的结构基础。此结构基础可提供刚性，为内装修和外包层提供支持，并为放置保温材料留出空洞。

轻型木结构从结构本身来说有以下特点：

①结构体系　与梁柱木结构不同，轻型木结构是一种由楼板和墙体体系组成的空间箱形结构。这种结构形式使得构件之间能相互作用，有效地抵抗风荷载和地震荷载。

②结构构件　轻型木结构的楼板和墙体体系(包括墙骨、搁栅、椽子、桁架和覆板)由一系列规格材和板材组成。规格材和板材本身几何尺寸按一定模数形成系列，同时，它们在结构中，构件之间的位置尺寸也按同样的模数系列布置。这就使得轻型木结构从构件制造，结构设计到施工均能形成标准化。结构的标准化从最大程度上保证了施工质量和速度，从而有效地降低了建造成本。

③结构构件连接　与传统概念上梁柱木结构的连接不同，轻型木结构构件之间的连接均采用金属连接件。根据所连接构件的材性、受力性质、使用环境以及几何尺寸，轻型木结构采用了从普通钉、螺栓、齿板等普通连接件一直到搁栅悬挂件和抗震加强节点构件等特种连接件。使用金属连接构件，能合理地满足节点处复合受力的要求，很大程度上减小了因变形而引起的构件开裂。另外，连接件的几何模数与结构构件模数配套，从而保证了木结构的安装速度、质量和产业化。

轻型木结构抗风、抗震性能良好。外墙包覆的呼吸纸可帮助形成全屋气密系统，以防止空气泄露导致的室内外热传递增加而增大耗能以及减少雨水侵蚀提高建筑的耐久性能。并且轻型木结构建筑使用舒适度高，可广泛用于住宅、别墅、移动木屋、公园、农房改造项目等。根据 GB/T 51226—2017《多高层木结构建筑技术标准》中的规定，轻型木结构最高允许建造 6 层，檐口高度不超过 20m。

5.2.3　胶合梁柱式木结构

梁柱结构是一种传统的木建筑形式。现代木结构建筑中，梁柱构件通常将单元材料通过胶合方式制作工程木产品，制作为梁、柱等构件，因此称为胶合梁柱式木结构或胶合木结构。

5.2.3.1　特点

胶合梁柱式木结构由跨距较大的梁、柱为主要的传力体系，无论竖向荷载，还是水平荷载，都由梁柱结构体系承受，并最后传递到基础上。其梁柱尺寸较大，墙体无须承载，可自由划分室内空间。通常采用实木(原木或方木)、胶合木等材料制作梁、柱、檩条，用木基结构板材作为楼盖与屋盖的覆板，采用金属紧固件来连接构件各部分。梁柱式木结构被广泛应用于宗教、居住、工业、商业、学校、体育、娱乐、公共建筑中。

常见的工程木产品有层板胶合木(glued laminated timber, GLT)、正交胶合木(cross laminated timber, CLT)、层板钉接木(nail laminated timber, NLT)，这些都是胶合木结构的主要承重构件。层板胶合木主要应用于单层、多层的木结构建筑，以及大跨度空间的木结构建筑的梁和柱。正交胶合木因其平面外双向相同的力学特性，广泛应用于板式结构如剪力墙、楼面板和屋面板等(图 5-9)。层板钉接木多用于楼面板、屋面板和墙板，定向刨花板覆盖于 NLT 板上，并用钢钉可靠连接之后，可提供平面内刚度和横向隔膜的抗剪能力。NLT 板也可作为剪力墙或隔墙使用。随着木结构技术和材料的发展，新型的木质结构复合材也不断涌现，如单板层积胶合材(laminated veneer lumber, LVL)、平行木片胶合木(parallel strand lumber, PSL)、层叠木片胶合木(laminated strand lumber, LSL)。

(a) 梁柱支撑结构

(b) CLT剪力墙结构

(c) 梁柱剪力墙结构

图 5-9　常见的胶合木结构

与传统梁柱木结构以整木为主要原料相比，现代梁柱木结构用胶合木(集成材)的优点如下：木材充分干燥，可防止在使用过程中产生变形、开裂等；尺寸自由度大，能满足要求跨度和断面形状的梁；充分发挥木材特性，可以吸收震动，装饰随意；易于进行防腐防虫处理，且效果好。

工程木材料不受天然木材的尺寸限制，能够制作出满足建筑和结构尺寸要求的构件，在构件外观上又能保持木材优美的特性。胶合木构件可在工厂内生产。工业化生产可提高构件加工精度，更好地保证产品质量。其结构构件可以在工厂预制，再运输到现场进行组装。采用工程木材料，符合工业化生产理念及装配式木结构的要求。目前，我国胶合木预制构件主要以预制胶合木梁、柱和正交胶合木楼面板、屋面板为主。

此外，工程木构件如正交胶合木板的木材用量是轻木格栅墙板的3~5倍，能更好地发挥木材的固碳作用和自可持续发展，木材制造的重木构件既符合国家大力推进装配式建筑的政策，又符合“绿水青山就是金山银山”的生态文明理念。

胶合木结构可制作大跨度的直梁或弧梁，减少中柱数量，满足室内大空间的设计要求。建筑应用中，胶合木亦可与其他现代材料等一起使用，表现更丰富的空间特性。例如，大跨度钢木组合结构立足传统，并根据木材和钢材的力学特性注重结构体系创新和对细节的追求，而且钢木组合结构的应用拓展了木结构的应用范围，同时利用结构体系、构件和节点细部创新达到了建筑与结构的完美结合(图5-10)。

(a)上海佘山高尔夫球场木桥

(b)上海崇明体育训练基地游泳馆屋顶

图5-10 胶合木结构的应用

图5-11 米兰世博会中国馆

将砖瓦与木构结合，让房屋既有现代房屋要求的私密性和安全性，也有让人舒适的自然感；既不失砖瓦的强硬度，保持建筑的稳定性和框架结构的外形轮廓，也不失木建筑的柔韧度和轻质性。这样的结合可以说是有刚有柔，有搭有建。砖瓦与木结构结合的一个很好的例子，就是米兰世博会的中国馆(图5-11)。米兰世博会中国馆的设计不是传统意义上的砖瓦与木构结合，它的屋顶搭建方式借鉴传统的陶瓦屋顶架构，但覆盖的瓦片是木瓦。木瓦使得屋顶呈现出如同山峦、波涛、麦浪的效果。

5.2.3.2 结构连接系统

胶合梁柱式木结构产品种类众多，其构件的组合方式也多种多样，目前最主流的结构连接系统有以下几种：

(1)胶合木框架

最常见的结构连接系统非“胶合木框架”莫属。对于胶合木结构来说，框架梁的成本仅占整个结构的一小部分，而楼、屋面板的成本是决定项目整体造价高低的关键。为了减少楼板的建造成本，可以通过缩小楼板的跨度，并增加更多的框架梁来实现。由于框架梁数量的增加，使得每个区隔分配的受荷面积减少，相应的单块楼面板的跨度和荷载均相应减少，最终达到减少楼面板厚度的目的，整个结构的总造价也降低。

需要注意的是，当采用此结构系统时，推荐梁柱—窄板型(图5-12)，把框架梁的长边垂直于单片楼面板的短边布置。当然，由于框架梁的跨度变长，它的截面高度也会相应增加，所以并不推荐层高较低的建筑选用梁柱—窄板型结构布置。在层高受限的情况下，框架梁和楼面板的长短边朝向需要互换，如图5-13所示。框架梁跨度变小，相应的截面高度也减小，楼板的厚度也会有所减小。这种结构布置能够减少胶合木封边梁对玻璃幕墙采光的不利影响。

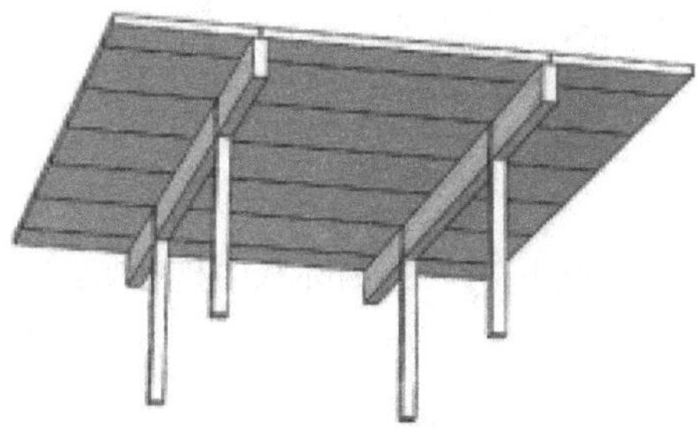

图5-12　胶合木框架梁柱—窄板型

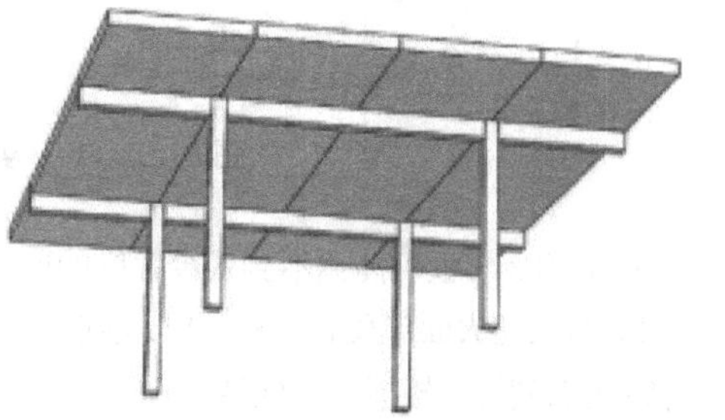

图5-13　胶合木框架梁柱—宽板型

(2)单向主梁+次梁

单向主梁和次梁的组合确保了结构造价的最小化，因为楼板的厚度将会被缩减到满足结构强度的最小厚度。楼板的跨度被次梁分隔，次梁承载来自楼板的荷载，并将此荷载传递至主梁，最终由主梁将荷载传递到框架柱上(图5-14)。虽然这个结构布置可能是造价最低的选项，但是由于主梁、次梁根数较多，单个房间内的层高会由于布置了次梁而减少。并且由于双向均布置了胶合木梁，设备管线的布置会受到一定的影响。

(3)双向主梁+大块楼面板结构

在双方向柱距相同的情况下，在两个方向布置截面高度相同的主梁。楼面板相邻两跨交错布置，使得每根胶合木框架梁上受力情况类似。由于两个方向布置有胶合木主梁，使得采用该结构布置的建筑的整体性更好(图5-15)。此结构无次梁，并且主梁尺寸相对较小，可以满足把构件暴露在外的需求，增加单个房间内的楼层净高，以满足对内部空间感的体现和对内部空间功能的灵活划分。

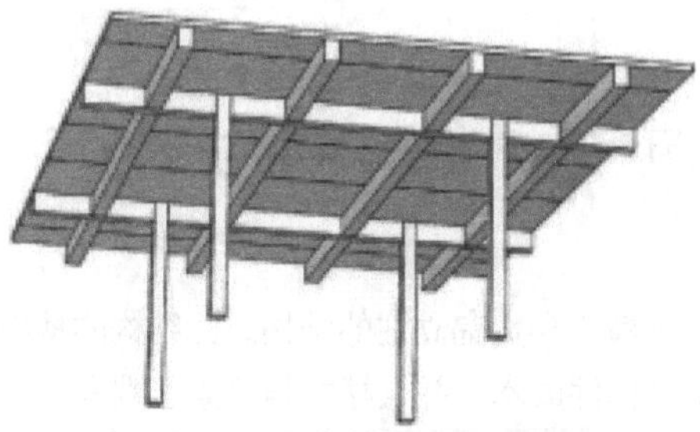

图5-14　带次梁的胶合木结构

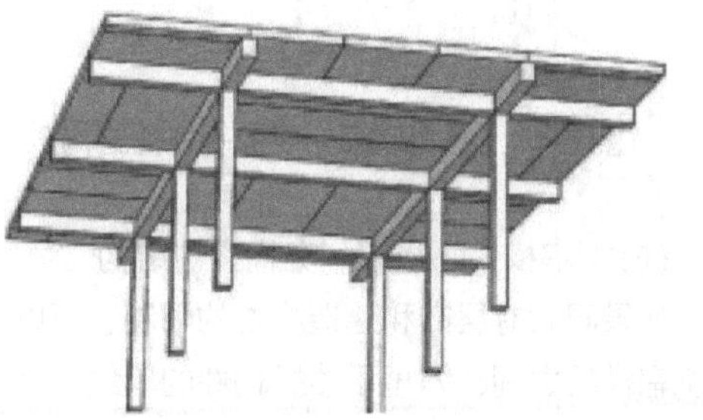

图5-15　双向布置主梁+大块楼面板结构胶合木结构

(4)CLT楼板—立柱点支承结构

双向点支承的正交胶合木板(CLT板)结构体系具有较高的抗扭转和抗压性能，能够大大减小所需楼板的厚度，因此在高层和大跨度楼、屋面板以及剪力墙的应用中，性价比尤其高(图5-16)。但是CLT面板也有自身的局限。从构造上来说，CLT板通常采用三层、五层或七层规格材或结构复合材正交组坯黏结而成。CLT产品的力学性能分主(强度)方向和次(强度)方向两个方面。主方向指平行于表层材料纹理的方向，一般是CLT产品的长度方向；次方向是垂直于表层材料纹理的方向，一般是CLT产品的宽度方向。受运输条件的限制，CLT面板的尺寸通常宽度范围为2.4~3m。防火性能也比较有挑战性，以5层基层板的CLT面板为例：2层板在1.5h左右会被

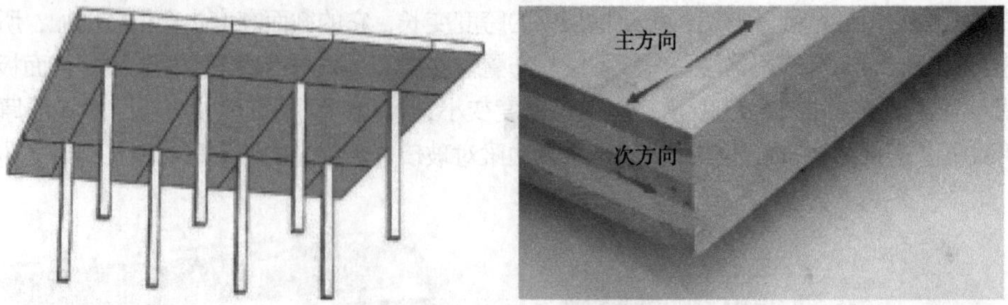

图 5-16 CLT 楼板—立柱支撑结构

燃尽，剩下的 3 层板可能达不到残余强度的要求。一般情况下，通过增加木板的厚度或层数，或是在 CLT 面板迎火面包裹石膏板，以达到防火目的。

(5)宽扁横梁—楼板—立柱结构

当建筑对室内净高有严格要求时，可以选择用胶合木或者正交胶合木作为宽扁横梁构件。其受弯承载力的大小与横梁的宽度成正比，但是与同样截面积的常规框架梁相比，抗弯承载力低且挠度明显变大。因此，若承担同样的楼面荷载，运用宽扁横梁的结构布置的性价比较低。此外，使用宽扁横梁时，如果横梁恰好只有一边边缘受力，整个连接结构会产生不平衡弯矩而造成结构失稳，因此，相连接的楼板接缝要位于横梁的中心线上。宽扁横梁的结构分为两种：①横梁位于楼板之下(图 5-17)；②横梁位于楼板之上(图 5-18)，该种连接需要设计特殊的连接挂件，连接做法较为复杂，但是在相同层高下可以增大楼层净高。楼面保温隔音棉和部分水电管线可以在两根扁梁之间的凹槽内架设，并在此上做建筑地面使得楼板上下表面均为平整的完成面。另外，在美观角度上，其大面积平整的天花板和较大的柱距大大增加了室内空间感和自然采光的效率。

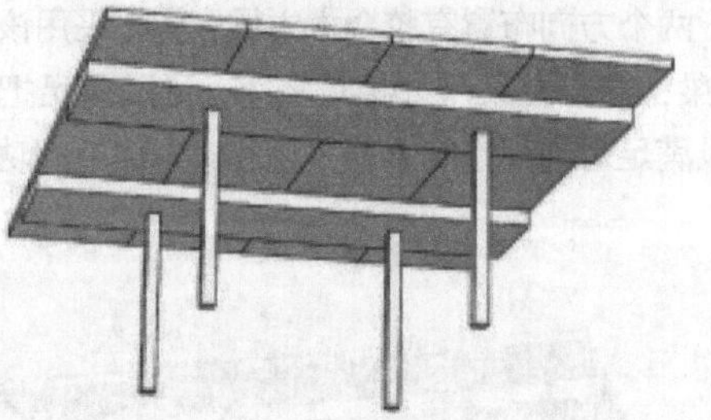

图 5-17 宽扁横梁—楼板—立柱结构

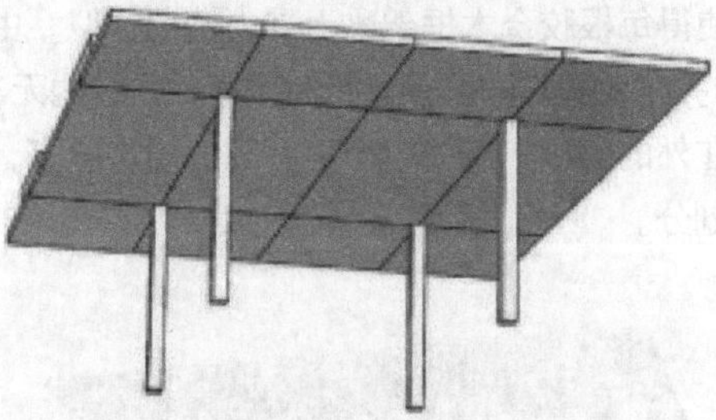

图 5-18 宽扁横梁—楼板—立柱结构

(6)宽扁横梁—楼板—宽扁立柱结构

如果同时有层高和建造成本的限制，可以选用宽扁横梁和宽扁立柱的结构。此结构的楼板嵌于宽扁横梁之间，缩短了楼板构件的单位宽度，减小了构件成本。并且楼板与横梁上端齐平，至少减少了一半的结构厚度，大大增加了楼层净高(图 5-19)。然而，由于横梁和楼板的结构存在着很大的承载稳定性问题——在横梁受力不均的情况下，楼板容易坍塌，所以立柱的宽度必须增加到横梁宽度，以此来解决横梁力矩不平衡的问题。此外，还需注意的是，此结构在设计上也有很大的挑战性，特别是在楼面板悬挑部分的抗倾覆设计。目前，并没有体系完整的文献和论证来支持此结构的设计。

(7)横梁—交错楼板—立柱结构

交错楼板的结构旨在用最少的建筑材料实现大跨度。此结构已被 Michael Green 建筑事务所使用，并且 Equilibrium Consulting 顾问事务所对该结构类型进行了改进升级(图 5-20)。此结构通常用两层平行的楼板交错，并在上下层楼板边缘处有小尺寸的相叠，叠加处用斜向螺丝固定以抵抗叠合处的剪力。其好处在于楼板可以做到尽可能的薄，原理与波纹钢板类似。

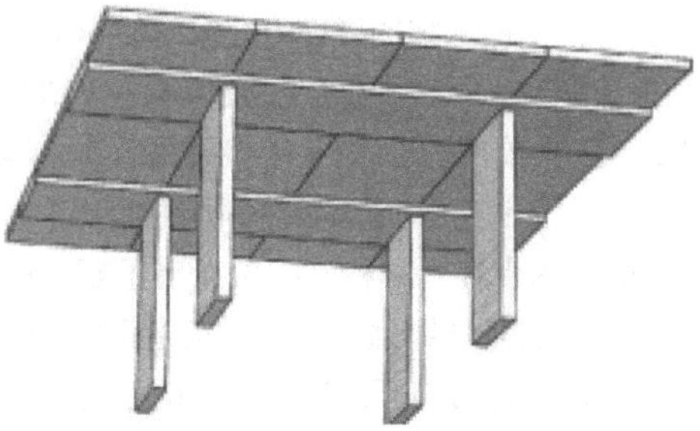

图 5-19 宽扁横梁—楼板—宽扁立柱结构

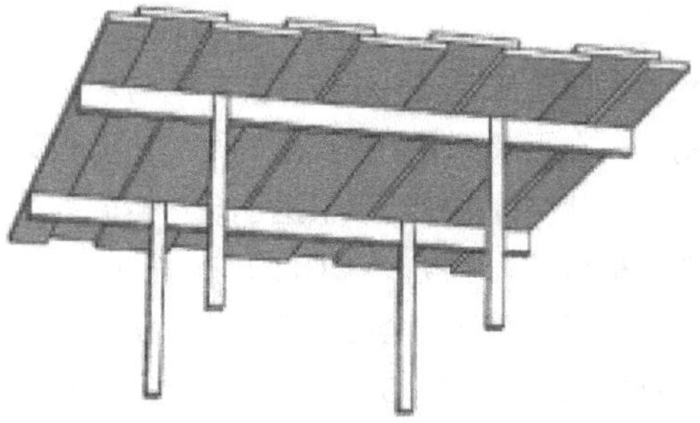

图 5-20 横梁—交错楼板—立柱结构

(8)箱型梁—箱型楼板—立柱结构

箱型木构件在工厂就已预制完成，通常用正交胶合木作为上、下翼板，用重型木板材(大多为胶合木)作为腹板。其尺寸和重量被优化在吊车吊装能力范围之内，意在减少吊装和装配次数，以此来加快建造速度(图 5-21)。箱型木构件中部贯通的空间一般不会被封堵，以用来提供给各种设备、管线架设的空间。但有时会根据消防设计的要求对空腔进行防火封堵。

(9)应力蒙皮—立柱结构

在应力蒙皮的木结构系统中，楼板不仅仅负责将荷载传递到梁上，而且还增大了梁与楼板形成的组合截面抵抗弯矩的能力(图 5-22)。应力蒙皮格架利用双向承载的系统来更好的增加抗弯强度，如上图所示，浅色色楼板和横梁为一组，深色横梁和天花板一组，各自形成空腹桁架，并共同组成格状结构抵抗两个方向的弯矩效应。

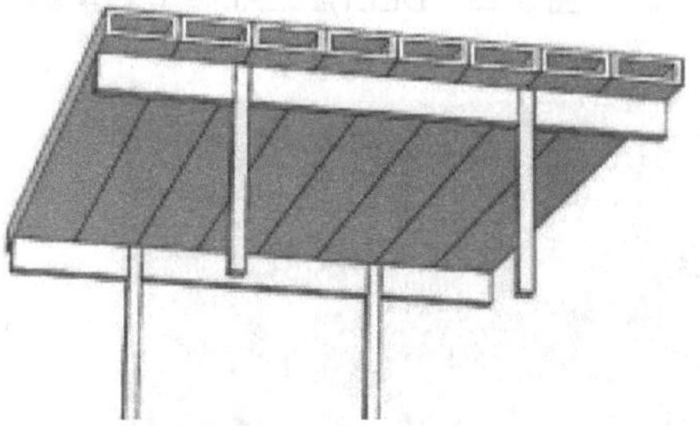

图 5-21 箱型梁—箱型楼板—立柱结构

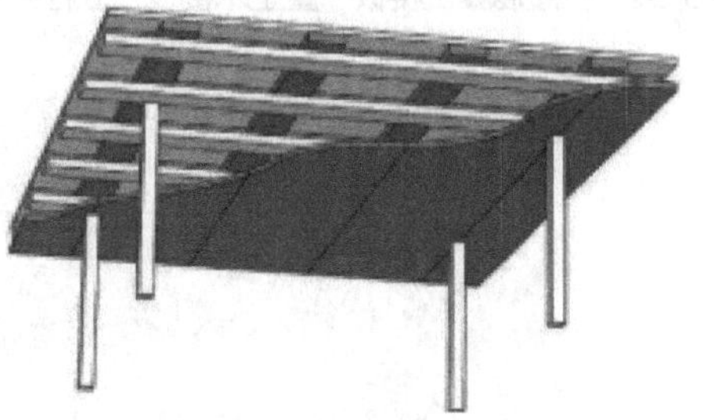

图 5-22 应力蒙皮—立柱结构

(10)奈尔维横梁—立柱结构

意大利结构工程师奈尔维(Pier Luigi Nervi)诸多作品中的结构构件都极其优雅地表现了荷载的分解和传导。在过去材料成本大于劳动力成本的时代，奈尔维发明了一种混凝土梁板结构，能够最充分地利用各种材料性能，同时最大程度减少材料的自重。目前，胶合木结构项目有着类似的情况：结构构件成本较高，而随着数控机床(CNC)技术的大规模使用，各种复杂的结构构件也可以通过 CNC 加工来实现，而无须投入过多劳动力。因此，所有结构构件加工完毕之后，结构的装配过程将会更加便捷、经济。所以奈尔维结构很适合被运用到胶合木结构项目里。图 5-23 是奈尔维结构的一个演绎，把其在都灵劳动宫(Palace of labour in Turin)项目中使用的混凝土结构转换成胶合木结构。放射状的弧梁系统架设在立柱之上，有效抵抗了板面传来的弯矩，而环状横梁对弧梁提供了侧向支撑，有效防止了弧梁的失稳。

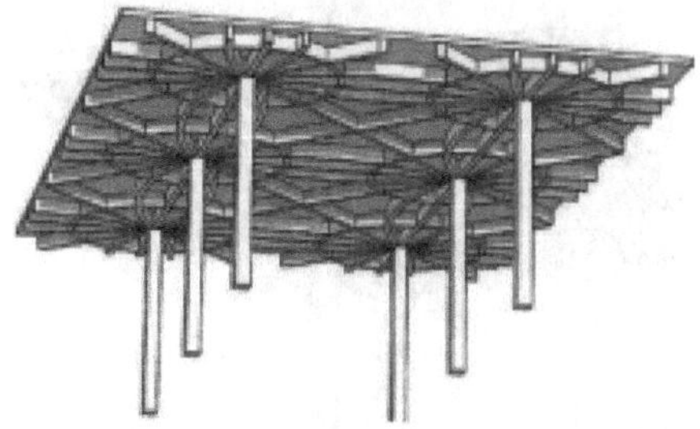

图 5-23 奈尔维栋梁—立柱结构

(11)空腹混凝土楼板—重型木楼板复合结构(VCTC)

空腹混凝土—重型木楼板是混凝土和木材的一种复合构件。木结构楼板上方铺设的一层与木楼板近似厚度的混凝土楼板，其朝向与木材纤维垂直，功能相当于宽扁横梁(图5-24)。VCTC的优势之一在于它不需要框架梁构件，并且能满足对大跨度柱网的需求。因此能够更灵活地分隔室内空间。此结构系统可以根据建筑对空间的需求(如无柱大会议厅)，随意调整构件的组合，而不改变楼板结构厚度。VCTC的另一个优势是高防火性能，这点在木结构建筑中尤为重要。楼板结构中混凝土部分完全覆盖了木材，使楼板达到更高防火性能。梯形截面的钢梁顶面与楼板齐平，钢梁由一个梯形的箱型梁和一片钢下翼缘板。梯形梁的两侧腹板开灌浆孔，使楼板上方灌注的混凝土能够填充其中。这种复合楼板结构能够增加抗弯强度和刚度，同时，如果在锥型梁中布置纵向钢筋以形成钢筋混凝土梁，且该混凝土梁在火灾工况下能独立承担上部传来的荷载，那么下翼缘钢板就不需要做额外的防火处理(图5-25)。目前，此结构系统已被应用在由BNKC建筑事务所和Blackwell结构事务所合作设计的一栋8层办公楼上，项目位于加拿大多伦多Wade大街77号(图5-26)。

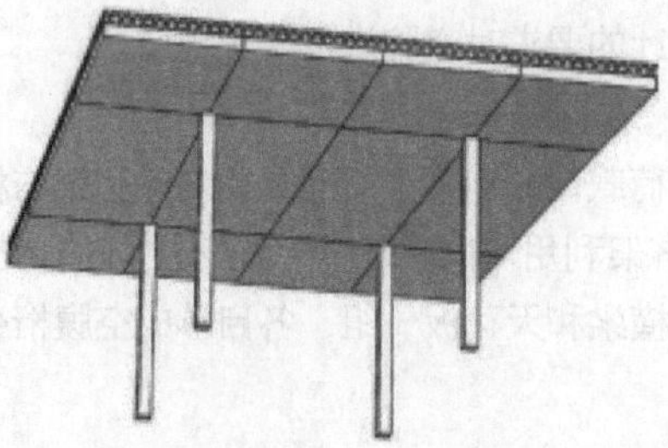

图5-24 空腹混凝土楼板—重型木楼板—立柱结构

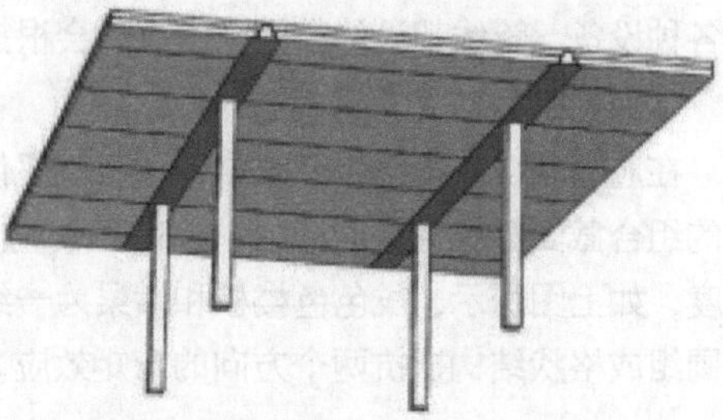

图5-25 DELTABEAM—立柱结构

图5-26 加拿大多伦多Wade大街77号木结构办公大楼

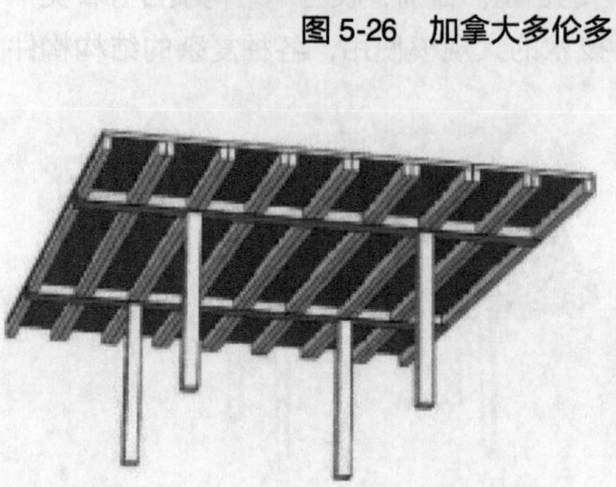

图5-27 Rhomberg Cree 横梁—立柱结构

(12)Cree结构(木材—混凝土—钢材复合结构)

Rhomberg结构事务所设计了Cree结构，此结构在欧洲有一定的影响力。在箱型钢材主梁和木材次梁之上，预制的混凝土楼板宽度为2.5~3m，长度可跨一个开间，其在室外的部分融入木次梁形成边梁，可按具体情况选择用立柱或隔墙支承。旨在达到对各种材料的最大利用率(图5-27)。

(13)Zollinger薄板—菱形横梁格架—立柱结构

19世纪20年代，德国建筑工程师Friederich

Zollinger为了缓解“一战”中建筑材料匮乏的问题，发明了薄片屋面板。此结构属于互承结构的一种，紧密的菱形格架系统使横梁的尺寸大大减小，也使屋面板缩减到最大可能的薄度。同时，屋顶面板的朝向与菱形格相垂直，形成非常结实的结构，能承载很强的风力荷载和地震荷载(图5-28)。

(14)三层横梁—楼板—立柱结构

三层横梁能够被应用于纯木结构的建筑里，通常用于对胶合木梁的高度有很高要求的情况。它中间的横梁在柱位置被打断，胶合木柱在楼层间位置连续。这种构造能够防止楼面板横纹承压的问题以减少各个楼层累积的竖向变形。而且，两边的连续横梁置于立柱之上，能够有效地增加构件的硬度和刚度(图5-29)。当然，在结构荷载需要的情况下，工程师也可以把多层横梁组装在一起，宽度能够超出胶合木的最大宽度365mm。虽然这种多层横梁结构相对于正常横梁的支撑作用有所下降，但是在防火性能上有着很大的提高。因为相比于体积，多层横梁结构裸露的面积相对更小，而且，位于外部的横梁在意外火险中能够保护中部横梁不易被点燃。值得注意的是，横梁结构厚度的减小，在越来越高的木结构建筑中有着举足轻重的意义：相同高度的建筑里，结构越薄，意味着层数越多。

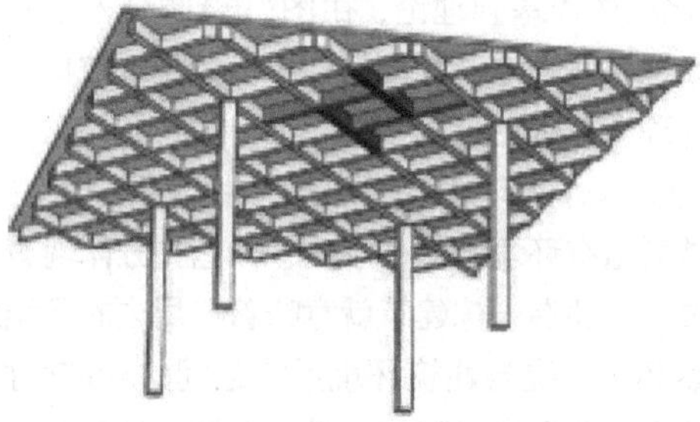

图5-28 薄片屋面板—菱形横梁格架—立柱结构

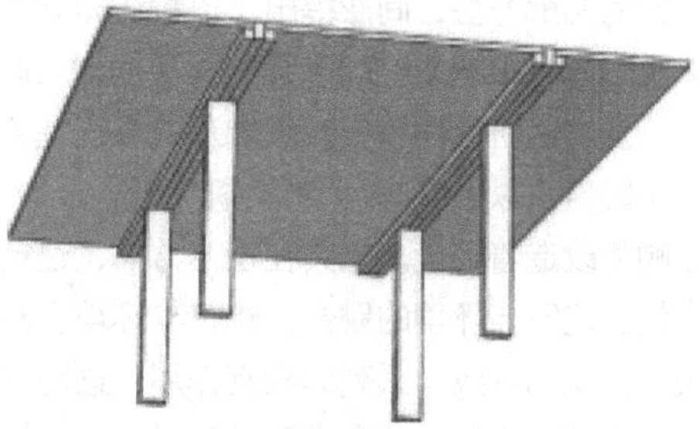

图5-29 三层横梁—楼板—立柱结构

5.3 景观木结构建筑

5.3.1 景观木结构选材

(1)木质屋架

对于木质屋架来讲，屋面木竹结构是最为主要的承重结构，对建筑物整体的应用时间及安全性都产生影响。所以，在进行选材时，应尽量选取不容易开裂、不容易出现腐蚀、形变等情况的木材，同时要求其具备相应的强度，自重较轻并且纹路顺直。一般应用于修建木质屋架的材料有杉木、红杉等。

(2)椽条、檩条

椽条、檩条在屋面项目中属于受弯构件，承载上部屋面的静荷载、施工荷载等作用。所以，在制作椽条、檩条时选用的木材应保证其不易开裂、耐腐蚀、不易形变，同时保证纹理平整，具备较强的抗弯性能。通常可以选用白松、杉木、樟子松等进行施工。

(3)隔栅、龙骨

隔栅与龙骨是建筑项目施工期间最为主要的承载构件，通过轻质的骨架来承载吊顶的重量。所以需要应用一些形变较低、自重较轻的木材进行加工。通常可以选用杉木、白松等。

(4)木质门窗

在园林生态景观中，木结构建筑通常应用木材制作门窗。然而因为门窗长时间受到日晒、风吹、雨淋等作用，很容易出现开裂，或者发生形变。所以，需要应用容易加工并且形变小的木材进行施工，如杉木等。而对于部分较为高级的建筑，其对门窗的要求也较高，不但应保证木材自身的形变小，同时还应确保木材的纹路美观，可以应用水曲柳等树材进行施工。

(5)木质地板

在进行木质地板施工时，应保证其具备较强的耐磨性能，同时保证其纹路精美，不容易出现开裂、形变等问题，通常可以选用柞木、水曲柳等树材进行施工。

5.3.2　景观木结构设计

景观木结构，兼具景观和观景双重属性，还包括衍生的装置构造、空间结构等。与功能性为主的木结构建筑不同，对于景观木结构，除了满足对建筑防火、抗腐蚀性，以及建筑物结构性能等基础要求外，还应通过各类营造方法规划，使其外部结构与环境完美进行融合。

关于景观木结构的设计理念，王澍在《造房子》中阐述了宋代山水画意境到明清园林置陈布势等“图式”的构成，王欣、金秋野等在《如画观法》《乌有园》中探讨了当代语境下绘画、造园及景观木构的设计美学建构关系，再有袁烽在《从图解思维到数字建造》阐述了数字技术下景观木构设计的图解方法，尚澎提出了以横山范水的类型化观法为基础理论，由图(影)像介入空间叙事以及图解思维塑造空间形式的景观木构设计方法。但总体上看，我国目前对于景观木结构的相关理论及实践研究均较少，尚未形成系统完善的设计理念或理论。

中国自古以来就有“大地有机、天人合一”的思想。人作为环境的一部分，生存于环境之中，又影响和改造着环境。尤其在建筑方面，建筑是人类最富有环境性的一项内容，它充分体现着人与自然、建筑与环境的融合。建筑与环境有着密切关系，建造一栋建筑就意味着与周边的环境发生关系，从而导致一系列的相互作用，进而形成自然环境系统与建筑环境系统之间的动态交换。对景观木结构设计，要考虑到从气候、地形等宏观因素到使用者对建筑的微观调控，都会对上述系统物质交换产生影响。景观木结构建筑环境设计要解决建筑自身与周围环境的关系，建筑师们对寻求建筑与自然环境的和谐进行了深刻探索，通过对室内外空间、环境进行艺术处理以及绿化景观的变化、统一，从而达到人文、环境、发展的和谐统一。

5.4　装配式木结构建筑

5.4.1　装配式建筑功能

传统建筑物外表面若依靠现场施工制成多种美观的图案，粉刷彩色涂料不出现色差且久不褪色，是十分困难的。但装配式建筑外墙板通过模具，机械化喷涂、烘烤工艺可以轻易做到这点；屋架、轻钢龙骨、各种金属吊挂及连接件，尺寸精确，都是机械化生产；楼板、屋面板为便于施工也应工厂预制；室内材料如石膏板、铺地材料、天花吊板、涂料、壁纸等，经过生产流水线都能制造出来。工厂在生产过程中，材料的性能如耐火性、抗冻融性、防火防潮、隔声保温等性能指标，都可随时进行控制。由于装配化建筑的自重要比传统建房自重减轻一半，因此地基也简化了。工厂预制好的建筑构件运来后，在现场工人们按图组装，而且进展快，交叉作业方便有序，既能保证质量又有利于环境保护，并能降低施工成本。

现代化的装配式住宅应具有以下功能：

①节能　外墙有保温层，最大限度地降低冬季采暖和夏季空调的能耗。

②隔声性能提高　墙体和门窗的密封功能好，保温材料具有吸声功能，使室内有一个安静的环境，避免外来噪音的干扰。

③防火　使用不燃或难燃材料，防止火灾的蔓延或波及。

④抗震　大量使用轻质材料，降低建筑物重量，增加装配式的柔性连接。

⑤外观　不求奢华，但立面清晰而有特色，长期使用不开裂、不变形、不褪色。

⑥为厨房、厕所配备多种卫生设施提供有利条件。

⑦为改建、增加新的电气设备或通信设备创造可能性。

5.4.2 装配式建筑特点

装配式建筑是目前我国一种新型的建筑形式，是现在整个建筑行业的发展目标和必然趋势。装配式建筑设计具有多样性，它主要运用的是比较轻质的房间隔墙，可以比较灵活地分割大小厅和房间。

①装配式建筑功能具有现代性　首先，节能。建筑物外部配有隔热层，可以在夏季阻挡阳光的照射，有效地节省了住户的空调耗能，冬季又可以起到保温防寒的作用。其次，隔音功能。能够有效地减少噪声污染，保证了室内的安静舒适的生活环境。再次，安全性。由于运用了阻燃系数高的轻型建筑材料，在火灾发生时可以有效阻断火源，使火势不会到处蔓延。在地震时，由于运用的都是轻型材料，建筑的重量较轻，再加上它更加柔性的墙体连接，所以大大提高了其安全抗震功能。最后，耐用性。住宅式建筑的外表设计尤为重要，必须要有较强的观赏性和耐用性，而装配式建筑以其独特清晰的外观立面，显得典雅而不奢华。不仅如此，其采用的材料材质在长期使用中，不会出现外表起皮、开裂和墙体变形等现象

②装配式建筑制造具有工厂性　主要采用的是先进的喷涂、烘烤一体化工艺，门窗采用的都是有机的塑钢材质，它们的制作方式都是工厂车间特定的流水线制作完成的(图 5-30)。装配式建筑在施工时，构件在工厂生产，现场安装，施工时灵活性大。现代装配化房屋往往比现场建造的房屋施工质量更好，精度更高，构件批量化生产的同时也能够降低建筑的成本、缩短工期。

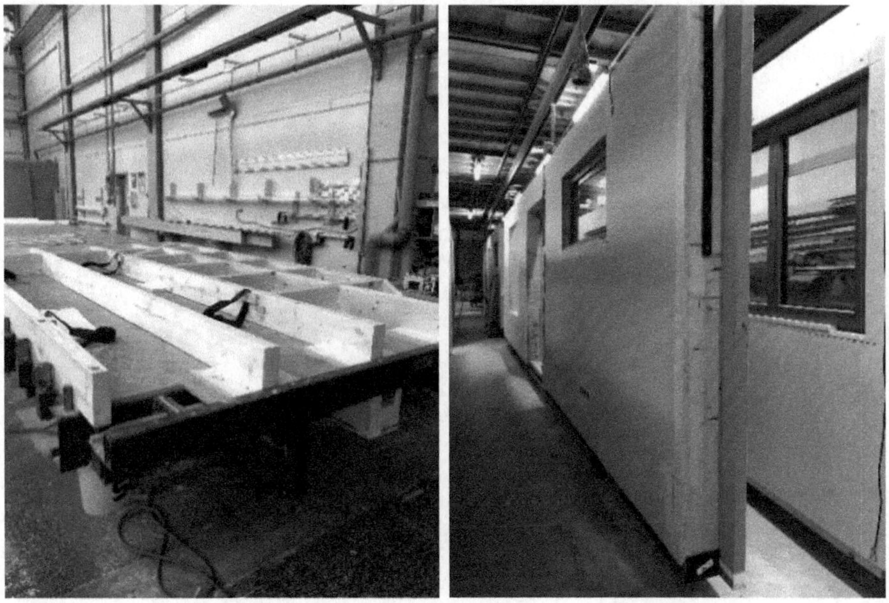

（a）组框　　　　（b）构件

图 5-30　装配式建筑

综上，借助现代加工技术，现代木结构的优势被发挥得淋漓尽致，重木构件完全暴露在使用空间，彰显建筑力与美，从技术角度反映出三大特点：第一，木质结构轻盈。胶合木根据受力的需要进行变截面设计，并结合部分钢结构拉杆，进一步减小截面，增大跨度。第二，植筋技术的应用。利用胶合木植筋技术为注脚，以及梁柱节点提供刚度，使得整个建筑不需要额外的侧向支

撑和剪力墙，使整个建筑空间更加灵活。第三，建筑呈现看似变化多端，但其实每个结构单元都是一样的，预制木构件都是标准化的产品，保证了快速和高效的安装。

复习思考题

1. 简述现代木结构建筑的分类。
2. 简述现代木结构建筑的主要结构形式。
3. 简述装配式建筑的特点。

第6章

木质地板

【本章重点】

1. 木质地板结构与种类。
2. 实木地板生产工艺。
3. 实木复合地板生产工艺。
4. 浸渍纸层压木质地板生产工艺。
5. 竹地板生产工艺。

6.1 木质地板结构与种类

在地面材料中，木质地板由于具有自然高雅、多变化、能与多种室内风格相协调的装饰效果和优良的综合物理性能，而深受人们喜爱，成为最热销的地面装饰材料之一(图6-1)。但是，我国木材资源匮乏，不宜采用大量的优质木材做地板。因此，要使具有名贵木材美丽纹理与色泽，并且性能又好的木质地板能走进千家万户，必须节约木材，大力发展保持木质地板固有特色、性能更佳的新型木质地板来满足市场的迫切需要。

根据结构、材料等的不同，常见的地板种类有实木地板、实木复合地板、浸渍纸层压木质地板、竹地板等。

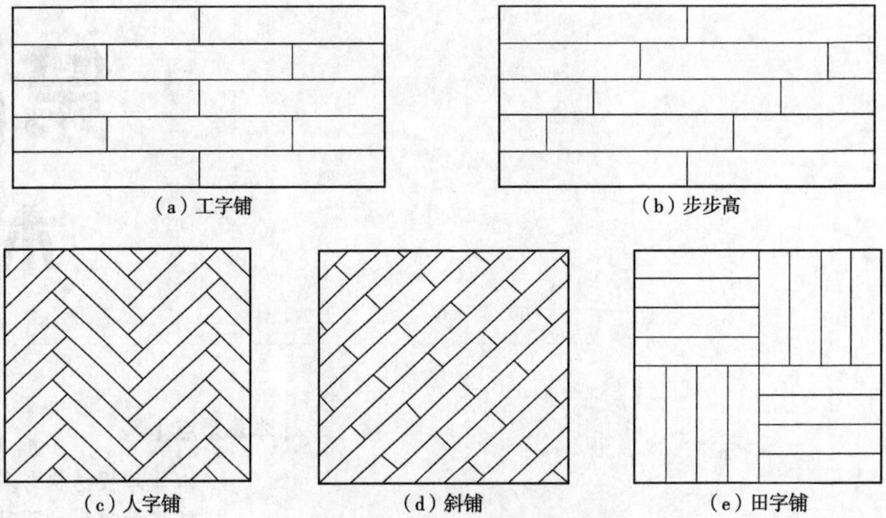

图6-1 木地板铺装方式

6.1.1 实木地板

实木地板是天然木材经烘干、加工后形成的地面装饰材料。具体为未经拼接、覆贴的单块木材直接加工而成的地板。实木地板的质量要求，按GB/T 15036—2018《实木地板》执行。

6.1.1.1 分类

(1)按形状分类

实木地板可分为榫接实木地板、平接实木接板。

(2)按表面有无涂饰分类

实木地板可分为涂饰实木地板、未涂饰实木接板。其中，涂饰实木地板分为淋漆板和辊涂板，即地板的表面已经涂刷了地板漆，可以直接安装后使用；未涂饰实木地板是素板，即木地板表面没有进行淋漆处理，在铺装后必须经过涂刷地板漆后才能使用。

(3)按装饰效果分类

立木实木地板：以木材横切面为表面，呈正四边形、正六边形等。

拼方、拼花实木地板：该地板由小块地板按一定图形拼接而成，其图案有规律性和艺术性。这种地板生产工艺复杂，精密度也较高。

仿古实木地板：该地板表面用艺术形式，通过特殊加工成具有古典风格的实木地板。这种仿古实木地板的优势在于其表面效果都是由人工雕刻而成，因此，其独特的艺术气质是平板实木地板无法比拟的。

6.1.1.2 特点

实木地板呈现出的天然原木纹理和色彩图案，给人以自然、柔和、富有亲和力的质感。同时，由于它冬暖夏凉、触感好的特性，使其成为卧室、客厅、书房等地面装饰的理想材料。实木地板分 AA 级、A 级、B 级三个等级，AA 级质量最好(图 6-2)。

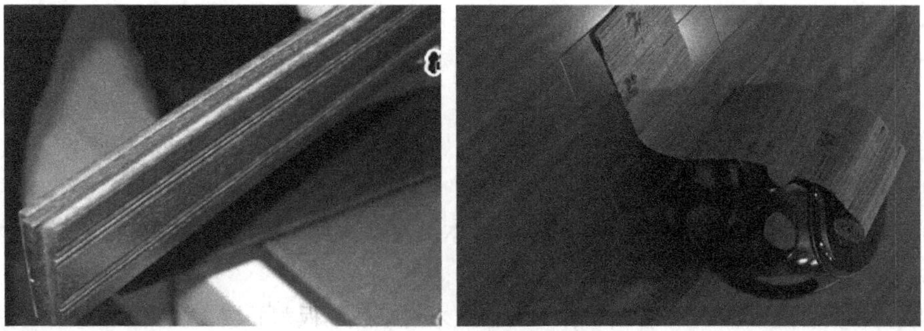

图 6-2 实木地板

实木地板作为地面装饰材料，其发展历程比较缓慢。在第二次世界大战后，特别是 20 世纪 60 年代初，我国建设部规定在民间建筑禁止运用木地板，各种新型的材料，特别是纺织、人造革卷材、PVC 地砖、橡胶，还有陶瓷、瓷砖和其他一些地面装饰材料逐渐取代了木地板的市场地位。随着改革开放政策的出台，国民经济和人民生活水平逐步提高，从 20 世纪 90 年代开始，实木地板逐渐在国内受到人们的青睐，宾馆大厦、体育场馆、商场商厦、娱乐服务场所及居民住宅装修等，开始选用木地板铺设地面。随着人们对实木地板产品认识的提高，生产企业迅速增加，地板种类不断增多。

(1)实木地板的优点

①隔音隔热 实木地板材质较硬、木纤维结构致密、导热系数低、阻隔声音和保温等效果均优于水泥、瓷砖和钢铁。

②调节湿度 实木地板的木材在环境干燥，木材内部水分释出；环境潮湿，木材会吸收空气中水分。实木地板通过吸收和释放水分，把室内空气湿度调节到人体最为舒适的水平。科学研究表明，长期居住木屋，人的寿命可以平均延长 10 年。

③冬暖夏凉 冬季，实木地板的板面温度要比瓷砖的板面温度高 8~10℃，人在木地板上行走无寒冷感。夏季，实木地板的居室温度要比瓷砖铺设的房间温度低 2~3℃。

④绿色无害 实木地板用材取自森林，使用无挥发性的耐磨油漆涂饰，从材种到漆面均绿色无害，不像瓷砖有辐射，也不像强化地板有甲醛，是天然绿色无害的地面建材。

⑤华丽高贵 实木地板取自高档硬木材料，板面木纹秀丽，装饰典雅高贵，是中高端室内地面装饰装修的首选材料。

⑥经久耐用 实木地板绝大多数品种，材质硬密，抗腐抗蛀性强，正常使用寿命可长达几十年乃至上百年。

(2)实木地板的缺点

①保养难度大 实木地板对铺装的要求较高，一旦铺装得不好，会造成一系列问题，如有声响等。铺装好之后还要经常打蜡、上油，否则地板表面的光泽很快就消失。

②稳定性差 若室内环境过于潮湿或干燥时，实木地板容易起拱、翘曲或变形。

③性价比偏低　实木地板的市场竞争力不如其他几类木地板，特别是在稳定性与耐磨性上与多层复合地板的差距较大。

6.1.2　实木复合地板

实木复合地板是以实木拼板或单板为面层、实木条为芯层、单板为底层制成的企口地板和以单板为面层、胶合板为基材制成的企口地板。以面层树种来确定地板名称。

实木复合地板是由不同树种的板材交错层压而成，克服了实木地板干缩湿胀的缺点，干缩湿胀率小，具有较好的尺寸稳定性，并保留了实木地板的自然木纹和舒适的脚感。实木复合地板兼具强化地板的稳定性与实木地板的美观性，而且具有环保优势，实木复合地板质量要求，按 GB/T 18103—2013《实木复合地板》执行。

6.1.2.1　分类

(1)按结构分类

两层实木复合地板(two-layer parquet)：以实木拼板或单板为面层，以实木拼板或单板为底层的实木复合地板。

三层实木复合地板(three-layer parquet)：以实木拼板或单板为面层，以实木条或实木拼板为芯层，以单板为底层的实木复合地板。

多层实木复合地板(multi-layer parquet)：以实木拼板或单板为面层，以胶合板为基材制成的实木复合地板。

(2)按面层材料分类

实木复合地板可分为单板作为面层的实木复合地板、实木拼板作为面层的实木复合地板、面层为实木拼花的实木复合地板。

(3)按表面有无涂饰分类

实木复合地板可分为油漆饰面实木复合地板、未涂饰实木复合地板。

(4)按表面处理方式分类

平面实木复合地板：对于多层实木复合地板而言，面层主要是 0.6mm 厚的天然名贵树种薄木单板；对于三层实木复合地板而言，面层一般采用 3~5mm 厚的天然名贵木材。

仿古实木复合地板(antique style parquet)：通过艺术设计，表面用刨、凿、砂、拉等方法加工而成的具有古典风格的实木复合地板。

(5)按地板漆面光泽度分类

实木复合地板可分为亮光实木复合地板、亚光实木复合地板。

6.1.2.2　特点

实木复合地板是近年来在国内装饰材料市场流行起来的一种新型、高档的地面装饰材料，尤其是国外产的复合地板，占有很大的市场份额。由于复合地板具有原木地板的天然质感，又有良好的硬度与耐磨性，且在装饰过程中无须油漆、打蜡，污染后可用抹布擦，还有较好的阻燃性，因此很受广大用户的青睐。

市场上常见的实木复合地板为三层实木复合地板和多层实木复合地板。三层实木复合地板是由三层实木单板用胶黏剂交错层压而成(图 6-3)，其表层多为名贵、优质、长年生阔叶硬木，树种多用柞木、桦木、水曲柳、绿柄桑、缅茄木、菠萝格、柚木等，而由于柞木的纹理特点和性价比成为最受欢迎树种；芯层由普通软杂规格木板条组成，树种多用松木、杨木等；底层为旋切单板，树种多用杨木、桦木和松木。多层实木复合地板是以多层胶合板为基材，以规格硬木薄片镶拼板或单板为面板层压而成(图 6-4)。

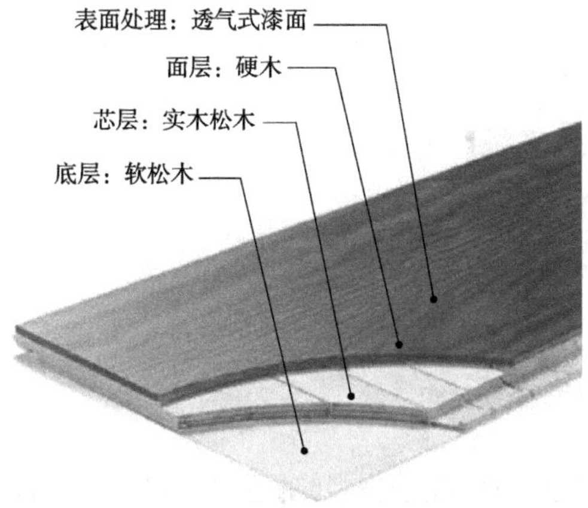
表面处理：透气式漆面
面层：硬木
芯层：实木松木
底层：软松木

图 6-3 三层实木复合地板

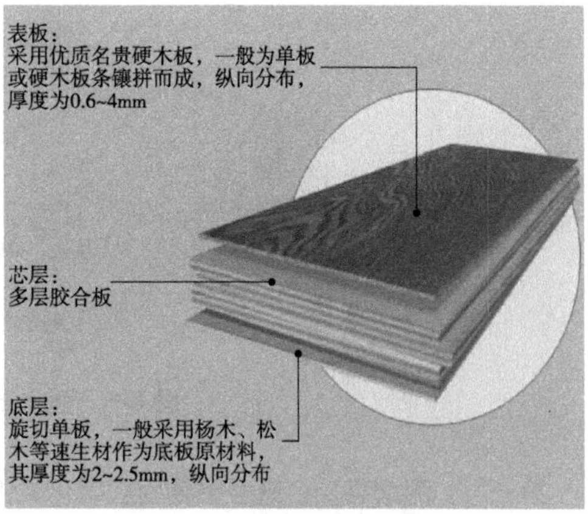
表板：
采用优质名贵硬木板，一般为单板或硬木板条镶拼而成，纵向分布，厚度为0.6~4mm
芯层：
多层胶合板
底层：
旋切单板，一般采用杨木、松木等速生材作为底板原材料，其厚度为2~2.5mm，纵向分布

图 6-4 多层实木复合地板

(1)实木复合地板的优点

①实木复合地板继承了实木地板典雅自然、脚感舒适等特点，克服了实木地板因单体收缩，容易起翘、裂缝的不足，具有较好的稳定性，并且从保护森林资源角度看，它是实木地板的换代产品。

②实木复合地板具有强化复合地板安装保养方便的优点，避免了强化复合地板甲醛释放量偏高、脚感生硬等弊端，环保性好。

③实木复合地板加工精度高，表层、芯层、底层的工艺要求相对其他木地板高，因此结构稳定，安装效果好。

(2)实木复合地板的缺点

①耐磨性能差　实木复合地板的耐磨性能稍弱于强化复合地板，复合地板层数不同，厚度也会不一样，因此实木复合地板的质量差异较大，所以挑选实木复合地板的时候必须要做好准备。

②环保质量不达标　实木复合地板生产时需要用到胶黏剂，若使用胶种不合适，可能造成甲醛含量高，且在使用时不能与水接触，否则就会造成损害且不可修复。

6.1.3 浸渍纸层压木质地板

浸渍纸层压木质地板，也称强化复合地板，是以一层或多层专用纸浸渍热固性氨基树脂，铺装在刨花板、高密度纤维板等人造板基材表面，背面加平衡层，正面加耐磨层、装饰层，经热压成型的木地板。浸渍纸层压木质地板的质量要求，按 GB/T 18102—2020《浸渍纸层压木质地板》执行。

6.1.3.1 分类

浸渍纸层压木质地板可根据用途、基材、模压形状和甲醛释放量等进行分类。

①按用途，可分为商用级(表面耐磨≥9000r)、家用Ⅰ级(表面耐磨≥6000r)和家用Ⅱ级(表面耐磨≥4000r)三类。

②按地板基材类型，可分为以刨花板为基材和以高密度纤维板为基材两类。

③按表面模压形状，可分为浮雕和光面两类。

④按甲醛释放量，可分为 E_0级(甲醛释放量≤0.5mg/L)和 E_1级(甲醛释放量≤1.5mg/L)两类。

⑤按地板表面四周边口处理工艺，可分平口板、倒角滚漆板和模压板三类。

6.1.3.2 特点

浸渍纸层压木质地板(强化复合地板)由耐磨层、装饰层、基材、平衡层组成(图 6-5)。

图 6-5 强化复合地板层次结构

第一层：耐磨层。耐磨层主要由三氧化二铝(Al_2O_3)组成，有很强的耐磨性和硬度，一些由三聚氰胺组成的强化复合地板无法满足标准的要求。

第二层：装饰层。装饰层是一层经密胺树脂浸渍的纸张，纸上印刷有仿珍贵树种的木纹或其他图案。

第三层：基材。基材一般是中密度或高密度的层压板(纤维板)。经高温、高压处理，有一定的防潮、阻燃性能，基本材料是木质纤维。

第四层：平衡层。平衡层是一层牛皮纸，有一定的强度和厚度，并浸以树脂，起到防潮、防变形的作用。

(1)浸渍纸层压木质地板优点

浸渍纸层压木质地板(强化复合地板)铺设效果好，耐磨性能高，且阻燃性能和耐污染腐蚀能力强、抗冲击性能好，铺设方便且易于清洁和护理。

①耐磨 耐磨性能约为普通漆饰地板的10~30倍以上。

②美观 可用电脑仿真制出各种木纹和图案、颜色。

③稳定 彻底打散了原来木材的组织，破坏了各向异性及干缩湿胀的特性，尺寸稳定性高，尤其适用于地暖系统的房间。

此外，还有抗冲击、抗静电、耐污染、耐光照、耐香烟灼烧、安装方便、保养简单等。

(2)浸渍纸层压木质地板缺点

浸渍纸层压木质地板(强化复合地板)由于密度较大，所以脚感稍差，而且可修复性差，一旦损坏便无法修复，必须更换。强化复合地板由于生产过程中使用甲醛系胶黏剂，存在一定的甲醛释放问题，若甲醛释放量超过一定标准，将对人身健康造成一定影响，并污染环境。

6.1.4 竹地板

竹地板主要制作材料是竹子，采用胶黏剂，施以高温、高压而成。经过脱去糖分、脂肪、淀粉、蛋白质等特殊无害处理后的竹材，具有超强的防虫蛀功能。地板无毒，牢固稳定，不开胶，不变形。竹地板有竹子的天然纹理，兼具实木地板的自然美感和陶瓷地砖的坚固耐用的优点。

6.1.4.1 分类

竹地板可以按结构和加工处理方式分类。

①按结构，可分为实竹平压地板、实竹侧压地板、实竹中横板、竹木复合地板、重竹地板等。平压与侧压根据选择的竹子截面不同，纹理也会有所不同。

②按加工处理方式，可分为本色竹地板和炭化竹地板。本色竹地板保持竹材原有的色泽，而炭化竹地板的竹条经过高温、高压的炭化处理，竹片的颜色加深，并使竹片的色泽均匀一致。

6.1.4.2 特点

生活中比较常用的是竹木复合地板，竹木复合地板是竹材与木材复合再生产物。它的面板和底板采用的是上好的竹材，而其芯层多为杉木、樟木等木材(图6-6)。

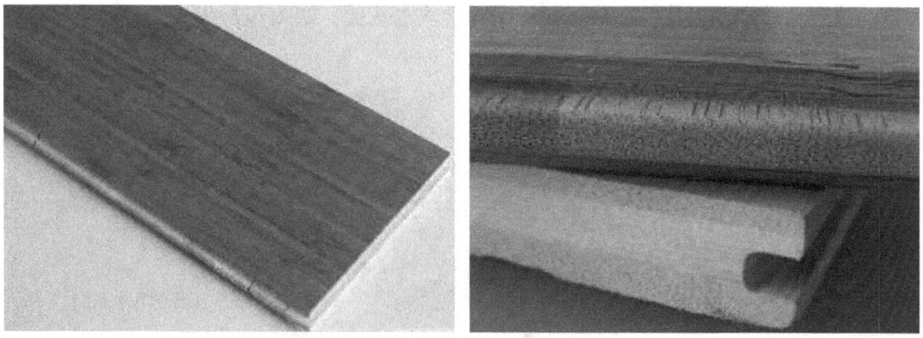

图6-6 竹木复合地板

(1)竹木复合地板的优点

竹木复合地板外观自然清新、纹理细腻流畅、防潮、防湿、防蚀且韧性强、有弹性等；同时，其表面坚硬程度可以与木制地板中的常见材种如樱桃木、榉木等媲美。另外，由于该地板芯材采用了木材作原料，稳定性极佳，结实耐用，脚感好，格调协调，隔音性能好，而且冬暖夏凉，尤其适用于居家环境以及体育娱乐场所等室内装修。从健康角度而言，竹木复合地板尤其适合城市中的老龄化人群以及婴幼儿，而且对喜好运动的人群也有缓冲保护作用。

现在，竹地板市场专门推出双企口(E型、F型)竹地板，可以无须龙骨，直接铺装，有效保留了室内空间。此外，现在的竹木地板都是有针对性的生产，根据各地和气候采取不同的含水率控制，竹地板的优点是稳定性特好，开裂变形率小于木地板，在国际市场上是地板中的宠儿，像桃花江竹地板，经过独有的二次炭化技术，将竹材中的虫卵、脂肪、糖分、蛋白质等养分全部炭化，使材质更为轻盈，竹纤维呈“空心砖”状排列，抗拉抗压强度及防水性能大大提高，至于虫蛀问题，由于没了食物虫子自然不会繁衍生息，从根本上解决虫蛀问题。竹地板的制作工艺决定了温度对它的影响较小，竹地板在制作过程中经历了高温蒸煮(>40℃)、炭化(175℃，高压)干燥、热压、紫外线烤漆等各种高温环节，只需工艺合适，它可用作地热地板。

(2)竹木复合地板的缺点

在稳定性方面，竹地板收缩和膨胀要比实木地板小。但在实际的耐用性上竹地板也有缺点，受日晒和湿度的影响，可能会出现分层现象。

6.1.5 软木地板

软木地板被称为“地板中的金字塔尖”。与复合地板相比更具环保性、隔音性，防潮效果也会更好些，带给人极佳的脚感。软木地板可以由不同树种、不同颜色，做成不同图形。

软木，俗称水松、水栓、栓皮，源自生长在地中海沿岸及同一纬度的我国秦岭地区的栓皮栎橡树，而软木制品的原料就是栓皮栎橡树的树皮，该树皮可再生，地中海沿岸工业化种植的栓皮栎橡树一般7~9年可采摘一次树皮。软木地板柔软、安静、舒适、耐磨，对老人和小孩的意外摔倒具有极大的缓冲作用，其独有的隔音效果和保温性能也非常适合应用于卧室、会议室、图书馆、录音棚等场所。

6.1.5.1 分类

(1)按铺装方式分类

软木地板可分为粘贴式软木地板、锁扣式软木地板。

粘贴式软木地板一般分为3层结构，最上面一层是耐磨水性涂层；中间是纯手工打磨的珍贵软木面层，该层为软木地板花色；最下面是工程学软木基层，如图6-7所示。

图6-7 三层软木地板结构

锁扣式软木地板一般分为6层结构，最上面第1层是耐磨水性涂层；第2层是纯手工打磨软木面层，该层为软木地板花色；第3层是一级人体工程学软木基层；第4层是7mm厚的HDF(高密度纤维板)；第5层是锁扣拼接系统；第6层是二级环境工程学软木基层。一般规格为305mm×915mm×11mm(10.5mm)，450mm×600mm×11mm(10.5mm)。

在我国人们一般采用粘贴式软木地板，适合地热采暖，并且使用寿命比锁扣地板要长，并可以铺装在厨房、卫浴间。在欧洲，人们一般采用锁扣地板，铺装方便、随意，这和欧洲人的消费方式密切相关，因为中国人使用地板的时间较长，而欧洲人喜欢时常更换地板。

(2)按产品结构分类

第一类：表面无任何覆盖层软木地板，早期产品常为此种形式。

第二类：表面涂装软木地板。对软木地板表面进行涂装，即在胶结软木的表面涂装UV清漆、色漆、光敏清漆(PVA)。根据漆种不同，又可分为高光、亚光和平光。此类产品对软木地板表面要求比较高，也就是所用的软木料较纯净。后期出现了采用PU漆的产品，PU漆相对柔软，可渗透进地板，不容易开裂和变形。

第三类：PVC贴面软木地板。即在软木地板表面覆盖PVC贴面，其结构通常为4层：表层采用PVC贴面，其厚度为0.45mm；第2层为天然软木装饰层，其厚度为0.8mm；第3层为胶结软木层，其厚度为1.8mm；最底层为应力平衡兼防水PVC层，此层很重要，若无此层，在制作时当材料热固后，PVC表层冷却收缩，将使整片地板发生翘曲。这一类地板当前深受北京、上海两地消费者青睐。

第四类：聚氯乙烯贴面软木地板表层为聚氯乙烯贴面，厚度为0.45mm；第2层为天然薄木，其厚度为0.45mm；第三层为胶结软木，其厚度为2mm左右；底层为PVC板，与第三类一样防水性好，同时又使板面应力平衡，其厚度为0.2mm左右。

第五类：塑料软木地板、树脂胶结软木地板、橡胶软木地板。

第六类：多层复合软木地板，第1层为漆面耐磨层；第2层为软木实木层；第3层为实木多层板或HDF高密度板；第4层为软木平衡静音层。

(3)按使用场所分类

一般家庭使用可选择上述第一类、第二类。第一类发展时间最长，优异功能全部能显示；而第二类软木地板，软木层稍厚，质地纯净，但涂装层厚度仅0.1~0.2mm，较薄但柔软，不会影响软木的各项优异性能，而且其铺设方便，消费者只要揭掉隔离纸就可自己直接粘到干净干燥的水泥地上。

商店、图书馆等人流量大的场合，可选用上述第二类、第三类。由于第二类、第三类材料其表面有较厚(0.45mm)的柔性耐磨层，砂粒虽然会被带到软木地板表面，但压入耐磨层后不会滑动，当脚离开砂粒还会被弹出，不会划破耐磨层，所以即使人流量大也不会影响地板表面。

练功房、播音室、医院等适宜用橡胶软木作地板，其弹性、吸振、吸声、隔声等性能也非常好，但通常橡胶有异味。因此，一般在这种地板表面用PU或PVA高耐磨层作保护层，不仅耐磨性能好，且可使其消除异味。

6.1.5.2 特点

软木地板具有以下显著优点：

(1)脚感柔软舒适

软木地板具有健康、柔软、舒适、脚感好、抗疲劳的良好特性。每一个软木细胞就是一个封闭的气囊，受到外来压力时细胞会缩小，内部压力升高，失去压力时，细胞内的空气压力会将细胞恢复原状。软木的这种回弹性可大大降低长期站立对人体背部、腿部、脚踝造成的压力，同时有利于保护老年人的膝关节，对于意外摔倒可起缓冲作用，可最大限度地降低人体的伤害程度。

(2)防滑性能好

软木地板具有比较好的防滑性，与其他地板相比，优异的防滑特性是它最大的特点。软木地板防滑系数是6，人们在上面行走不易滑到，增加了使用的安全性。

(3)吸收噪声

软木地板也属于静音地板，软木因为感觉比较软，就像人走在沙滩上一样非常安静。从结构来讲，软木本身是多面体的结构，像蜂窝状，充满了空气，所以具有良好的隔音性。实验表明：软木地板与实木地板、实木复合地板以及强化复合地板相比，隔音量能够提高7dB左右。

(4)不易受潮变形

软木地板的生产过程十分严谨，软木树皮在被加工成地板之前经历了一系列"历练"过程：打碎、筛选、过滤、搅拌、热压、固化、饰面等，其中热压成型工序令颗粒状的软木原料形成了一个稳定均衡的整体，尽管软木天生具有微小气囊，但经过处理的软木已经成为纯净的软木颗粒之后，以一种人工热压的方式重新排列在一起形成新的结构系统。对于外部来说，它是完全致密而封闭的，不会渗油渗水，达到一定含水率的软木地板不容易受潮变形，更不会藏污纳垢。另外，经过表面特殊处理的软木地板还可以用于厨房卫生间等潮湿空间。

同时，软木地板在使用过程也有一些缺陷：

(1)耐磨抗压性差

物体的变形分为弹性变形与塑性变形，弹性变形可以恢复，但塑性变形则不可恢复。如果超越了弹性变形数值范围外，就变成了塑性变形，即不可恢复。如果用尖锐的鞋跟去踩软木地板，发生的压坑就可能是不能恢复的。日常生活中，最好穿软底鞋在软木地板上行走，防止将沙粒带入室内，建议在门口处铺一块蹭脚垫，并及时清除带入室内的沙粒，减少对地板的磨损。

(2)不易清洁

软木地板的结构决定了其更容易积灰，需要正确的使用和维护，清洁打理上更精心一些。软木地板的防水、防腐性能不如强化复合地板，水分也更容易渗入，要防止油墨、口红等弄在地板上，否则就容易渗入不易清洁。

6.2 实木地板生产工艺

6.2.1 生产工艺流程

实木地板生产工艺流程如图6-8所示。

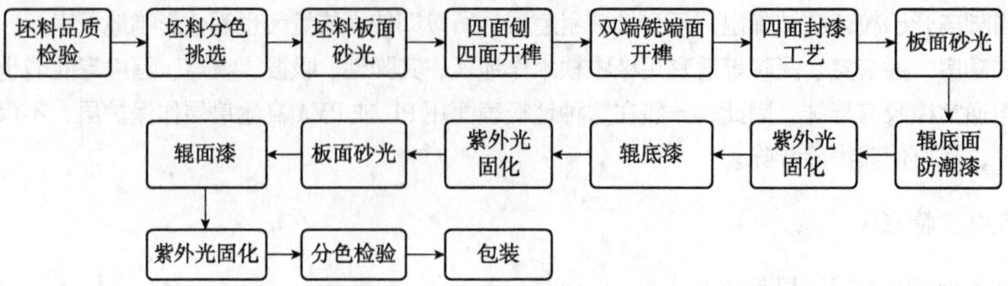

图 6-8 实木地板生产工艺流程

6.2.2 主要生产工序

(1)坯料加工

按照地板规格要求，对原木进行开料、剖分、裁边、截断等操作，使原木按照预定步骤形成地板坯料。

(2)干燥

为防止地板翘曲变形、开裂，预防虫蛀、腐朽，并提高木材强度等，需对坯料进行干燥。不同树种、厚度的木材，以及使用地的不同，其适用的干燥基准不同，需合理选择。

干燥完成后，将地板坯料置于一定温度、湿度环境下养生。不同木材适用的养生期不同，一般需经历 15~20 天的养生过程。

(3)刨光

对地板坯料的上下两个表面进行刨削加工，一般为四面刨。以暴露坯料表面，初定厚。

(4)分选

将刨光后的地板料，根据其表面形态进行分类。实木地板共 ABCD 四个等级，根据节子、虫洞等瑕疵和颜色分类，将表面形态和颜色相近的统一归类。

(5)企口加工

利用四面刨上刨刀对厚度进行精加工，定厚。利用四面刨上铣刀进行定宽，并开纵向企口。

加工完成后，地板厚度偏差≤0.20mm，宽度偏差≤0.10mm，企口连接松紧适度。

利用双端铣，先由锯片对地板长度进行精截，再通过铣刀在两端头开横向企口。

(6)再分选

由于木材存在天然的颜色差异，根据成品颜色的要求，对完成企口的地板半成品再次进行分选，将深色和浅色分开，以便于后续涂装作业适当调整涂料的颜色深度，减少色差。

(7)砂光

对地板表面进行砂光，精确定厚，同时清除表面毛刺、刨痕、污染等，提高板面的平整度、光洁度，降低表面粗糙度，为保证涂饰效果提供必要条件。

(8)涂饰

对地板表面进行涂饰，因形态和位置不同，企口和地板表面使用的涂饰方式不同，分开进行。地板侧面企口部位采用喷涂方式，地板表面采用辊涂方式。

6.3 实木复合地板生产工艺

6.3.1 生产工艺流程

以三层实木复合地板为例，其生产工艺如下。

木材前期处理：木材剖分→自然干燥(气干)→人工干燥(干燥窑)→养生；
面板加工：进料→定位四面刨→定尺四面刨→双端精截→剖分→人工分选→面板拼装；
芯板加工：进料→优选截断→剖分→挑选→芯板拼装；
压贴复合：面板、芯板、背板进料→涂胶→组坯→热压→堆垛→养生；
开榫槽：纵向开榫槽→横向开榫槽→喷码；
砂光：底面砂光→表面砂光；
涂饰：分别由若干道腻子、底漆、面漆涂饰工段组成；
检验包装：分等→检验→包装→入库。

6.3.2 主要生产工序

(1)原料分选

按照要求分别将基材(胶合板、芯板帘)、木皮(珍贵树种)、背板等进行理化性能、规格尺寸、表面缺陷等项目检测、分选，将有腐朽、虫孔、变色、污染等不符合要求的材料分选剔出，不投入生产使用。

(2)压贴

将基材、木皮(表板)、背板经过施胶铺装后，分别在冷压机和热压机上进行压制，主要工艺控制要素有涂胶量、热压时间、热压温度、热压压力。该生产工艺是实木复合地板生产的最关键环节，它将影响到地板的含水率、稳定性等。

(3)养生

经过压贴后的地板要经过一段时间的养生，主要是平衡地板的内应力和含水率，散发热量，进而控制地板翘曲度，提高地板胶合强度。

(4)分片、分选、定厚砂光

养生后的地板将进行分片、分选、定厚砂光，主要是为了使地板平整，拼缝紧密，减少高低差。

(5)开槽

开出地板拼装企口。开槽是实木复合地板生产的重要环节，开槽质量控制的好坏将直接影响地板的高低差、拼缝。

(6)涂饰

该工艺通过先进的渗透工艺，将油漆渗透到木质纤维的空隙中，填充木材的毛细管、导管等，还原真实木纹，同时使地板面层耐磨、耐刮擦，保持漆面持久的光亮、润泽。该工艺对地板的表面漆膜附着力、耐磨、耐刮擦、甲醛含量等理化指标有重要影响。

(7)密封、覆膜

该工艺主要是在地板四周做防水处理和地板的背面涂油漆或者覆铝膜，主要作用是延缓地板吸潮和解吸，起到防水、防潮的作用，从而使地板稳定不易变形，美观亮丽。

(8)分色、打包

由于实木复合地板的面层采用的是天然木材，树木由于受种植的地点、阳光照射程度、温度、湿度等不同因素的影响，其色泽和花纹不均匀的现象都是自然现象，不可避免会有色差问题。不仅在生产前期要对实木面层进行严格分选，制成品也要经过严格分色(按色系进行分拣)才能打包。将分好色号的地板按照产品类别、规格、等级分别包装，并根据自己的产品特点，提供详细的安装和使用说明书，包装时要做到免受磕碰、划伤和污损。然后贴上相关的标贴，并进行塑封。

6.4　浸渍纸层压木质地板生产工艺

6.4.1　生产工艺流程

浸渍纸层压木质地板(强化复合地板)生产工艺流程由压板、养生、分切、开榫槽、分等、包装、入库等相关工序组成，其中每一个环节均要求严格的质量及工艺操纵(图6-9)。

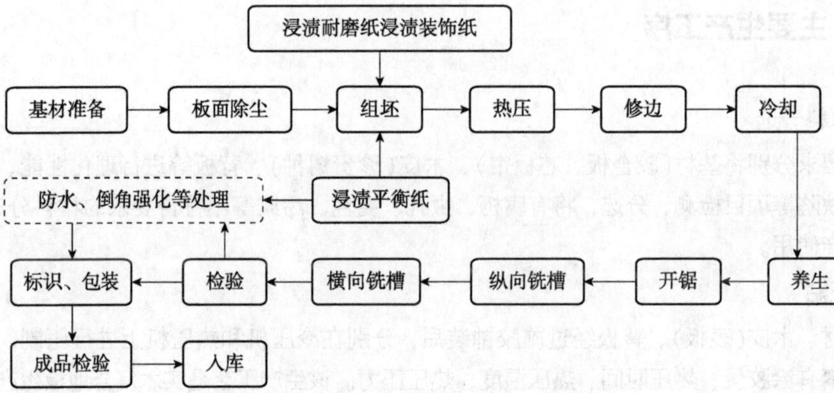

图6-9　浸渍纸层压木质地板生产工艺流程

6.4.2　主要生产工序

浸渍纸层压木质地板生产的主要工序有热压、横断纵锯、铣型、养生、转印、防水处理等，其中热压工序尤为重要。

(1)热压

热压分为平压和模压，平压只需要经过一次热压即可完成，但是模压则需要热压两次。

①平压法　平压法只需经历一次热压过程，即一次性完成耐磨纸、装饰纸、基材与平衡纸的压贴。

平压法热压工艺过程整体上看分为6个部分，分别是备料、组坯、进料、热压、卸板和出板。

平压法浸渍纸层压木质地板产品如图6-10所示。

②模压法　模压法需要经历两次热压过程，第一次完成平衡纸与纤维板的压贴，并完成纤维板表面花纹的压制，第二次完成耐磨纸、装饰纸与基材的压贴。

第1次热压：先将平衡纸与基材组坯，由送料车将组坯板送入压机。工人将平衡纸与基材组坯好之后，为防止基材表面出现干花现象，工人使用手动喷雾器在基材表面喷水，而后将组坯板送入压机完成第一次热压。

第2次组坯热压：再将装饰纸与耐磨纸送入热压机中，铺装在经过一次热压的基材表面上，再将组好的板坯纸送入压机。

③热压工艺参数选择　合理选择温度、时间、压力是热过程控制的关键，也是质量控制重点。

热压温度过高，会导致爆板以及表面过固化产生龟裂；过低，会导致表面固化不足，在其他工序产生划痕。

热压时间过长，会使基材胶合强度降低以及爆板等缺陷；过短，会导致表面固化不足，产生粘板等缺陷。

1. 耐磨纸；2. 装饰纸；3. 平衡纸；4. 基材。

图 6-10　浸渍纸层压木质地板平压法

热压压力过大，会导致液压系统长期在高压力条件下密封元件产生疲劳，缩短液压元件使用寿命；过小，会使表面结合强度不牢，产品不合格。

浸渍纸层压木质地板压贴主要技术参数是：热压温度 180～190℃，热压压力 2.5～3.5MPa，热压时间 20～30s。

(2)修边、冷却

热压板坯后，进行修边，完成修边后，平放在凉板架的空格内(每格放一张贴面板)。

(3)养生

在浸渍纸层压木质地板生产中，通常采用高温、高压短周期的热压生产工艺，从热压机出来的板材要通过一段时间的时效处理消除板材内应力进行养生，处理过程的时间称为养生期。养生使板材内部的温度、厚度、水分以及内应力达到一个均衡稳定的状态。如果产品没有得到足够的养生或在运输中错误存放，那么产品边缘吸收水分会导致板块纵向变形，即出现所谓的“香蕉形状”。养生期长，产品的交货期就长，生产中制品的数量就会增加，企业的流动资金就要投入更多，直接影响到企业劳动生产率和经济效益的提高；但是板材的尺寸稳定性好，翘曲变形小，质量好。反之，养生期短，产品的交货期就短，生产中制品的数量就少，企业的流动资金投入就少，企业的劳动生产率和经济效益就会提高；但板材的尺寸稳定性差，易翘曲变形，影响产品质量。所以对于浸渍纸层压木质地板加工企业来说需要选择合适的养生期。

(4)横断纵锯工序(大板分切)

分切工序是将养生好的压贴大板经过横断锯横向开料，锯成规定数量，再将裁开的板材送料入多片锯纵向开料，剖分成规定片数。通过传输装置运输至收板架，人工进行堆垛。此工序的分切尺寸精度，直接影响着下道工序的加工精度。因此，分切后，需要定时用检验块对分切小板进行检验，以保证分切尺寸要求。

(5)榫槽加工

此项工序为浸渍纸层压木质地板生产过程的又一道重要工序，榫槽加工精度直接决定着产品安装及使用效果，如高低差、拼装离缝和结合强度。此外，此道工序也是容易产生毛边、蹦边的环节，要避免此类缺陷必须及时更换刀具。

(6)防水处理

将防水剂(石蜡)加温液化，利用施蜡机均匀地将液体蜡涂(喷)刷在地板纵向(或横向)企口(露出基材部分)上，达到防水、阻隔甲醛的作用，施完蜡之后的地板可直接进行包装。

6.5　竹地板生产工艺

6.5.1　生产工艺流程

竹材地板的加工工艺与传统意义上的竹材制品不同，它采用中上等竹材，经竹材地板严格选材、制材、漂白、硫化、脱水、防虫、防腐等工序加工处理之后，再经高温、高压热固胶合而成。常规竹地板的生产工艺流程如图6-11所示。

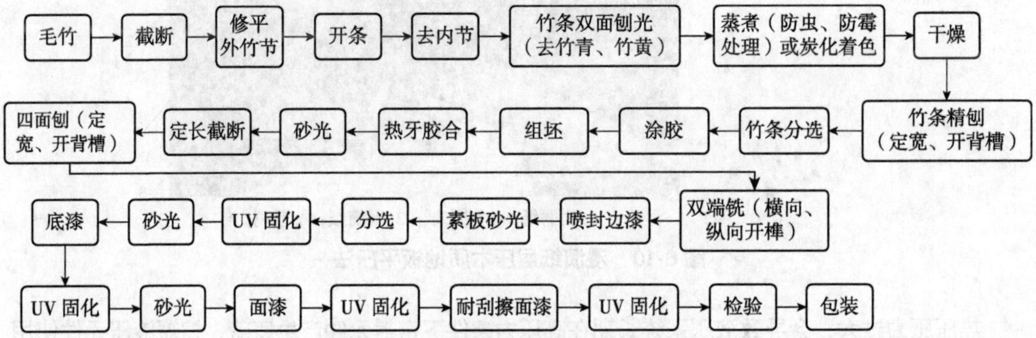

图6-11　常规竹地板的生产工艺流程

竹木复合地板的生产制作，要依靠精良的机器设备和先进的科学技术以及规范的生产工艺流程，经过一系列的防腐、防蚀、防潮、高压、高温以及胶合、旋磨等近40道繁复工序，才能制作成为一种新型的复合地板。

6.5.2　主要生产工序

(1)选材

竹地板一般用毛竹做原料，但毛竹的力学性能与竹龄及取材部位有密切关系，竹龄小于4年，竹材内部成分的木质化程度不够，强度不稳定，干缩湿胀率大，应选用5年以上的毛竹。竹子一般根部壁厚，梢部壁薄。一般选用胸径大于10cm，壁厚7mm以上的直杆形新鲜毛竹为原料。

(2)初刨

初刨是对竹条表面进行初步处理。表面刨青去黄，也就是去除竹皮和竹肉部分，只保留最中间的粗纤维层。传统竹制品是取整个筒状竹材弯曲成规定造型加工而成的，没有经过刨青去黄，表层的竹青也就是竹皮部分密度和粗纤维不同，在同一个湿度条件下收缩变形率不同，所以容易造成开裂。而竹黄也就是竹筒内壁的竹肉部分，含糖分等营养成分较高，不去除也会容易生虫霉变。在厚度上由于竹材本身抗弯强度高于木材，厚度为15mm的竹地板已有足够的抗弯、抗压和抗冲击强度，脚感也较好。有的制造商为迎合消费者越厚越好的心态，不去青、不去黄，竹片胶合后，虽然竹地板厚度可达17~18mm，但胶合强度不好，反倒容易开裂。而质量上乘的竹地板则是将竹生两面竹青、竹黄粗刨去之后，为使竹片组坯胶合严密，还要对其进行精刨，厚度和宽度公差应控制在0.1mm之内，也有利于用于胶合竹坯的胶黏剂在高温作用下迅速固化，提高胶合强度。

(3)蒸煮漂白或碳化

竹材的化学成分与木材基本相同，主要是纤维素、半纤维素、木质素和抽提物质。但竹材含有的蛋白质、糖类、淀粉类、脂肪和蜡质比木材多，在温度、湿度适宜的情况下，易遭虫、菌类的侵蚀，因此竹条在粗刨后需进行蒸煮处理(本色)或高温、高湿的炭化处理(咖啡色)，除去部分糖分、淀粉类等抽提物，处理时加入防虫剂、防腐剂等，杜绝虫类、菌类的滋生。

本色地板在90℃双氧水中进行漂白，根据不同的壁厚，漂白时间不同，壁厚4~5mm的一般处理时间为3.5h，6~8mm为4h。

炭色地板是在高温高压下经过二次炭化程序加工而成。二次炭化技术，将竹材中的虫卵、脂肪、糖分、蛋白质等养分全部炭化，使材质变轻，竹纤维呈“空心砖”状排列，抗拉抗压强度及防水性能大大提高。

(4)烘干

蒸煮处理后的竹片的含水率超过80%，达到饱和状态。竹材的含水率高低直接影响着竹材加工后的成品尺寸和形状的稳定性，为了保证竹地板产品的质量，用于加工的竹材原料在胶合之前需进行充分干燥。目前竹材干燥是利用干燥窑或轨道式干燥窑进行干燥处理。

竹材的含水率需根据各地气候情况和使用环境来控制。如我国北方与南方的含水率是不一样的，在北方使用的产品含水率要求很低，正常情况下应控制在5%~9%。

组成竹地板的各个单元即竹条含水率要均匀。如竹弦面地板(平压板)表层、中间层和底层的竹条含水率要均匀，这样生产成竹地板后不易变形、弯曲。

这点也是防止地板开裂的重要环节，含水率不均匀或含水率过高，遇到温度及湿度等环境因素的变化，地板可能出现变形或开裂。具体根据不同区域的空气湿度情况分区设定含水率。这样制作出来的地板才能够保证适应相应的气候环境。

品质优良的地板在烘干时要经过“六点多面”检测，保证每片竹条以及竹条的头尾、表里含水率均衡一致，这样才能避免地板因环境湿度不同而产生开裂、变形。

(5)精刨

干燥后的竹条需经四面刨进行四面精细刨削，刨去残留竹青、竹黄和粗刨留下的刀痕等，处理后的竹条之间才能胶合得很牢固，无裂缝，不开裂，不分层。竹条精刨后应进行分选，将加工尺寸不符合要求及色差大的竹条从生产线上剔除出去。

(6)组坯胶合

涂胶及组坯：选优质的环保型胶黏剂，按规定涂胶量均匀涂胶，再按所需规格将竹条组坯。

热压胶合：热压是关键工序，在规定的压力、温度和时间下，将板坯胶合成坯板，竹条表面光洁度、胶黏剂和热压条件对竹地板的胶合强度影响很大。

竹地板的胶合强度与木地板不同，它由多块竹片胶合压制而成。胶黏剂的质量、胶合的温度、压力及保温保压的时间都对胶合强度有影响。胶合强度不够的可能变形、开裂。检验其胶合强度的简单方法是将一块地板放入水中浸泡或蒸煮。比较其膨胀、变形和开胶程度及所需时间。竹地板会不会变形、脱胶与胶合强度有极大的关系。

(7)涂饰

为使周围环境中的水分不侵入竹地板，并使板面有防污染、耐磨、装饰等性能，竹地板还需进行涂饰处理。一般经5遍底漆、2遍面漆涂饰后，竹地板表面已覆盖了一层较厚的保护漆膜。漆膜的硬度并不是越硬越好，要软硬适中，以保证漆膜有一定的耐磨性、耐刮擦性和韧性。

根据竹地板表面涂饰效果，市场上的竹地板有亮光、(半)亚光之分。亮光的为淋涂工艺，非常亮丽但是其面容易磨损剥离，使用时要精心维护。亚光和半亚光的是辊涂工艺，色泽柔和，油漆附着力较强。

目前市场上有“5底2面”“7底2面”等做法，上底漆时选择安全环保的优质油漆，不但能维护健康的居家环境，还能达到美观、防水、腐蚀。要保证好的油漆附着力，必须要砂光一层涂一层油漆，经过多次反复砂光涂饰才能保证制作出来的地板表面光滑、平整、无气泡。

6.6 木质地板质量标准与要求

6.6.1 木质地板铺装技术要求

6.6.1.1 铺装要点

①地板应在施工后期铺设，不得交叉施工。铺设后应尽快打磨和涂装。以免弄脏地板或使受潮变形。

②地板铺设前宜拆包堆放在铺设现场1~2天，使其适应环境，以免铺设后出现胀缩变形。

③铺设应做好防潮措施，尤其是底层等较潮湿的场合。防潮措施有涂防潮漆、铺防潮膜等。

④龙骨应平整牢固，切忌用水泥加固，最好用膨胀螺栓、美固钉等。

⑤龙骨应选用握钉力较强的落叶松、柳安等木材。龙骨或毛地板的含水率应接近地板的含水率。龙骨间距不宜太大，一般不超过40cm。地板两端应落实在龙骨上，不得空搁，且每根龙骨上都必须钉上钉子。不得使用水性胶黏剂。

⑥地板不宜铺得太紧，四周应留足够的伸缩缝(0.5~1.2cm)，且不宜超宽铺设，如遇较宽的场合应分隔切断，再压铜条过渡。

⑦地板和厅、卫生间、厨房间等石质地面交接处应有彻底的隔离防潮措施。

⑧地板色差不可避免，如对色差有较高要求，可预先分拣，采取逐步过渡的方法，以减少视觉上的突变感。

⑨使用中忌用水冲洗，避免长时间的日晒、空调连续直吹，窗口处防止雨淋，避免硬物碰撞摩擦。为保护地板，在漆面上可以打蜡(从保护地板的角度看，打蜡比涂漆效果更好)。

6.6.1.2 铺装标准

地板铺装“双标”正式执行，即国家标准GB/T 20238—2018《木质地板铺装验收和使用规范》以及行业标准CECS 191—2005《木质地板铺装工程技术规程》，使铺装质量有章可循。对于新木地板铺装标准，可通过以下9个简单方法，验收木地板铺装是否合格。

①所使用的配件系统必须是合格产品。

②地垫的厚度必须大于2mm，整体有轻微的波浪形。

③踢脚线产品与地板产品衔接的最大间隙应小于3mm。

④按照铺装标准要求，产品的高低差不能大于0.2mm。

⑤用壁纸刀片的刀背插地板的横竖接缝处，如果能插进去则可能缝隙过大。

⑥锯切的门套高出地板上表面不能大于1.0mm。

⑦站在扣条处，用一只脚的鞋底快速击打扣条表面，检查扣条是否牢固。

⑧地板的用量标准规定损耗率通常不应超过5%。

⑨地板与管道及墙壁等交接处应预留8~12mm伸缩缝隙。

6.6.2 竹地板铺装技术要求

①量好尺寸，合理用材。所有截断的板材，其断面必须用清漆封口，防止受潮。

②开始铺设竹地板时，把杉木条(1.2cm×1.2cm)置于四周墙根部，纵向开始铺装。第一片竹地板企口凹槽面紧靠杉木条，然后依次按企口凹凸面对接适度敲紧铺密。根据房间长度，将竹地板截断成所需长度的短板，补齐房间纵向长度。竹地板横缝交错铺设。

③竹地板整体安装完毕后，将四周墙根部的杉木条取出。

④墙根四周用整片地板封地角板，以盖住伸缩缝。用木螺丝或竹签将地角板安装在墙上，木螺丝或竹签处可用近色漆料(或清漆)点涂。最后地角板上平面用同厚度木线装饰。

⑤相邻竹地板之间不得铺设太紧，防止挤压。竹地板背面与地板接触处不得用胶黏剂。安装的好坏，直接影响到地板的整体效果。

6.6.3 木质地板使用规范

6.6.3.1 实木地板的选购和保养

(1)实木地板的选购

实木地板是以实体天然木材为原料加工而成。由于天然木材的诸多优点，如易加工、导热率小、缓和冲击、耐久性强等，使实木地板成为目前最受欢迎的铺地材料。选购要点如下：

①作为天然材料，木材的收缩和变形是不可避免的，选择木地板尽量挑选材性相对稳定的树种，如柚木、菠萝格(印茄)、柞木、娑罗双(巴劳)、木荚豆等；其次再选择颜色、纹理和花纹。

②外观质量上，主要检查实木地板的外观否有虫眼(不应大于 1mm)、开裂、腐朽、蓝变、死节等缺陷。但对于小活节和色差不应过于苛求，这是木材的天然属性。

③加工精度上，采取简易检验方法，即在现场随意抽取 8~10 块地板放在平地上拼装，通过观察和触摸来了解其加工质量精度，光洁度是否平整，板与板之间是否严丝合缝(拼缝间隙不应大于 0.3mm)，是否存有明显的高低差。

④含水率上，实木地板含水率是至关重要的指标，尽量选择与本地温度、湿度相近产地生产的地板。检测时，用简易含水率测定仪。先测定所选购的实木地板的样品，然后检测所购地板的含水率，若两者含水率的差异在 1%~2%，则属正常的范围。

⑤对于油漆地板，既要选择六面封漆的地板，还应观其漆板表面漆膜是否均匀、丰满、光洁，有无漏漆、鼓泡、孔眼、麻点等缺陷，而一般耐磨性较好的油漆地板可用香烟灼烧 20s，油漆表面不应留有明显的痕迹。

(2)实木地板的保养

①地板的光亮保养　由于使用中常用水去擦地板，擦完后地板发灰没有光亮，而且长时间擦会严重影响地板原有的漆面。所以平时应尽量不要用水去擦地板，一般选择地板专用的静电拖把干擦，如有较难擦的污点，用湿布擦即可。定期给实木地板上油(一般 1 次/月)，这样可长时间保持地板光亮。对于已使用过一段时间有些发灰，但是原漆面没有大损伤的地板，最好半个月上一次木地板精油，直至地板恢复原有的光亮。但是，对于地板漆面磨损较严重已无法恢复原来光亮的，通常采取超光亮或上色处理；对于地板漆面磨损严重已伤及地板本身的，将地板面漆磨掉 0.5mm，重新为地板上漆、上蜡。

②防止地板干裂　因为南方天气过于潮湿，地板本身所含有的水分和天然树脂逐渐流失，长时间以后就会大大影响地板的使用寿命，对于这种情况，要定期为地板补充水分和天然树脂来防止地板干裂和接缝变大。使用天然木质精油或强保湿处理，可恢复原有的美观度，并延长了使用寿命。

③防潮、防霉、防变形　安装地板时一定要选择“天时”(晴朗的天气，在安装 7 天左右都是晴天，没有下雨)、“地利”(不要在地面没干透以前安装地板)、“人和”(找专业的工人安装)，而且在地板下面放专业的防潮产品，防止地板受潮。

④预防和治理细小裂纹　定期及时为地板上油、上蜡，能有效地预防和治理地板干细裂纹。

⑤防止和恢复地板刮伤　装修时应最后安装木地板，这样就不会因施工不当而对地板造成刮伤，安装后在进家具前应给地板先上一层地板蜡或油，在地板上形成一层保护膜来防止刮伤。如地板已有刮伤，轻微的用蜡添平即可，如较深可定点修复，来保证地板的使用和美观。

⑥除菌　由于长期清洁不当，地板又是极其适应细菌生存的环境，所以地板面应及时清洁、除菌来保证家人的健康。

⑦地板的修补　地板在使用时由于人员走动、家具的挪动、器具的掉落等，都会对地板造成

损伤、刮伤、脱漆等情况。修补步骤为：地板在修补刮伤时，应先将刮伤内的灰尘、污渍清洁干净；在要修补的刮伤两边粘上胶带，以防止修补剂粘到刮伤外的地板表面；调出和原地板色一样的颜色，进行补色；待补色后，用专业的地板修补液把地板修补平；待地板修补剂干后，再给地板上漆(要比原地板表面高出 0.1mm)；待漆干后再用专用刀具给地板找平，恢复到和原来地板一样；最后给地板上油、上蜡即可。

6.6.3.2　实木复合地板的选购和保养

(1)实木复合地板的选购

①选种类　市场上实木复合地板种类主要有三层实木复合地板和多层实木复合地板，消费者应根据自己的需要进行选择。

②选环保　使用脲醛树脂制作的实木复合地板都存在一定的甲醛释放量，环保实木复合地板的甲醛释放量必须符合 GB/T 39600—2021《人造板及其制品甲醛释放量分级》中，E_1 级不超过 0.124mg/m^3、E_0 级不超过 0.050mg/m^3 和 ENF 级不超过 0.025mg/m^3。

③选品牌　要看重实木复合地板的品牌，即使是用高端树木板材做成的实木复合地板，质量也有优有劣。所以在选购实木复合地板时，最好购买品牌较好的厂家的实木复合地板。这样即使出了问题，也有利于对权益进行维护。

④选颜色　地板颜色的确定应根据家庭装饰面积的大小、家具颜色、整体装饰格调等而定。面积大或采光好的房间，用深色实木复合地板会使房间显得紧凑；面积小的房间，用浅色实木复合地板给人以开阔感，使房间显得明亮。根据装饰场所功用的不同，选择不同色泽的地板。例如，客厅宜用浅色、柔和的色彩，可营造明朗的氛围；卧室应用暖色调地板。家具颜色深时可用中性色地板进行调和；家具颜色浅时可选一些暖色地板。

(2)实木复合地板的保养

实木复合地板铺设完毕后，至少要养生 24h 方可使用，否则将影响实木复合地板的使用效果。一般实木复合地板耐水性差，不宜用湿布或水擦拭，以免失去光泽。在日常生活中，必须养护好实木复合地板，具体措施如下：

①房间内湿度不宜过大，保持地板干燥、光洁，日常清洁使用拧干的棉拖把擦拭即可；如遇顽固污渍，应使用中性清洁溶剂擦拭后，再用拧干的棉拖把擦拭，切勿使用酸、碱性溶剂或汽油等有机溶剂擦洗。

②日常使用时要注意避免重金属锐器、玻璃瓷片、鞋钉等坚硬物器划伤地板；不要使地板接触明火或直接在地板上放置大功率电热器；禁止在地板上放置强酸性和强碱性物质；绝对禁止长时间水浸。

③为了保持实木复合地板的美观并延长漆面使用寿命，建议每年上蜡保养两次。上蜡前先将地板擦拭干净，然后在表面均匀地涂抹一层地板蜡，稍干后用软布擦拭，直到平滑光亮。

④如果不慎发生大面积水浸或局部长时间被水浸泡，若有明水滞留应及时用干布吸干，并让其自然干燥，严禁使用电热器烘干或在阳光下暴晒。

⑤长时间暴露在强烈的日光下，或房间内温度的急剧升降等都可能引起实木复合地板漆面的提前老化，应尽量避免。

⑥安装完毕的场所如暂且不住，则应该保持室内空气的流通，不能用塑料纸或报纸盖上，以免时间长表面漆膜发黏，失去光泽。

⑦定期清扫地板、吸尘，防止沙子或摩擦性灰尘堆积而刮擦地板表面。可在门外放置擦鞋垫，以免将沙子或摩擦性灰尘带入室内。平时清洁地板时可用拧干的棉拖把擦拭，不能用湿拖把或带有腐蚀性的液体(如肥皂水、汽油)擦拭地板。

⑧如果室外湿度大于室内湿度，可以紧闭门窗，保持室内较低的湿度；如果室外湿度小于室内湿度，可以打开门窗以降低室内的湿度。如果遇到潮湿闷热的天气，可以打开空调或电风扇调节。

⑨秋季、冬季为增加室内空气湿度，可使用增湿机使室内的空气湿度保持 40%~80%。

⑩移动家具时不应直接在地板上推拉，应抬起挪动并轻放。经常移动的家具可在其底部粘一层橡皮垫。

⑪特殊污渍的清理办法是：油渍、油漆、油墨可使用专用去渍油擦拭；血迹、果汁、红酒、啤酒等残渍可以用湿抹布或用抹布蘸上适量的地板清洁剂擦拭；不可用强力酸碱液体清理木地板。

6.6.3.3 浸渍纸层压木质地板的选购和保养

(1)认清标识

浸渍纸层压木质地板是全国工业产品生产许可证发证产品，选购时要认清“QS”标志、“生产许可”字样和生产许可证编号。

(2)合理选用

耐磨转数越高不代表浸渍纸层压木质地板质量好。按照GB/T 18102—2020《浸渍纸层压木质地板》规定，表面耐磨等级分为家用Ⅱ级≥4000r，家用Ⅰ级≥6000r，商用级≥9000r，即为合格。家庭中的人流量不大，一般不会有恶性损伤，耐磨转数不必追求与公共场所同等的标准。耐磨转数是浸渍纸层压木质地板十几个物理指标中的一个，只能说明该产品的某一项物理性能，不应一味重视耐磨转数而忽视了地板的其他指标和综合性能。

(3)外观辨别

可以通过榫槽部位的光滑程度、纤维精细均匀程度去辨别基材的好坏，通过安装地板的高低差和拼缝去辨别产品加工精度的高低。优质产品环保无污染，有浓郁的天然木质香味；劣质产品木质香味不明显，有的甚至散发出刺鼻的怪味。

(4)了解企业

根据抽查表明，大中型企业产品质量较好，选购时首选有信誉的知名品牌企业，其生产的地板应有国家权威机构出具的抽检或送检的检测报告。

(5)理性消费

由于浸渍纸层压木质地板生产工艺及原料质量千差万别，选购时要当心价格特别便宜的产品，不能一味贪图便宜，步入消费陷阱。

(6)科学使用

在安装使用浸渍纸层压木质地板时应注意，在安装前地面要求平整、干燥、干净，厨房、卫生间、阳台等场所不宜使用强化木地板，安装后要防阳光曝晒，又要防水，打扫卫生时应把拖把或抹布拧干。室内温度较高时，应尽量多开窗透气。冬季用暖气时可装些水放于居室内，既可调节室内湿度，又可吸收室内甲醛。

6.6.3.4 竹地板的选购和保养

(1)竹地板的选购

①产品资料是否齐全　通常正规产品按照国家规定应有一套完整的产品资料，包括生产厂家、品牌、产品标准、检验等级、使用说明、售后服务等资料。资料齐备的产品，说明该生产企业是具有一定规模的正规企业。即使出现问题，也可有据可查，方便维权。

②材料选择　优质的竹地板都是3年以上生的竹材精制而成。挑选竹地板时，可用手掂掂重量，选择重量较沉的竹地板。重量较轻的竹地板通常都是用1~2年生的嫩竹制作的，嫩竹没成材、密度小、竹质较嫩，稳定性和抗弯抗压强度都不是很好。3年以上生的竹材则密度大、稳定性好，更加结实耐用。竹地板材料的新旧只看重量还不够，还要观察其纹理，如果纹理模糊不清，说明此竹地板的竹材不新鲜，是较陈旧的竹材。

③产品外观　首先看地板的色泽，质量好的产品表面颜色基本一致，清新而具有活力，不论是本色还是炭化色，其表层有多而密的纤维分布，纹理清晰。

④漆面　将地板拿到光线充足的地方去仔细观察，看有没有气泡和麻点，有没有橘皮现象，

漆面是否均匀、光滑、透明。然后，用指甲在漆面上划一划，看是否留下很深的划痕。竹地板的面漆有辊涂和淋涂之分，通常情况下，淋涂面漆比辊涂面漆质量要好，淋涂因用漆量大而饱满会让竹地板更美观更耐磨。

⑤质量　竹地板与木地板不同，它由多块竹片胶合压制而成，胶黏剂的质量、用胶量的多少以及胶合的温度、压力及压合的时间，都对胶合质量有影响。胶合质量好的地板，平整无缝隙、无裂纹，否则，不仅会造成地板强度降低，水分极易渗透进地板中，使地板变形，甚至脱胶。

⑥精度　竹地板加工精度很高，其误差均以“丝”为计量单位。可以随机抽取4~5块竹地板将其进行拼合，看板与板之间的拼缝是否均匀，用手摸一摸结合处是否存在高低不平的现象等等。

⑦含水率　要想竹地板的质量好，其竹片其含水率必须均匀，一般应控制在8%~10%，如果含水率不均匀或含水率过高，遇到环境(如温度及湿度等)的变化时，地板可能会出现变形或开裂。含水率的控制主要取决于干燥设备及生产管理，消费者难于简单测定含水率，解决这一问题较保险的办法是选择能生产竹坯板的和有信誉的竹地板厂家。必要时可要求看权威部门出具的检验报告。

(2)竹地板的保养

①保持通风干燥的环境　经常性地保持室内通风，可以使室内的潮湿空气与室外交换。特别是在长期没有人居住、保养的情况下，室内的通风透气更为重要。

②避免曝晒和雨淋　有些房屋阳光或雨水能直接从窗户进入室内，这将影响竹地板的使用寿命。强烈的阳光会加速漆面和胶黏剂的老化，还会引起地板的干缩和开裂。雨水淋湿后一定要记得及时擦干，否则竹材吸收水分后会引起膨胀而变形，严重的还会使地板发霉。因此，在日常使用中要特别加以注意。

③避免损坏地板表面　与强化复合地板不同，竹地板并没有耐磨层对其加以保护。因此，竹地板装饰层的漆面就是地板的保护层。对于竹地板表面则应避免硬物的撞击、利器的划伤、金属的摩擦等，化学物品也不能存放在室内。另外，室内家具在搬运、移动时应小心轻放，家具的脚应垫放橡胶垫等。

6.6.4　木质地板质量标准及检验

6.6.4.1　实木地板的质量标准及检验

实木地板的国家标准 GB 15036—2018《实木地板》对旧标准 GB 15036—2001 做了重要的修改和补充。该标准规定了实木地板在外观质量、加工精度和物理力学性能三个方面的指标。

(1)技术要求

2018年7月13日，国家质量监督检验检疫总局和国家标准化管理委员会联合发布了最新实木地板国家标准，并于2019年2月1日开始实施。其中更改的技术要求部分(外观质量、加工精度)见表6-1。

表6-1　实木地板技术要求

名称	正面		背面
	优等品	合格品	
活节	直径≤15mm 不计；15mm<直径<50mm，地板长度≤760mm，<1个；760mm<地板长度≤1200mm，<3个；地板长度>1200mm，5个	直径≤50mm，个数不限	不限
死节	应修补；直径≤5mm，地板长度≤760mm，≤1个；760mm<地板长度≤1200mm，≤3个；地板长度>1200mm，≤5个	应修补；直径≤10mm，地板长度≤760mm，≤2个；地板长度>760mm，≤5个	应修补；不限尺寸或数量

（续）

名称	正面		背面
	优等品	合格品	
蛀孔	应修补；直径≤1mm，地板长度≤760mm，≤3个；地板长度>760mm，≤5个	应修补；直径≤2mm，地板长度≤760mm，≤5个；地板长度>760mm，≤10个	应修补；直径≤3mm，个数≤15个
表面裂纹	应修补；裂长≤长度的15%，裂宽≤0.50mm，条数≤2条	应修补；裂长≤长度的20%，裂宽≤1.0mm，条数≤3条	应修补；裂长≤长度20%，裂宽≤2.0mm，条数≤3条
树脂囊	不得有	长度≤10mm，宽度≤2mm，≤2个	不限
髓斑	不得有	不限	不限
腐朽	不得有		腐朽面积≤20%，不剥落，也不能捻成粉末
缺棱	不得有		长度≤地板长度的30%，宽度≤地板宽度的20%
加工波纹	不得有	不明显	不限
榫舌残缺	不得有	缺榫长度≤地板总长度的15%，且缺榫宽度不超榫舌度的1/3	
漆膜刻痕	不得有	不明显	—
漆膜鼓泡	不得有		—
漏漆	不得有		—
漆膜皱皮	不得有		—
漆膜上针孔	不得有	直径≤0.5mm，<3个	—
漆膜粒子	长度≤760mm，≤1个；长度>760mm，≤2个	长度≤760mm，≤3个；长度>760mm，≤5个	—

注：①在自然光或光照度300~600lx范围内的近似自然光（如40W日光灯）下，视距为700~1000mm内，目测不能清晰地观察到的缺陷即为不明显。

②非平面地板的活节、死节、蛀孔、表面裂纹、加工波纹不作要求。

（2）物理力学性能指标要求

①含水率　含水率指标是指实木地板在销售地区未拆封或刚除去包装状态下的含水率，该项指标不合格将造成地板在使用中的变形、翘曲、起拱或离缝等现象，影响美观和使用性能。国家标准规定实木地板的含水率指标为6%至销售地点的平衡含水率。同时，规定同批地板试样间平均含水率最大值与最小值之差不得超过3.0%，且同一板内含水率最大值与最小值之差不得超过4.0。

②漆板表面耐磨　漆板表面耐磨反映的是实木地板油漆面的耐磨程度，该项指标不合格说明地板的油漆质量较差，将影响地板的使用寿命。国家标准规定优等品实木地板漆板表面耐磨指标≤0.08g/100r，合格品≤0.12g/100r。但仿古地板漆面耐磨性不做要求。

③漆膜附着力　漆膜附着力反映的是油漆对实木地板的附着强度，该项指标不合格也说明地板的油漆质量较差，在使用中可能造成油漆开裂，甚至剥落，同样影响地板的使用寿命。国家标准规定优等品实木地板漆膜附着力指标为≤1级，合格品≤3级。

④漆膜硬度　漆膜硬度反映了实木地板表面漆膜的强度，和实木地板的材质以及漆膜本身的厚薄、材质有着密切的关系，国家标准规定优等品实木地板漆膜硬度指标为≥H。

6.6.4.2 实木复合地板质量标准及检验

实木复合地板根据产品的外观质量、规格尺寸及理化性能分为优等品、一等品及及格品。

(1)外观质量要求

实木复合地板块的面层应采用不易腐朽、不易变形和开裂的天然材料制成，检查实木复合地板外观质量时应着重注意以下几个方面：

①地板表面油漆涂刷是否均匀，漆膜是否平整、光泽饱满，有无气泡、针粒状，表面有无压痕、刨痕、龟裂等加工缺陷。

②地板表面有无腐朽、死节、节孔、虫孔、裂缝、夹皮等材质缺陷。

③地板周边的榫、槽是否规整，有无缺失和毛刺。

参照国家标准GB/T 18103—2013《实木复合地板》，实木复合地板外观质量要求见表6-2。

表6-2 实木复合地板的外观质量要求

名称	项目	面层			底层
		优等品	一等品	合格品	
死节	最大单个长径，mm	不允许	2	4	50，需修补
孔洞(含虫孔)	最大单个长径，mm	不允许		2，需修补	15，需修补
浅色夹皮	最大单个长度，mm	不允许	20	30	不限
	最大单个宽度，mm		2	4	
深色夹皮	最大单个长度，mm	不允许		15	不限
	最大单个宽度，mm			2	
树脂囊和树脂道	最大单个长度，mm	不允许		5，且最大单个宽度小于1	
腐朽	—	不允许			①
变色	不超过板面积,%	不允许	5，板面色泽要协调	20，板面色泽要大致协调	不限
裂缝	—	不允许			不限
拼接离缝 横拼	最大单个宽度，mm	0.1	0.2	0.5	不限
	最大单个长度不超过板长,%	5	10	20	
拼接离缝 纵拼	最大单个宽度，mm	0.1	0.2	0.5	
叠层	—	不允许			不限
鼓泡、分层	—	不允许			
凹陷、压痕、鼓包	—	不允许	不明显	不明显	不限
补条、补片	—	不允许			不限
毛刺沟痕	—	不允许			不限
透胶、板面污染	不超过板面积,%	不允许	1	不限	不限
砂透	—	不允许			不限
波纹	—	不允许	不明显	—	
刀痕、划痕	—	不允许	不限		
边、角缺损	—	不允许			②
漆膜鼓泡	$\Phi \leq 0.5$mm	不允许	每块板不超过3个		—
针孔	$\Phi \leq 0.5$mm	不允许	每块板不超过3个		—
皱皮	不超过板面积,%	不允许		5	
粒子	—	不允许		不明显	—
漏漆	—	不允许			—

①允许初腐，但不剥落，也不能捻成粉末。

②长边缺损不超过板长的30%，且宽不超过5mm；端边缺损不超过板宽的20%，且宽不超过5mm。

注：凡是在外观质量检验环境条件下，不能清晰地观察到的缺陷即为不明显。未涂饰或油饰面实木复合地板不检查地板表面油漆指标。

(2)尺寸规格要求

检查实木复合地板产品的加工精度及尺寸公差是否符合要求时，应注意以下方面。

①产品长、宽、厚尺寸公差是否控制在产品标准要求的范围内，产品规格是否与产品介绍相同，是否与包装箱上的标识相符。

②产品的榫、槽拼接、咬合是否严密、平整，多块地板拼装后结合处表面是否平整，无高度差，榫槽咬合松紧程度是否合适。

实木复合地板产品的规格尺寸和形状位置精度应符合表6-3的要求。

表6-3 实木复合地板的尺寸偏差

项目	要求
厚度偏差	公称厚度 t_n 与平均厚度 t_a 之差绝对值≤0.5mm 厚度最大值 t_{max} 与最小值 t_{min} 之差≤0.5mm
面层净长偏差	公称长度 l_n≤1500mm 时，l_n 与每个测量值 l_m 之差绝对值≤1.0mm 公称长度 l_n>1500mm 时，l_n 与每个测量值 l_m 之差绝对值≤2.0mm
面层净宽偏差	公称宽度 w_n 与平均宽度 w_a 之差绝对值≤0.1mm 宽度最大值 w_{max} 与最小值 w_{min} 之差≤0.2mm
直角度	q_{max}≤0.20mm
边缘不直角	s_{max}≤0.30mm/m
翘曲度	宽度方向凸翘曲度 f_w≤0.20%；宽度方向凹翘曲度 f_w≤0.15% 长度方向凸翘曲度 f_l≤1.00%；长度方向凹翘曲度 f_l≤0.50%
拼装离缝	拼装离缝平均值 o_a≤0.15mm 拼装离缝最大值 o_{max}≤0.20mm
拼装高度差	拼装高度差平均值 h_a≤0.10mm 拼装高度差最大值 h_{max}≤0.15mm

(3)理化性能指标要求

实木复合地板的物理力学和环保性能是评价其质量的关键指标，但是难于通过感官确定，必须通过一定的检测手段，相关指标评定参照国家标准或行业标准规范执行。

①含水率　实木复合地板的含水率是影响地板尺寸稳定性的最重要因素，直接关系到地板铺装后是否发生翘曲、变形。使用过程中实木复合地板的含水率应与当地的平衡含水率相一致，含水率过高或过低，均会引起地板产生不同程度的尺寸变化。我国地域辽阔，不同地区的温湿度差异很大。南方地区潮湿、多雨，湿度大，要求木质地板含水率偏高些；北方地区干燥、多风少雨，要求地板含水率偏低些。由于地板使用地域和居室环境的不同，各处的平衡含水率也不同，为保证产品质量，木地板包装、出厂前的含水率应比使用地域平衡含水率低1.5%~2.5%，一般为5%~14%。可以使用含水率测定仪抽检、测定包装箱中的地板。

②密度　一般产品的密度大，力学性能较好；硬度高，抗冲击性能较好。但同样条件下，其吸水厚度膨胀率偏大，尺寸稳定性下降。因此，选购实木复合地板时并不是密度越大越好。

③弹性模量和静曲强度　弹性模量是反映实木复合地板力学性能最本质的综合性指标。这两项指标的高低主要与所使用的木材及胶合质量有关，指标值越高，地板抵抗外力弯折的强度越高。

④表面耐磨性　地板表面的耐磨性能可用于衡量地板的使用寿命，通常用耐磨转数表示，转数越高，耐久性越好，但价位也越高。消费者根据自身经济条件和使用场合的不同进行选择，家用地板一般要求不低于6000r，公共场合须高于9000r。实木复合地板的耐磨性可以用表面装饰层单位面积三氧化二铝(Al_3O_2)的含量来衡量，含量30g/m^{2}左右的地板，其耐磨度约为4000r；38g/m^{2}左右的地板，耐磨度约5000r；44g/m^{2}左右的约为9000r；62g/m^{2}的约9000r。

⑤游离甲醛含量 凡使用脲醛树脂胶制作的复合地板都存在一定量的甲醛释放量，若释放到空气中的甲醛量过高，将会影响人体健康。我国标准规定，公共场所空气中的甲醛浓度不得超过 $0.12mg/m^3$，如在铺设过程中嗅到较刺鼻的甲醛味，则空气中甲醛浓度已超标。我国目前主要采用穿孔萃取法测定产品的甲醛释放量。所得的"穿孔值"表示 100g 产品中含有的可释放甲醛量。实木复合地板甲醛释放量：A 类≤9mg/100g，B 类为 9~40mg/100g。环保实木复合地板的甲醛释放量必须符合强制性国家标准 GB 18580—2017 要求，即≤1.5mg/L(采用干燥器法测定)。

⑥胶合强度 实木复合地板制造时采用胶黏剂热压胶合成型，因此，胶合质量直接影响其使用效果和寿命。胶合质量包括两项指标，即浸渍后胶层的剥离强度和干胶合强度。将试件放在具有一定温度的水中处理规定的时间后测定，浸渍剥离值越低越好，胶合强度值越高越好。

⑦浸渍剥离 该指标反映了实木复合地板胶层胶合性能，剥离累计长度不超过该胶层长度的1/3。多层实木复合地板在生产过程中，采用胶合性能好的环保胶，用 $15 \sim 20t/m^2$ 压力冷热压而成，有的厚表板系列甚至采用超过 $50t/m^2$ 压力压制而成，保证地板在使用中不脱层。成品都必须经过 4 道品质测试，依次为：100℃蒸煮、60℃烘烤、100℃蒸煮、-20℃冷冻，保证地板在高低温环境下的产品稳定性。

⑧漆膜附着力 该指标反映了漆膜附着于实木复合地板的牢固性。500g 的钢球从 1m 高度坠落无涂层脱落，凹限度 0.3mm 以下。

实木复合地板的有关理化性能指标要求应符合表 6-4 的规定。

表 6-4 实木复合地板的理化性能指标

项目	单位	要求
浸渍剥离	—	每一边的任一胶层开胶的累计长度不超过该胶层长度的 1/3，6 块试件中有 5 块试件合格即为合格
静曲强度	MPa	≥30
弹性模量	MPa	≥4000
含水率	%	5~14
漆膜附着力	—	割痕交叉处允许有漆膜剥落，漆膜沿割痕允许有少量断续剥落
表面耐磨	g/100r	≤0.15，且漆膜未磨透
漆膜硬度	—	≥2H
表面耐污染	—	无污染痕迹
甲醛释放量	mg/L	符合 GB 18580—2017 标准的要求

注：未涂饰实木复合地板和油饰面实木复合地板不测漆膜附着力、表面耐磨、漆膜硬度和表面耐污染。面层与底层纹理垂直的两层实木复合地板、背面开横向槽的实木复合地板不测静曲强度和弹性模量。

6.6.4.3 浸渍纸层压木质地板质量标准及检验

国家标准 GB/T 18102—2020《浸渍纸层压木质地板》中，对该地板的外观质量、理化性能以及尺寸偏差等内容做了明确规定，具体详见表 6-5~表 6-7。

表 6-5 浸渍纸层压木质地板(强化复合地板)尺寸偏差

项目	要求
厚度偏差	公称厚度 t_n 与平均厚度 t_a 之差绝对值≤0.5mm 厚度最大值 t_{max} 与最小值 t_{min} 之差≤0.5mm
面层净长偏差	公称长度 l_n≤1500mm 时，l_n 与每个测量值 l_m 之差绝对值≤1mm 公称长度 l_n>1500mm 时，l_n 与每个测量值 l_m 之差绝对值≤2mm

（续）

项目	要求
面层净宽偏差	公称宽度 w_n 与平均宽度 w_a 之差绝对值≤0.1mm 宽度最大值 w_{max} 与最小值 w_{min} 之差≤0.2mm
直角度	q_{max}≤0.20mm
边缘直度	s_{max}≤0.30mm/m
翘曲度	宽度方向凸翘曲度 f_{w1}≤0.20%；宽度方向凹翘曲度 f_{w2}≤0.15% 长度方向凸翘曲度 f_1≤1.00%；长度方向凹翘曲度 f_1≤0.50%
拼装离缝	拼装离缝平均值 o_a≤0.15mm 拼装离缝平均值 o_{max}≤0.20mm
拼装高度差	拼装高度差平均值 h_a≤0.10mm 拼装高度差最大值 h_{max}≤0.15mm

注：表中要求是指拆包检验的质量要求。

表 6-6 浸渍纸层压木质地板（强化复合地板）的外观质量要求

名称	正面		背面
	优等品	合格品	
榫舌缺陷	不允许	长度≤5mm²，允许 2 个/块	
干、湿花	不允许	总面积不超过板面的 3%	允许
表面划痕	不允许		不允许露出基材
颜色不匹配	明显的不允许		允许
光泽不匹配	明显的不允许		允许
污斑	不允许		允许
鼓泡	不允许		≤10mm²，允许 1 个/块
鼓包	不允许		≤10mm²，允许 1 个/块
纸张撕裂	不允许		≤100mm²，允许 1 处/块
局部缺纸	不允许		≤20mm²，允许 1 处/块
崩边	明显的不允许		长度≤10mm 且宽度≤3mm，允许
表面压痕	不允许		
透底	不允许		
表面龟裂	不允许		
分层	不允许		
边角缺损	不允许		

注：正常视力在视距为 0.5m 时能清晰观察到缺陷为明显。

表 6-7 浸渍纸层压木质地板（强化复合地板）理化性能指标要求

项目	要求	要求			
		家用级		商用级	
		Ⅱ级	Ⅰ级	Ⅱ级	Ⅰ级
密度	g/cm³	≥0.82			
含水率	%	3.0~10.0			

（续）

项目		要求	要求			
			家用级		商用级	
			Ⅱ级	Ⅰ级	Ⅱ级	Ⅰ级
吸水厚度膨胀率	T≥9mm	%	≤15.0		≤12.0	≤8.0
	T<9mm		≤17.0		≤14.0	≤12.0
内结合强度		MPa	≥1.0			
表面胶合强度		MPa	≥1.0		≥1.2	≥1.5
表面耐划痕		—	4.0N 表面装饰花纹未划破			
面耐冷热循环		—	无龟裂、无鼓泡			
尺寸稳定性		mm	≤0.9			
表面耐磨		r	≥4000	≥6000	≥9000	≥12000
表面耐香烟灼烧		—	无黑斑、无裂纹、无鼓泡			
表面耐干热		—	不低于4级			
表面耐龟裂		—	5级			
锁合力		N/mm	—		≥2.5(侧边拼接) ≥2.5(端头拼接)	
抗冲击		mm	≤10.0			
耐光色牢度		—	大于或等于灰色样卡4级			
表面耐水蒸气		—	无突起，无龟裂			
甲醛释放量		mg/m³	甲醛释放量应符合 GB 18580—2017 要求 甲醛释放量分级按 GB/T 39600—2020 规定执行			

注：①非锁扣拼接的浸渍纸层压木质地板不检验锁合力。

②表面耐干热4级为在某一角度看光泽和/或颜色有轻微变化，5级为无明显变化。

③表面耐龟裂5级为用6倍放大镜观察表面无裂纹。

6.6.4.4 竹地板的质量标准及检验

竹地板相关产品质量要求及检验应符合现行的国家标准 GB/T 20240—2017《竹集成材地板》、GB/T 30364—2013《重组竹地板》、GB/T 27649—2011《竹木复合层积地板》、LY/T 2713—2016《竹材饰面木质地板》、LY/T 3201—2020《展平竹地板》的规定。

复习思考题

1. 简述实木复合地板的种类及特性。
2. 简述实木地板、实木复合地板的优缺点。
3. 如何选购木地板？
4. 简述软木地板的种类及特点。

第7章 木门窗

【本章重点】

1. 木门窗的分类。
2. 木门窗的结构与制造的工艺流程。
3. 木门窗的质量要求与标准。

7.1 木门窗结构与种类

根据不同场合和功能的需要，在建筑工程中所设置的门窗是各种各样的，门窗的分类方法也有多种，可以从材料、结构、用途、开启方式等多种角度进行分类。

7.1.1 木门的分类

7.1.1.1 按用途分类

(1)内门

门扇两面均朝向室内的门，包括卧室门、卫浴门、厨房门和书房门等。

(2)外门

门扇至少有一面朝向室外的门，如入室门、防盗门等。

7.1.1.2 按开启方式分类

(1)平开门

合页(铰链)装于门侧面，向内或向外开启的门。平开门根据其开启方向的不同，又分为内开和外开两种，一般建筑内门常采用内开，而建筑外门和应急门常采用外开。

(2)推拉门

单扇、双扇或多扇向左右推拉的门。常见的推拉门有明装和暗装两种形式，明装推拉门是指推拉的门扇和轨道均在墙体外面的推拉门，而暗装推拉门是指门扇和轨道在墙体中间的推拉门。推拉门具有开合过程中占用空间小的特点，采用推拉门可以充分利用室内空间。

(3)转门

单扇或多扇沿竖轴转动的门。转门具有开关能同时进行的特点。它既能保证人们的出入方便，又能始终保持对外界的隔离作用，多用于宾馆、酒店等出入人员多的场所。

(4)折叠门

用合页(铰链)连接多扇(或带有导轨)门扇折叠开启的门。由于折叠门在开启时门扇能够折叠，因而占用空间较小，特别是推拉折叠门，很大的门在开启折叠之后，几乎可以不占什么空间，往往可以作为对室内空间重新分隔组合的一种有效方法，类似于活隔断；而平开折叠门则多用于面积很小的厕所或盥洗室等。

7.1.1.3 按材料分类

(1)实木门

实木门指以天然木材为原材料，经过干燥、下料、胶拼、刨光、开榫、打眼、高速铣型等工序，科学加工(或直接采用集成材加工)而成的，无须贴面装饰的整体实木榫接结构的门。一般多采用名贵木材，如樱桃木、胡桃木、沙比利、花梨木、柚木等，加工后的成品具有外观华丽、雕刻精美、款式多样、隔热保温、吸音性好等特点，但容易变形、开裂，并且价位较高，木材利用率低。

(2)实木复合门

实木复合门指以胶合板、刨花板、纤维板等人造板为门芯，采用装饰单板或薄木饰面，经高温热压后制成，并用实木线条封边的门。实木复合门不仅具有木材的天然质感，而且造型多样、款式丰富，或为精致欧式，或为古典中式，或为时尚现代，不同装饰风格的门给予了消费者广阔的选择空间。

(3)木质复合门

木质复合门指以胶合板、刨花板、纤维板、细木工板等人造板为门芯，以非单板或非薄木类材料(如三聚氰胺浸渍纸、三聚氰胺层压装饰板、PVC、CPL、PP、PE)为饰面材料，经高温热压制成的门。木质复合门不仅具有造型多样、款式丰富等特点，而且采用机械化生产，具有效率高、成本低、价位经济实惠、安全方便等特点，备受中等消费群体的青睐。此外，可通过添加防腐剂、阻燃剂、防水剂等物质，增加成品的防腐、阻燃、防潮等功能和性能。但是，与其他类木门相比，木质复合门的隔音效果相对较差。

7.1.1.4 按结构分类

(1)木镶板门

木镶板门指由门梃间镶木镶板或玻璃的木镶板门扇和木镶板门框组成的木门，也称拼装木门。

(2)木夹板门

木夹板门指由在门扇骨架内部填充门芯材料，两面贴合木夹板，面层为装饰薄木、PVC、CPL、PP、PE装饰纸或其他饰面材料装饰的木夹板门扇和门框组成的木门，也称层压木门。

7.1.1.5 按门口形式分类

(1)平口门

平口门指门框的边梃和门扇边梃均为平面的门。我国传统的木门均为平口门，由于门扇开启的原因，门扇与门框之间有缝隙，一般约为3mm，这种结构的密闭隔音效果不好，而且影响美观。

(2)T型口门

T型口门指门扇的边梃为T型口，凸出的部分压在门框的边梃上，并配有密封胶条的门。T型口门为近年从欧洲引进的新型门，其密闭隔音效果好，整体美观(图7-1)。

图7-1 T型口门

(3)斜口门

斜口门指门扇的边梃为斜面，一般呈45°斜面，并配有密封条的门，这种门阻隔声音的能力更强。

7.1.1.6 按功能分类

(1)防火门

防火门指经过阻燃处理，阻燃性能符合相关标准要求的门。

(2)隔声门

隔声门指具有隔音功能的门。

(3)保温门

保温门指保温性能达到相关标准要求的门。

(4)防腐门

防腐门指经过防腐处理，能防止腐朽和虫蛀的门。

(5)防潮门

防潮门指耐水、耐湿性能达到相关标准要求，并能在潮湿环境中使用的门。

(6)抗菌门

抗菌门指具有抗菌性能的门。

(7)防盗门

防盗门指兼备防盗和安全性能的门，全称为“防盗安全门”。木门中的防盗门大多是钢木门，一般可由用户提出要求，防盗性能由中间的钢板来实现，生产厂家可根据用户要求选用不同的颜色、木材、线条和图案等元素定制防盗门，使其与室内装修融为一体，具有很好的协调性与装饰性，以及坚固耐用、开启灵活、外形美观等特点。

(8)防辐射门

防辐射门指能抵御各种电磁波或射线干扰的门。

7.1.2 木窗的分类

7.1.2.1 按开启方式分类

(1)固定窗

一种不能开启的窗，一般不设置窗扇，只能将玻璃安装在窗框上，有时为了与其他窗户产生相同的立面效果，也可以设置窗扇，但窗扇固定在窗框上。固定窗只作为采光和眺望之用，通常用于只考虑采光而不考虑通风的场合。由于窗扇是固定的，玻璃的面积可稍大一些。

(2)平开窗

在窗扇的一侧安装铰链，使窗扇与窗框相连。平开窗与平开门一样，有单扇和双扇之分，也可以向内开启或向外开启。平开窗是最常用的一种形式，具有构造简单、制作容易、安装方便、采光良好、通风顺畅、应用广泛等优点。

(3)横旋转窗

根据其旋转轴心位置的不同，可以分为上悬窗、中悬窗和下悬窗三种。上悬窗和中悬窗用于外窗时，其通风和防雨效果较好。

(4)立旋转窗

转动轴位于上下冒头的中间部位，窗扇可绕着立轴进行立向转动。这种窗通风和挡雨效果较好，并易于窗扇的擦洗，但其构造比横旋转窗复杂，防止雨水渗漏性能较差，在建筑工程中很少采用。

(5)推拉窗

根据推拉窗的开启方式不同，可分为上下推拉和左右推拉两种形式。推拉窗的开启不占空间，但由于开启只有平开窗的一半，所以通风效果不如平开窗。目前，大量使用的是铝合金推拉窗和塑料推拉窗。

7.1.2.2 按镶嵌材料分类

根据镶嵌材料的不同，窗可分为玻璃窗、纱窗、百叶窗、保温窗和防风沙窗等多种。镶嵌不同的材料主要是满足不同的使用功能，如玻璃窗能满足采光功能的要求；纱窗主要在保证通风的同时，可以防止蚊虫进入室内。百叶窗可分为固定百叶窗和活动百叶窗，一般用于只需要通风而不需要采光的房间。

7.1.2.3 按开设位置分类

根据窗在建筑物上开设位置的不同，可以分为侧窗和天窗两大类。设置在内墙和外墙上的窗户称为“侧窗”，设置在屋顶上的窗户称为“天窗”。当侧窗不能满足采光、通风等方面的要求时，可以设置天窗以增加采光和加强通风效果。

7.2 实木门

实木门是指门扇、门框全部由相同树种或性质相近的实木或者集成材制作的木质门。如图7-2所示。

图7-2 实木门

7.2.1 生产工艺流程

一般实木门扇的生产工艺流程如图 7-3 所示。

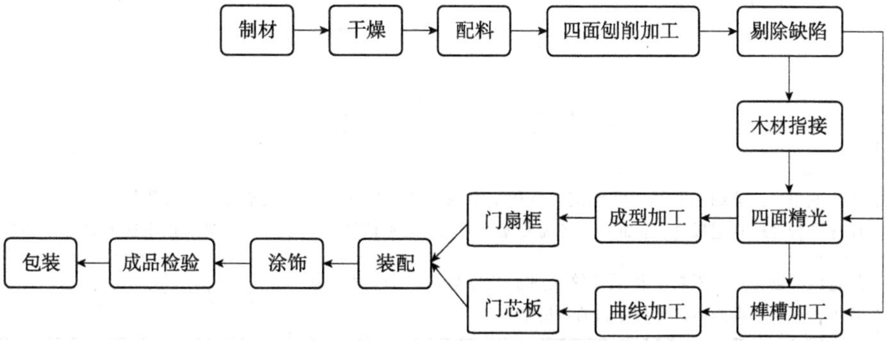

图 7-3 实木门扇的生产工艺流程

一般实木门框的生产工艺流程如图 7-4 所示。

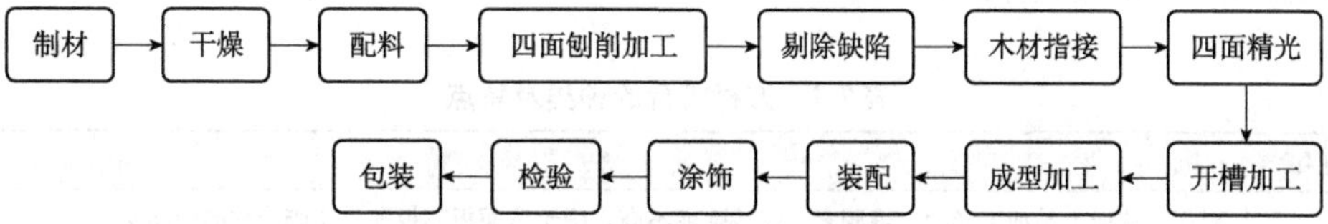

图 7-4 实木门框的生产工艺流程

7.2.2 主要生产工序

(1) 干燥

木材干燥是实木门制作的关键工序，木材的干燥质量是实木门成品质量的决定因素之一。干燥质量不仅影响实木门是否翘曲变形，还影响木材的出材率。干燥后木材的含水率通常控制在 6%~14%。

在实木门生产中，必须严格控制好木材的干燥工艺。不同树种木材干燥工艺不同，干燥中既要防止木材的开裂、变形，又要使其含水率均匀。木材的干燥方法主要有自然干燥和人工干燥。人工干燥包括常规蒸汽干燥、炉气干燥、除湿干燥、真空干燥和太阳能干燥等。干燥方式的选择要根据企业具体条件而定。

(2) 配料

根据生产计划，提前准备好常用树种、常用规格的板材，对于缩短生产周期、提高生产销量、保证产品质量和合理使用木材具有重要意义。备料的树种、等级和含水率必须符合产品质量标准要求，加工工艺需要留出必要的加工余量，做到既保证质量，又节约木材。加工所用的木材树种，应该进行分类，材性相近的树种，才可以混合使用。

按照零部件规格尺寸、材种以及质量要求，将板材加工成各种要求规格毛料的工艺过程称为配料。在保证实木门质量的前提下，配料要充分考虑合理利用木材。因此，必须熟悉实木门质量标准，选择合理的下锯方法，严格控制加工公差。配料有以下两种工艺方式如图 7-5 所示。两种配料工艺方式的特点及选用见表 7-1。

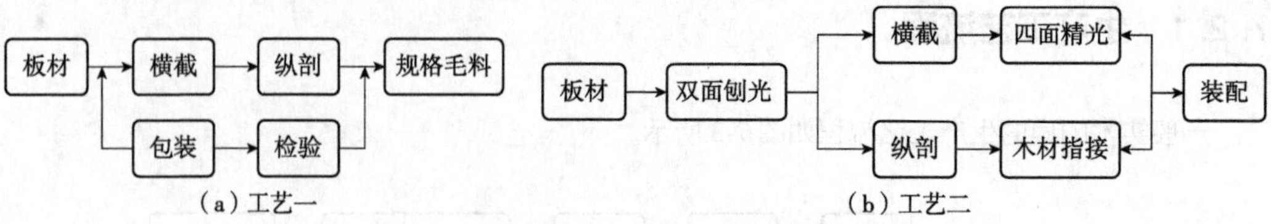

图 7-5　配料工艺方式

表 7-1　配料工艺方式的特点及选用

方式	特点	选用
工艺一	生产效率高，节约工时及生产空间，有利于实现自动化生产；不能充分合理地利用板材，后面往往还需要增加去除缺陷和挖补工序	适合于中、低质量产品大批量同规模产品的配料，但不适于珍贵材种的配料
工艺二	经过两面刨光，使板材的材质及纹理更清楚地显露出来，用料更合理，有利于提高出材率及配料的合格率	适合于大批量生产和薄板材的配料

(3)拼板

实木方材的拼板分为长度方向上的接长，宽度方向上的拼宽和厚度方向上的接厚三种类型，方材胶合的种类和特点见表 7-2。

表 7-2　方材胶合的种类及特点

种类	特点
接长	对接：端面不易加工光滑，渗胶多，胶接强度不高。用于覆面板芯板和受压胶合材的中间层
	斜接：斜面长度愈大，胶合强度愈好。但斜面长度过大，不易加工，木材损耗大
	指接：即齿榫结合，以较小的接合长度达到较高接合强度，便于机械化生产，应用广泛
拼宽	窄板拼宽，可采用平拼或各种榫槽接合方式。可充分利用小料，减少变形，保证产品质量
接厚	薄板胶合成厚板，可充分利用小材

实木方材的指接工艺流程如图 7-6 所示，拼板工艺流程如图 7-7 所示。

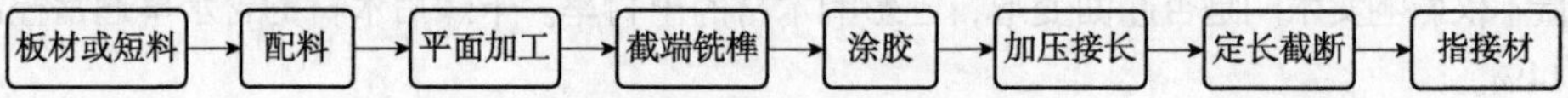

图 7-6　指接工艺流程图

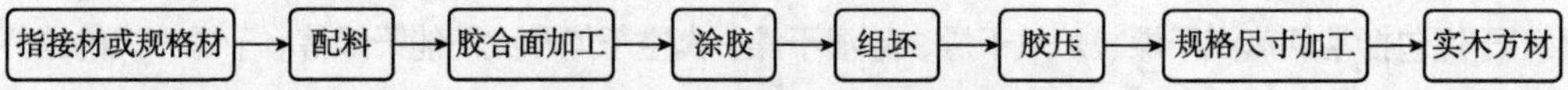

图 7-7　拼板工艺流程图

(4)零部件加工

实木门的零部件比较复杂，主要分为门框零部件和门扇零部件。门框零部件通常有门框、门口线、门挡条等；门扇零部件通常有上梃、中梃、下梃、边梃、门芯板等。各零部件加工过程可大体分为刨光、开榫、钻孔和其他辅助加工。

刨光分为基准面刨光和成型面刨光。基准面刨光常在平刨上进行。当基准面主要作为成型刨光的基准时，可进行粗刨；基准面以后不再加工时，要进行精刨。成型刨光有以下 4 种情况：直线型边缘并具有贯通的打槽、裁口的直线型零件，尽量先在四面刨上加工；直线型边缘并具有不贯通的打槽、裁口的直线型零件，可先在四面刨刨成四方，然后用立刨加工；对超过四面刨加工范围，或质量要求特别高的直线型零件，可用平刨、压刨刨方后再用立刨加工成型；弯曲型零件可先用平刨、压刨加工两直边，然后再用模具在立刨上进行弯曲面加工。

榫头的加工可在卧式、立式或具有自动送料的双头开榫机上进行。长方孔可用方钻加工，透孔一定要两面加工，也可用链式打孔机加工。长方半孔只能用方钻，不得用链刀加工。圆孔及圆形长孔，不论透孔或半孔，一律用麻花钻由一面加工；深度大于 100mm 的圆孔，应用蜗杆钻加工。对圆棒榫接合的圆孔，为保证孔的加工精度和间距准确，应采用多孔钻床。

其他辅助加工包括格角、减半榫、挖补节疤等。格角的加工可用圆锯进行加工。减半榫可用圆锯、立刨、推台锯、开榫机或专用的减榫机加工。挖补节疤，一般采用挖补机将节疤挖掉，取下木塞，然后用手工将木材涂胶后打入挖好的洞内，胶干后用平堵机将高出平面的木塞铣平。

(5)装配和涂饰

门框装配与涂饰是将门档条装到门框上，完成初步装配，再进行涂饰加工；同时，也有将门档条和门框先涂饰，再进行装配；其余部件涂饰后到现场进行装配。

门扇装配与涂饰是先把门扇的上梃、中梃、下梃、门芯板分别进行涂胶，然后在专用设备上进行组合，再进行涂饰；也有先对门扇零部件进行涂饰，再进行组合装配。

7.3 实木复合门

实木复合门是指以装饰单板为表面材料，以实木拼板为门扇骨架，芯材为其他人造板复合制成的木质门。

7.3.1 生产工艺流程

实木复合门由涂饰层、装饰单板、门扇基板、门扇芯料、门扇框架等构成，其结构剖面如图 7-8 所示。实木复合门的生产工艺流程包括门扇和门框的生产工艺流程。实木复合门门扇的基本生产工艺流程如图 7-9 所示，实木复合门门框的基本生产工艺流程如图 7-10 所示。

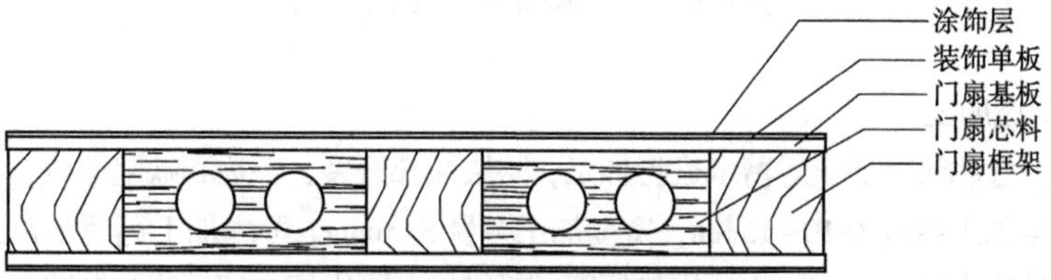

图 7-8 实木复合门的结构剖面图

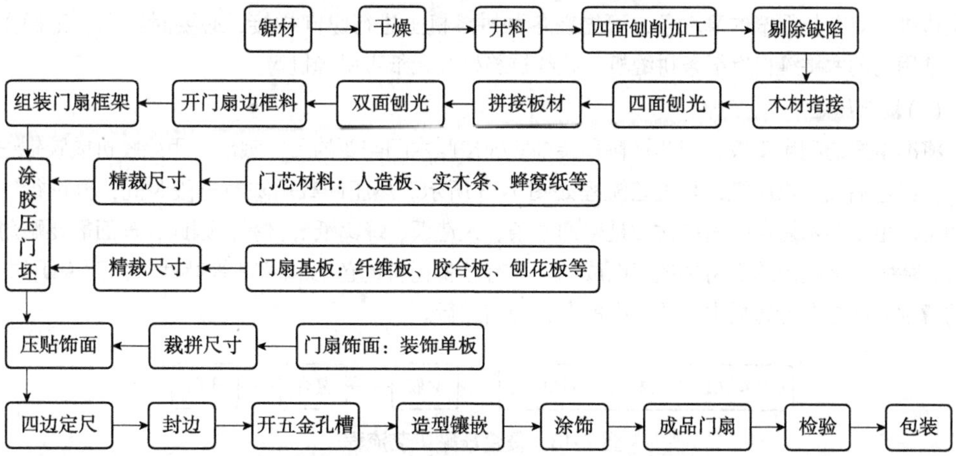

图 7-9 实木复合门门扇生产的基本工艺流程

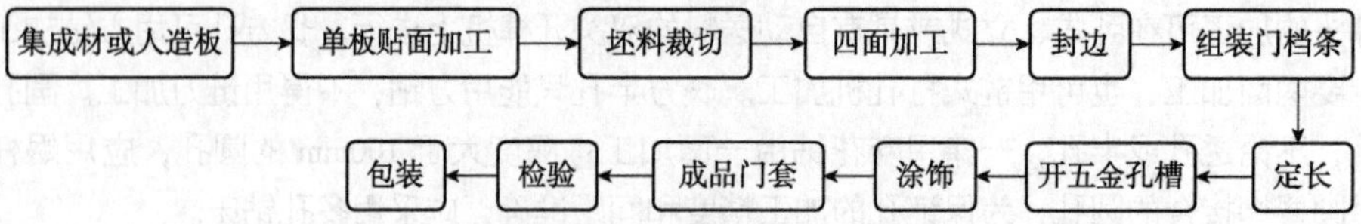

图 7-10 实木复合门门框生产的基本工艺流程

7.3.2 主要生产工序

(1)基材准备

门扇的基材主要包括刨花板(含空心刨花板)、纤维板、胶合板、细木工板、蜂窝纸、玻璃等。以覆面板为中密度纤维板示例，首先将门扇所需材料在裁板锯上按门扇尺寸开料，长宽尺寸应比所需尺寸多10~15mm，备用，其工艺流程如图 7-11 所示。其他如刨花板、细木工板、玻璃等和中密度纤维板准备类似。

图 7-11 基材配料工艺流程

(2)组门扇框

门扇框的主要材料包括实木条、集成材、胶合板、纤维板、细木工板以及各种封边材料等。首先根据门扇框的结构要求，将上述材料截断，去除缺陷，进行砂光处理，然后进行涂胶，组合成门扇框，其工艺流程如图 7-12 所示。

图 7-12 组门扇框生产的工艺流程

(3)装饰单板加工

根据部件尺寸和纹理要求对薄木进行加工，除去端部开裂、毛边和缺陷部分，裁截成要求的尺寸。薄木长度加工余量为10~15mm，宽度加工余量5~6mm。薄木加工可用精密圆锯横截成一定长度，再在铣床上刨光侧边，也可用单板剪切机横切后再纵切去掉毛边和缺陷。薄木拼缝即按拼花方案将裁好的薄木条胶接成整幅图案，以备胶贴于基材上，也可以在胶贴的同时手工拼缝，边贴边拼。对于长而窄的薄木条，可先在各种拼缝机上进行纵向拼接，必要时再用手工操作接长。常用的薄木拼缝机有纸条拼缝机、胶线拼缝机及无纸带拼缝机等。

(4)复合压贴

将准备好的门扇基板、门芯材料和装饰单板按照木门需要的尺寸裁切，用涂胶机或胶辊进行涂胶，组坯后放入热压机，其工艺流程如图 7-13 所示。热压卸载后陈放一段时间，再进行下一步加工。由于实木复合门内在材质是普通木条、人造板、蜂窝纸等材料，因此，表面需要贴薄木单板，薄木单板是由珍贵树种加工而成的，具有珍贵树种的色彩和纹理等特性。需要说明的是，有的薄木贴面是在封边后进行的，有的在封边前进行。

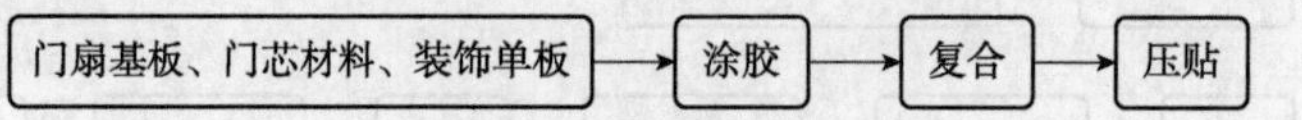

图 7-13 复合压贴工艺流程

(5)定尺、封边

门坯压贴成型后，在精密裁板锯上进行四边定尺加工，且每边留 2mm 的封边余量。定尺后采用封边机进行封边。

(6)开五金孔槽

五金件包括铰链、门锁、拉手等。门扇的五金件槽孔分布在门扇的两侧，根据门的高度、宽度不同，其位置也不同。

(7)铣削成型

热压后的门扇是平面门扇，要经过成型铣削才能完成具体造型的加工。选择数控加工机床进行加工铣削，在计算机控制下实现需要的造型。

(8)装配和涂饰

装配和涂饰工序同实木门类似。

7.4 T 型木门

T 型木门是从欧洲引进的新型木质门，因其横剖面形状呈大写英文字母“T”(图 7-14)，而被称为 T 型门或 T 口门；门边凸出的部分压在门框线上，门框配有密封胶条，可密闭、隔声、隔光，整体协调美观。

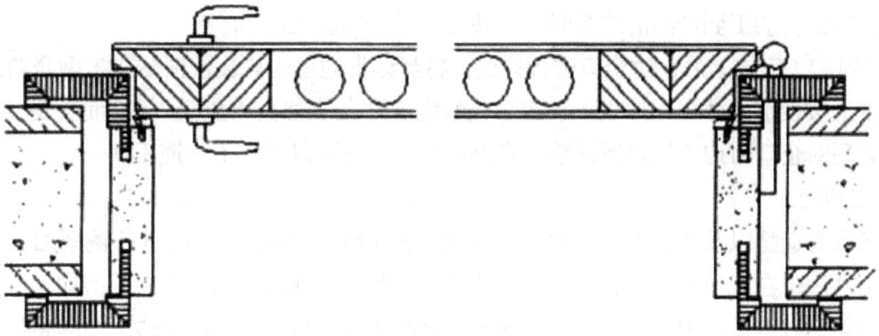

图 7-14　T 型门装配示意图

7.4.1 门扇生产工艺流程

T 型门扇生产工艺流程如图 7-15 所示。

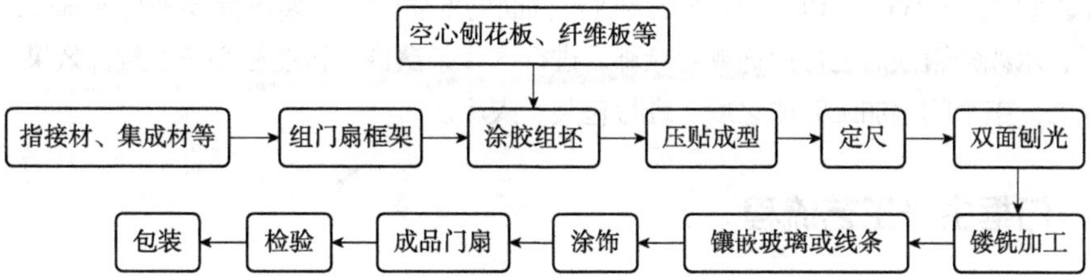

图 7-15　T 型门扇生产工艺流程

(1)组门扇框架

门扇框架(图 7-16)的骨架为松木、杉木等指接材，含水率控制在 6%～14%，两侧各两根，对称分布，这使得门扇的翘曲大为减少，同时开锁孔和合页孔后不至于裸露门芯料；门扇底部两

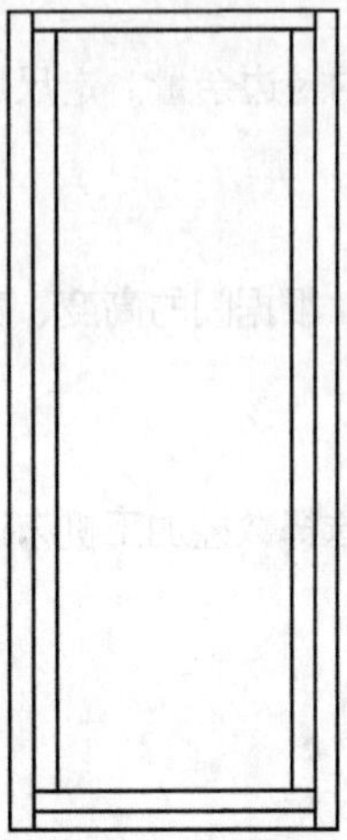

图 7-16 门扇框架

根木方或指接材主要为现场门洞需要裁门提供余量或安装门底封条，门扇框材加工通过横截锯或推台锯来完成。

门扇框架是木门门扇最基本的框架，门扇的五金件安装部位必须有足够的握螺钉力，如需要可在木框上添加实木条。

(2)组坯压贴

材料准备：T型木门的常用材料为实木单板、中高密度纤维板、刨花板、空心刨花板、蜂窝纸、CPL(连续层压防火板)、装饰纸等。根据加工订单选择材料，通过推台锯或电子开料锯等加工所需材料。工艺要求面板的幅面要比门框大10mm，门芯板的幅面要比门边框内尺寸小5mm。

裁好的材料经涂胶机涂胶，与门边框和门芯组坯。门坯送进压机压贴成型。热压机分单层热压机和多层热压机，视产量大小选型；冷压机效率较低，需多台循环工作。如果采用热压工艺，通常使用脲醛树脂作为胶黏剂；如果采用冷压工艺，通常使用乳白胶作为胶黏剂。

(3)定尺

门坯压贴成型后，进行四边定尺加工，且每边留2mm的封边余量。

(4)T型企口加工与封边

T型企口的加工与封边是由T型封边机来完成的。T型企口的加工过程分两步：首先，通过设备上的上下两把锯片，在门扇需要加工的地方划两条线，以便后续加工；然后，再用铣刀加工T型企口。由于是端向铣削，切削表面容易出现末端劈裂，为了避免这种情况发生，需要安装一把逆铣刀，当快要加工到产品的末端时，逆铣刀进行反向加工。

T型企口加工完成之后，对企口进行封边。将封边带通过进料装置粘贴在T型企口边缘，然后在封边带上按设定尺寸用锯片划一条沟槽，避免在封边过程中封边带因折叠而断裂，再进行施压贴合。之后对企口封边余量进行修整，修整完成之后就可以进入下一道工序。

(5)镂铣加工

当门扇具有造型以及开五金件孔槽时，通常选择CNC数控加工中心进行铣削加工。在加工过程中，工件固定在工作台面上，加工头在计算机控制下实现铣型和五金件孔槽加工等功能。

五金件包括铰链、门锁、拉手等，门扇的五金件槽孔分布在门扇的侧边。门的高度、宽度不同，其位置也不同。

(6)装饰木线条加工与镶嵌

装饰木线条是木质原料经过加工后具备一定规格和线型(表面和侧面)的装饰条，用来丰富和提高木门的装饰效果。装饰木线条通常采用四面刨床、万能包覆机等专用设备完成，然后通过手工完成镶嵌加工。

(7)涂饰

对于聚氯乙烯(PVC)、CPL、装饰纸等进行饰面的木质门，一般不需要进行涂饰处理。需要涂饰的门，木线条镶嵌后进行涂饰或者涂饰后进行木线条镶嵌，旨在提高表面装饰效果，保持木门表面光洁。整个门扇加工完成之后，进行包装、入库。

7.4.2 门框生产工艺流程

T型门框生产工艺流程如图7-17所示。

(1)门口线、门框板加工

门口线通常采用刨花板或纤维板，经分切后涂胶组合并加热成型。胶黏剂完全固化后，送入四面刨进行铣型，完成毛料加工(图7-18)。门口线加工工序通过多片锯、涂胶机、高频加热挤压机、四面刨等设备完成。门框板基材为刨花板(或纤维板)，根据加工订单要求进行墙厚裁切，

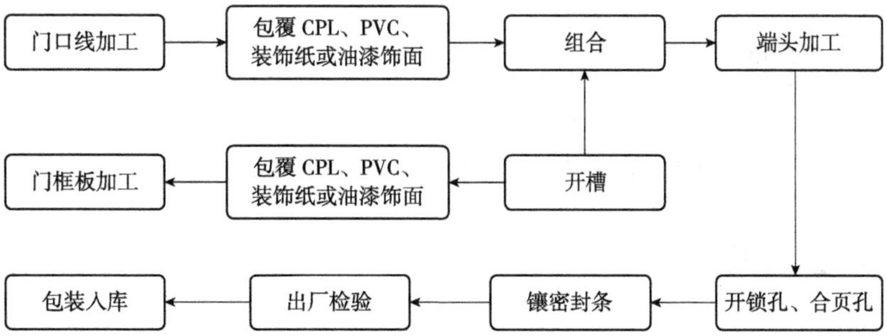

图 7-17　T 型门框生产工艺流程

留 5mm 的加工余量。

(2)包贴饰面材料

门口线毛料送到包覆机进行包覆加工，饰面材料为 CPL、实木单板、PVC、装饰纸等。所需设备为热压机、包覆机、后成型弯板机(或直接用后成型封边机)。

(3)端头加工

端头加工包括 45°切角和 90°截长，T 型门绝大部分的门框均为 45°角对接(图 7-19)。所需设备通常为门框切角机。

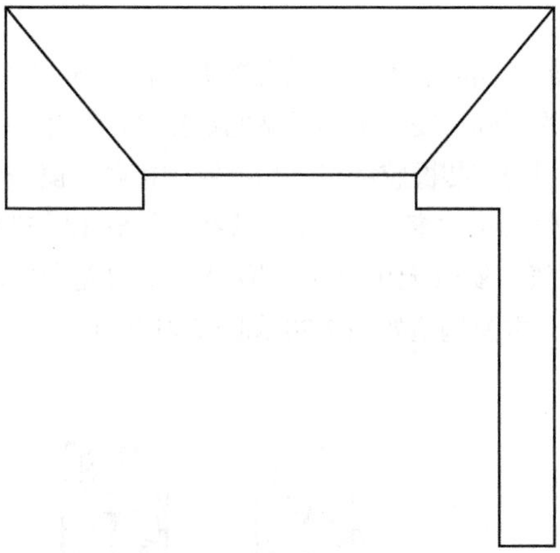

图 7-18　门框线

图 7-19　门框 45°角对接

(4)开孔与密封

门框切角定长后，根据订单要求开锁孔、合页孔等，所需设备通常为镂铣机、打孔机。门框板要进行密封条镶嵌，通常在工厂内部手工完成。

7.5　木质复合门

木质门包括实木门、实木复合门以及木质复合门，其中实木门、实木复合门目前概念明确，业内基本形成共识。但是，木质复合门以人造板为主体材料，所用原料广泛，种类繁多，不易细分。按饰面方式不同，常见的木质复合门有油漆饰面门、CPL 饰面木质门、PVC 饰面木质门、装饰纸饰面木质门等。木质复合门和实木复合门区别是：第一，表面饰面材料不同，木质复合门主要采用装饰纸、PVC 等进行饰面；第二，木质复合门基材以人造板为主体。总体来说，木质复合门与实木复合门工艺基本类似，主要是表面材料将装饰单板替换为装饰纸、PVC 或者浸渍胶膜纸等饰面材料。因此，对木质复合门加工工艺，这里不再赘述。

7.6 现代木窗

现代木窗按产品结构特点可以分为：实木窗、铝包木实木窗和木包铝复合窗。

7.6.1 现代实木窗

7.6.1.1 特点

与传统木窗相比，现代建筑实木窗具有以下特点：

①全新的产品结构，采用先进的加工设备，可满足不同尺寸、形状和产量的生产要求。

②采用实木基材，产品外观可满足现代人追求自然、返璞归真的心理需求，现代感强。

③现代实木窗专用五金连接件，可实现窗平开、倾开、推拉开或折叠开启等，功能良好。

④由于窗结构的改变，密封性好。

⑤双层中空玻璃结构，使得现代实木窗具有良好的保温性和防噪声性。

⑥实木基材多采用集成材，结构强度高，不变形。

⑦根据需求，可制成铝包木实木窗。

7.6.1.2 结构

现代实木窗的框与扇一般由3层落叶松集成材加工而成。每层可以直接接长和拼宽，窗正表面可以见齿或不见齿。窗扇侧边四周根据开启方式的不同，安装不同类型的机械联动装置——现代窗专用五金连接件，与窗框配套接合，窗扇侧边四周安装橡胶密封条与框密闭接触。窗表面涂饰外用聚氨酯漆，起到装饰保护木质基材的目的。现代实木窗用玻璃，一般采用“5+12+5”结构的双层中空玻璃，并且中空处充有惰性气体——氩气，氩气无色无臭，增强了窗的隔音保温性能，利用木压条将中空玻璃嵌装于窗扇中间。现代实木窗构造如图7-20和图7-21所示。

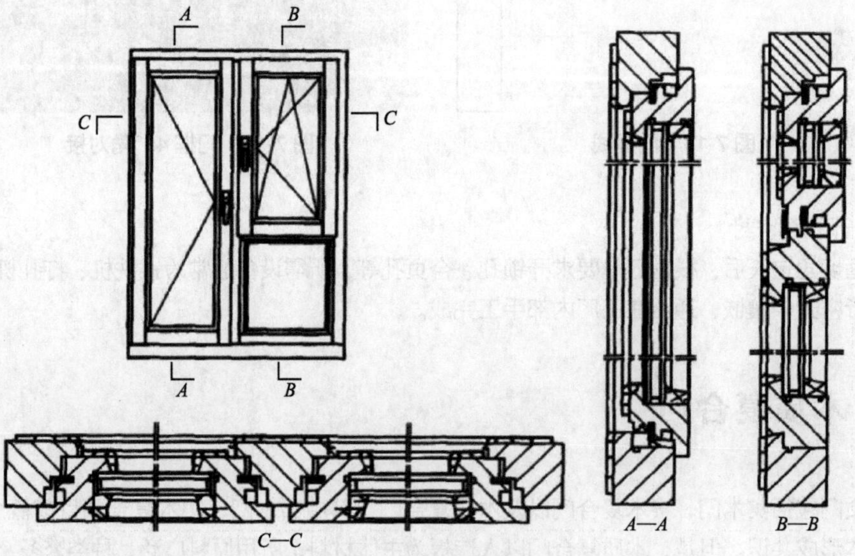

图7-20 现代实木窗构造

7.6.1.3 生产工艺流程

现代实木窗的生产工艺流程如图7-22所示。

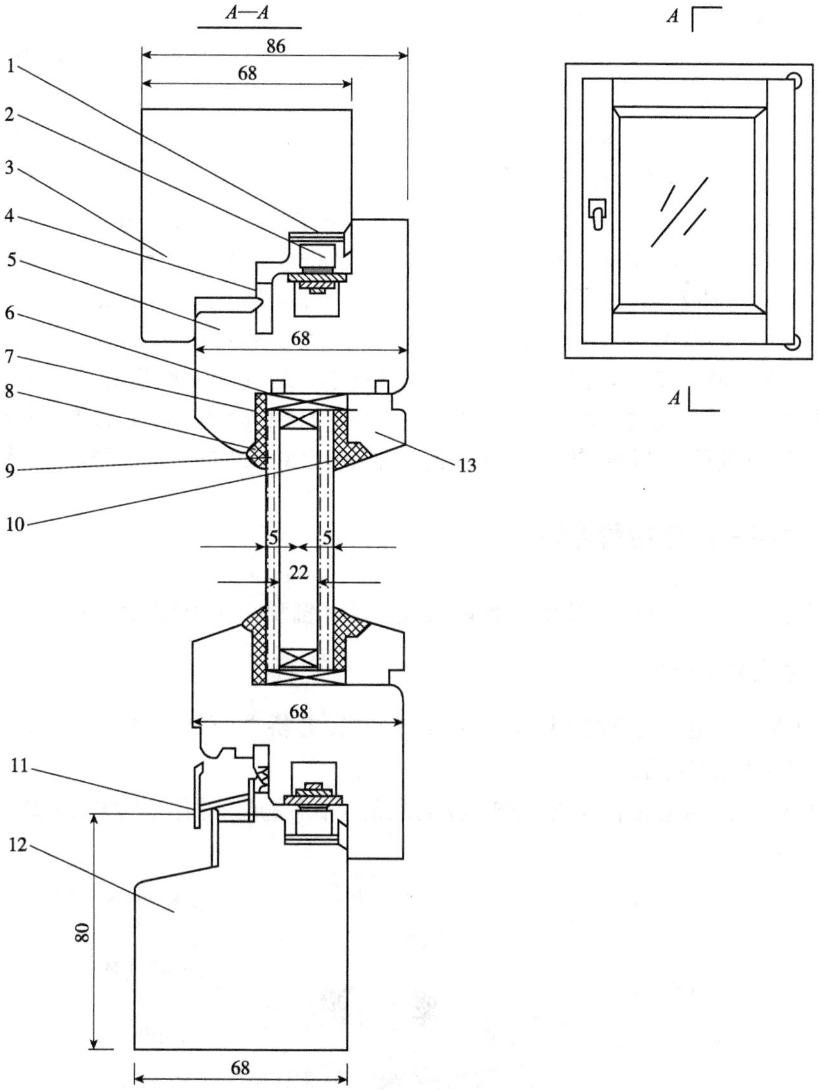

1. 锁片；2. 锁点；3. 窗框；4. 橡胶密封条；5. 窗扇；6. 玻璃垫片；7. 橡胶垫；8. 玻璃胶；9. 中空玻璃；10. 橡胶压条；11. 水槽；12. 窗框；13. 木压条。

图 7-21 现代实木窗构造装配示意图(单位：mm)

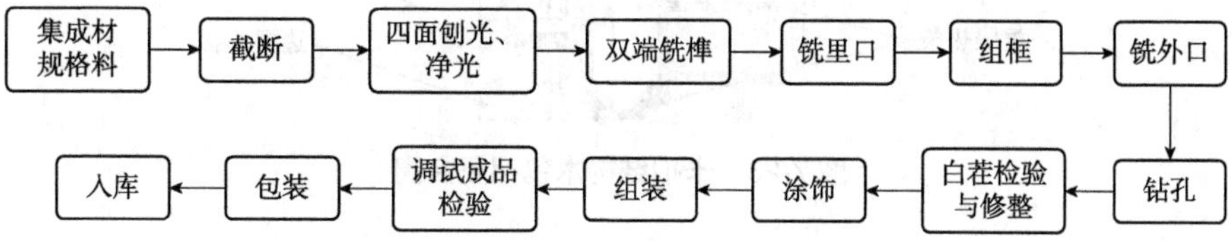

图 7-22 现代实木窗生产工艺流程

对于专业生产厂家，一般直接购进所需集成材规格料。在整个生产加工过程中，根据不同尺寸的窗框、窗扇，先将规格料截断，后四面刨光，由于集成材规格料加工余量很少，又由于落叶松油脂含量多，砂光困难，如果采用净光刨(如 Uniplan23)，一次刨光可得光滑表面，不用再次砂光，使窗框料在厚度方向上的尺寸精度控制在±0. 05mm 以内，省去了基材的砂光工序；另外，通过精光刨刨削的木材表面，在达到较高表面光洁度的同时，更有利于木材表面的涂饰，增大木材表面对涂料的附着力，提高涂饰质量和木窗的使用寿命。接下去的主要加工过程均可由窗整扇生产设备加工中心完成。

目前，国内门窗加工中心使用较多的是德国迈克威力公司生产的 Unicontrol6 和意大利 SCM 公司生产的Windor20型设备。在门窗加工中心的一台设备上，可以完成窗扇的双端铣榫、铣里口、铣外口和窗框的双端铣榫、铣里口等加工过程，操作过程重点是刀具的调整。采用威力Unicontrol6型专业的木窗加工中心进行成型加工，设备上安装有不同组合的刀具，该设备配有5个或6个刀轴。其中：第一刀轴为锯切刀轴，用于窗框料的端头定尺横截；第二刀轴为榫头铣型刀轴并配有4个加工工位，用于窗框料两端的榫头和榫簧加工；第三刀轴为正反转刀轴，其工作原理是，当工件进给到离末端50~100mm时，该刀轴开始工作，并与主铣型刀轴的转向相反，用于窗扇周边的防劈裂铣型；第四刀轴为主铣型刀轴并配有4个加工工位，用于窗框和窗扇边形的铣型加工；第五刀轴为上水平刀轴，用于加工木窗与窗台或百叶窗的连接槽；第六刀轴为辅助铣型刀轴并配有1个或3个加工工位，用于加工五金件的安装槽或其他特殊要求的型面等。为了保证各部件之间的相互配合(窗框与窗扇之间、窗格与窗框之间、窗扇与玻璃之间、窗扇与五金件之间等)，利用这道工序可以使所有相互配合的成型表面在同一定位基准内加工完成。刀具工作位置由电脑控制，通过控制盘上的旋钮开关，调整刀具，实现不同加工的需要。此外，组框、钻孔与组装调试都可在相应的设备上完成。

7.6.2 木材—铝合金复合窗

常见的木材—铝合金复合窗有两种类型：铝包木实木窗和木包铝复合窗。

7.6.2.1 木包铝复合窗

目前，国内外木包铝复合窗的结构主要有：卡扣式、塑桥式、胶条压合式。

(1)卡扣式木包铝复合窗

卡扣式木包铝复合窗的木铝结合方式是通过尼龙卡扣来完成。具体结构图如7-23所示。

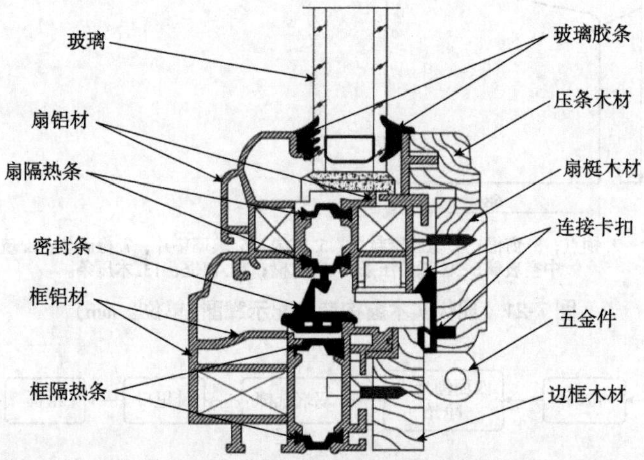

图7-23 卡扣结构木包铝复合窗

卡扣式木包铝复合窗具有如下优点：铝合金主框为独立构件，承担着门窗的结构强度，整体结构强度较高；铝框和木框分别制作，最后进行复合连接，便于角部密封质量的控制及铝木表面的质量控制；卡扣连接操作简单、直接可靠、可以吸收更大的木铝错位位移；方便木质部件的拆卸及更换，易于维修。

该结构也存在缺点，如卡扣连接操作只能靠手工完成，生产效率偏低。铝木之间没有完全隔断，如铝材不采用断热结构，则铝木之间的间隙易产生结露现象，对木材保护不利。

(2)塑桥式木包铝复合窗

塑桥式木包铝复合窗是通过一个塑桥式部件，将铝合金及木材连接在一起，目前国内外有相当多的厂家生产这种结构的木包铝复合窗，可以说是除卡扣式以外被最多采用的木包铝复合窗的结构形式。

塑桥式木包铝复合窗的优点：铝合金主框与木材通过塑桥连接为一体，作为一个型材同时加工，具有较高的生产效率；通过塑桥将木铝之间完全隔断，保温性能良好。

塑桥式木包铝复合窗的缺点：铝木复合需要专用设备，塑桥需要专用塑料模具，投资偏大；铝、木材料合成加工，不利于各自表面的质量控制；框角部位结合密封性难于保证，水密性提高困难；内木框角部连接困难，容易开裂；木材因需加工卡槽，强度大大降低，表面易凹陷；木铝连接可靠性相对较低。

(3)胶条压合式木包铝复合窗

胶条压合式木包铝复合窗是通过卡接胶条将铝和木两种材料连接在一起，只有极少数国外厂家采用这种结构形式。

胶条压合式木包铝复合窗的优点：铝合金主框与木材通过塑桥连接为一体；作为一个型材同时加工，具有较高生产效率；通过胶条将木铝之间隔断，保温性能良好；门窗主框体为整体铝合金结构，门窗强度较好。

胶条压合式木包铝复合窗的缺点：铝木复合需要专用设备，投资稍大；铝、木材料合成加工，不利于各自表面的质量控制；内木框角部连接困难，容易开裂；木材因需加工卡头而大大降低强度，表面易凹陷；木铝连接可靠性相对较低。

7.6.2.2 铝包木实木窗

铝包木实木窗是铝合金包实木窗的简称，即实木窗朝外表面由铝合金型材包面组成，两者由固定于实木窗外表面的尼龙挂件连接，组成一体。使用时，包铝窗面朝室外，起到了对实木窗的保护作用，避免风吹雨淋、日晒等对木材的侵蚀，同时与建筑物的外观相得益彰；没有包铝窗面朝室内，仍给人以天然的实木质感。铝包木实木窗不仅防水防尘性能好，而且外窗无须维护。铝合金型材颜色可根据加工订单选定。木窗常用落叶松集成材做主要原料，木材必须经干燥处理，含水率达 12%，最好进行防腐处理。

铝包木实木窗的窗扇和窗框的木材敦实厚重，铝合金外层贴附在木材外表面，中空玻璃镶嵌在木质窗扇之间，玻璃之间充满惰性气体。这种窗体结构充分保证了铝包木实木窗优异的保温性能，更适合于温度较低的地区。

7.6.2.3 木材—铝合金复合窗生产工艺

木材—铝合金复合窗的生产主要是窗扇、窗框、中空玻璃的加工，然后需要把窗扇、窗框、五金件、铝合金型材等组装成成品。具体生产工艺流程如图 7-24 所示。

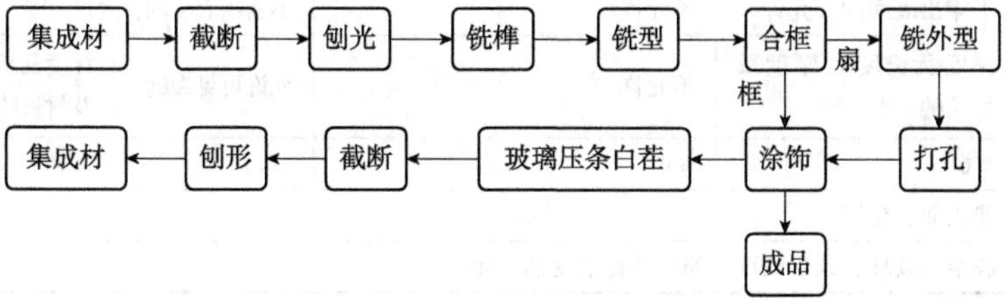

(a) 窗扇、窗框生产工艺流程

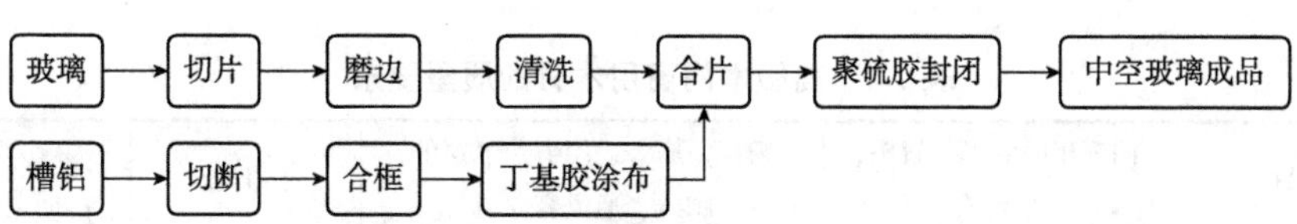

(b) 中空玻璃合成流程

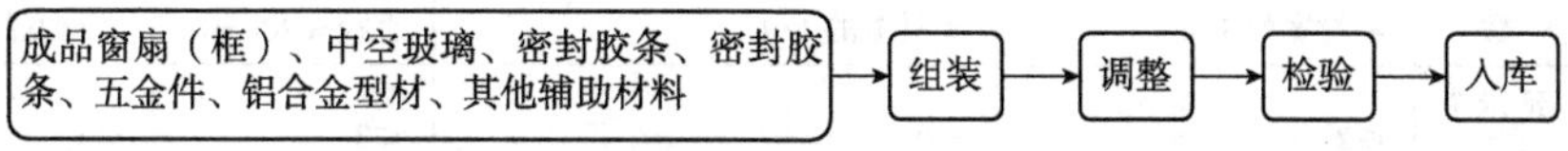

(c) 组装工艺流程

图 7-24 木材—铝合金复合窗生产工艺流程

7.7 木门窗质量要求与标准

7.7.1 木门窗质量要求

7.7.1.1 材质质量要求

①室内装饰工程中的木门窗应采用变形量小的东北松、花旗松和厚木夹板、细木工板、中密度纤维板等材料。

②木门窗如允许限值以内直径较大的虫眼等缺陷时，应用同一树种的木塞加胶进行填补。对于清漆制品，木塞的色泽和木纹应与制品一致。

③在木门窗结合处和安装小五金处，均不得有木节或已填补的木节。

④门窗料应采用木材干燥窑干燥的木材，其含水率不应大于12%。当受条件限制时，除东北落叶松、云南松、马尾松、桦木等易变形的树种外，可采用气干木材；其制作时的含水量，不应大于当地的平衡含水率。

⑤门窗制作完成后，应立即刷一遍底油（干性油），防止受潮变形。

⑥门窗与砌石砌体、混凝土或抹灰层接触时，埋入砌体或混凝土中的木砖均应进行防腐处理。除木砖外，其他接触处应设置防潮层。

根据GB 50210—2018《建筑装饰装修工程质量验收标准》对木门窗制作的有关规定，木门窗的品种、材质等级、规格、尺寸、框架和扇的形式以及人造板的甲醛含量均应符合有关标准和设计要求。当设计未规定木门窗的材质等级时，所用木材的质量应符合表7-3和表7-4中的规定。

表7-3 普通木门窗用木材的质量要求

木材缺陷		门窗扇的立梃、冒头、中冒头	窗棂、压条、门窗及气窗的脚线、通风窗立梃	门芯板	门窗框
活节	不计个数	直径<15mm	直径<5mm	直径<15mm	直径<15mm
	计算个数	≤材宽的1/3	≤材宽的1/3	直径≤30mm	≤材宽的1/3
	任1延米个数/个	≤3	≤2	≤3	≤5
死节		允许，包括活节总数中	不允许	允许，包括活节总数中	
髓心		不露出表面的，允许	不允许	不露出表面的，允许	
裂痕		深度及长度≤厚度及材长的1/5	不允许	允许可见裂缝	深度及长度≤厚度及材长的1/5
斜纹的斜率/%		≤6	≤4	≤15	≤10
油眼		非正面，允许			
其他		波浪形纹理，圆形纹理，偏心及化学变色，允许			

注：木材缺陷项目检验方法为观察检验；检查材料进场验收记录和复验报告。

表7-4 高级木门窗用木材的质量要求

木材缺陷		门窗扇的立梃、冒头、中冒头	窗棂、压条、门窗及气窗的脚线、通风窗立梃	门芯板	门窗框
活节	不计个数	直径<10mm	直径<5mm	直径<10mm	直径<10mm
	计算个数	≤材宽的1/4	≤材宽的1/4	直径≤20mm	≤材宽的1/3
	任1延米个数/个	≤2	≤0	≤3	≤3
死节		允许，包括活节总树中	不允许	允许，包括活节总数中	

（续）

木材缺陷	门窗扇的立梃、冒头、中冒头	窗棂、压条、门窗及气窗的脚线、通风窗立梃	门芯板	门窗框
髓心	不露出表面的，允许	不允许	不露出表面的，允许	
裂痕	深度及长度≤厚度及材长的1/6	不允许	允许可见裂缝	深度及长度≤厚度及材长的1/5
斜纹斜率/%	≤6	≤4	≤15	≤10
油眼	非正面，允许			
其他	波浪形纹理，圆形纹理，偏心及化学变色，允许			

7.7.1.2 制作质量要求

门窗框及厚度大于50mm的门窗应采用双榫连接。门窗框、扇拼装时，榫槽应严密嵌合，应用胶黏剂黏接，并用木楔黏胶加紧。

窗扇拼装完毕，构件的裁口应在同一平面上。镶门芯板的凹槽深度应在镶入后尚余2~3mm的间隙。

制作胶合板门时，边框和横楞必须在同一平面上，面层与边框及横楞应加压胶结。应在横楞和上冒头、下冒头各钻两个以上的透气孔，以防止受潮脱胶或起鼓。

门窗的制作质量，应符合下列规定：

①表面应光洁或磨砂并不得有刨痕、毛刺和锤击印。

②框、扇的线应符合设计要求，割角、拼缝均应当严实平整。

③小料和短料胶合门窗、胶合板或纤维板门扇不允许有脱胶现象。胶合板不允许刨透表层单板或出现戗槎。

木门窗制作的允许偏差和检验方法见表7-5。

表7-5 木门窗制作的质量要求

项目	构件名称	允许偏差/mm		检验方法
		普通	高级	
翘曲	框	3	2	将框、扇放在检查平台上，用塞尺检查
	扇	2	2	
对角线长度差	框、扇	3	2	用钢尺检查，框量裁口里角，扇量外角
表面平整度	扇	2	2	用1m靠尺和塞尺检查
高度、宽度	框	0，-2	0，-1	用钢尺检查，框量裁口里角，扇量外角
	扇	2，0	1，0	
裁口、线条结合处高低差	框	1	0.5	用钢直尺和塞尺检查
相邻棂子两端间距	扇	2	1	用钢直尺检查

7.7.1.3 安装质量要求

根据国家标准的规定，宜将门窗扇与框装配成套，装好全部小五金，然后成套进行安装。在一般情况下，则应先安装门窗框，然后安装门窗扇和小五金。

安装门窗框或成套门窗时，应符合下列规定：

①门窗框安装前应进行校正，钉好斜拉条(一般不少于两根)，无下坎的门框应加钉水平拉条，防止在运输和安装中变形。

②门窗框(或成套门窗)应当按设计要求的水平标高和平面位置，在砌墙的过程中进行安装。

③在砖石墙上安装门扇框(或成套门窗)时，应以钉子固定在墙内的木砖上，每边固定点应不少于两处，其间距应不大于1.2m。

④当需要先砌墙，后安装门扇框(或成套门窗)时，宜在预留门窗洞口的同时，留出门窗框走头(门窗框上、下坎两端伸出口外部分)的缺口，在门窗框调整准确就位后，砌筑并封闭缺口。当由于受条件限制，门窗框不能留走头时，应采取可靠措施将门窗框固定在墙内的木砖上，以防止在施工或使用过程中发生安全事故。

⑤当门窗的一面需要镶贴脸板时，则门窗框应凸出墙面，凸出的厚度应当等于抹灰层的厚度。

⑥寒冷地区的门窗框(或成套门窗)与外墙砌体间的空隙，应填塞保温材料。

木门窗安装的留缝限值、允许偏差和检验方法，见表7-6。

表7-6 木门窗安装的留缝限值、允许偏差和检验方法

项目		留缝限值/mm		允许偏差		检验方法
		普通	高级	普通	高级	
门窗槽口对角线长度差		—	—	3	2	用钢尺检查
门窗框的正、侧面垂直度		—	—	2	1	用1m检测尺检查
框与扇、扇与扇接缝高低差		—	—	2	1	用钢直尺和塞尺检查
门窗扇对口缝		1~2.5	1.5~2	—	—	用塞尺检查
工业厂房双扇大门对口缝		2~5	—	—	—	
门窗扇与上框间留缝		1~2	1~1.5	—	—	
门窗扇与侧框间留缝		1~2.5	1~1.5	—	—	用塞尺检查
窗扇与下框间留缝		2~3	2~2.5	—	—	
门扇与下框间留缝		3~5	3~4	—	—	
双层门窗内外框间距		—	—	4	3	用钢尺检查
无下框时门扇与地面间留缝	外门	4~7	5~6	—	—	用塞尺检查
	内门	5~8	6~7	—	—	
	卫生间门	8~12	8~10	—	—	
	厂房大门	10~20	—	—	—	

门窗配件的安装时，木门窗配件的型号、规格、数量应符合设计要求，安装要可靠牢固，位置应正确，功能应满足使用要求。在门扇小五金的安装过程中，应注意以下要点：

①门窗五金应当安装齐全，位置正确，固定可靠。

②合页距门窗上、下端的尺寸，宜取立梃高度的1/10，并避开上冒头和下冒头，安装后应开关灵活。

③小五金均应采用木螺钉固定，不得用普通圆钢钉代替。木螺钉应先锤打入1/3深度后拧紧，严禁打入全部深度。采用硬木时应先钻2/3深度的孔，孔径应略小于木螺钉的直径，一般为木螺钉直径的0.9倍。

④不宜在中冒头与立梃的结合处安装门锁。

⑤门窗拉手应位于门窗高度中点以下，窗拉手距地面以1.5~1.6m为宜，门拉手距地面以0.9~1.05m为宜。

7.7.2 木门窗质量验收标准

木门窗制作与安装工程质量验收标准见表7-7。

表 7-7 木门窗制作与安装工程质量验收标准

项目	质量要求	检验方法
主控项目	木门窗的木材品种、材质等级、规格、尺寸、框扇的形式及人造板的甲醛含量应符合设计要求，所用木材的质量应符合表 7-3 和表 7-4 规定	观察；检查材料进场验收记录和复验报告
	木门窗应采用烘干的木材进行制作，含水率应符合 JG/T 122—2000《建筑木门、木窗》的规定	检查材料进场验收记录
	木门窗的防火、防腐、防虫处理应符合设计要求	观察；检查材料进场验收记录
	木门窗结合处和安装配件处，不得有木节或已填补的木节；木门窗如有允许限值以内的死节及直径较大的虫眼时，应用同一材质的木塞加胶填补；对于清漆制品，木塞木纹和色泽应与制品一致	观察检查
	门窗框和厚度大于 50mm 的门窗扇应用双榫连接；榫槽应采用胶料严密嵌合并应用胶榫加紧	观察；手扳检查
	胶合板门、纤维板门和模压门不得脱胶；胶合板不得刨透表层单板，不得有戗槎；制作胶合板门、纤维板门，边框和横楞应在同一平面上，面层、边框及横楞加压胶结，横楞和上下冒头应各钻两个以上的透气孔，透气孔应通畅	观察检查
	木门窗的品种、类型、规格、开启方向、安装位置及连接方式应符合设计要求	观察；尺量检查；检查成品门的生产合格证
	木门窗框的安装必须牢固；预埋木砖的防腐处理、木门窗框固定点的数量、位置及固定方法应符合设计要求	观察；手扳检查；检查隐蔽工程验收记录和施工记录
	木门窗扇必须固定并应开关灵活，关闭严密，无倒翘	观察；开启和关闭检查；手扳检查
	木门窗配件的型号、规格、数量应符合设计要求，安装应牢固，位置应准确，功能应满足使用要求	观察；开启和关闭检查；手扳检查
一般项目	木门窗表面应洁净，不得有刨痕、锤印	观察检查
	木门窗的割角、拼缝应严密平整；门窗框、扇裁口应顺直，刨面应平整	观察检查
	木门窗上的槽、孔应边缘整齐，无毛刺	观察检查
	木门窗与间缝隙的填嵌材料应符合设计要求，填嵌应饱满；寒冷地区外门窗或门窗框与砌体间的空隙应填充保温材料	轻敲门窗框检查；检查隐蔽工程验收记录和施工记录
	木门窗披水、盖口条、压缝条、密封条的安装应顺直，与门窗结合应牢固、严密	观察；手扳检查

注：本表根据 GB 50210—2018《建筑装饰装修工程质量验收标准》的相关规定编制。

复习思考题

1. 木门有哪些种类？
2. 木窗有哪些种类？
3. 简述各类木门窗的生产工艺流程。
4. 新型实木窗与传统木窗相比有哪些特点？

第8章 木楼梯

【本章重点】

1. 木楼梯的结构与种类。
2. 木楼梯的生产工艺。
3. 木楼梯的质量要求与标准。
4. 木楼梯的安装。

8.1 木楼梯结构与分类

高层建筑中，为解决垂直方向的交通问题，可以采用楼梯、电梯、自动扶梯、爬梯及坡道等。电梯多用于层数较多或有特定需要的建筑物中。即使设有电梯或自动扶梯的建筑物，同时也必须设置楼梯，以便在紧急情况时使用。楼梯作为建筑空间竖向联系的主要部件，除了起提示、引导人流的作用，还应充分考虑其造型美观、上下通行方便、结构坚固、安全、防火等作用，同时还应满足施工和经济条件的要求。

木材是早期人类最重要的材料来源，木材作为楼梯用材料有悠久的历史。中国战国时期铜器上的重屋形象中已镌刻有楼梯。15~16 世纪的意大利，将室内楼梯从传统的封闭空间中解放出来，使之成为形体富于变化且带有装饰性的建筑组成部分。

木楼梯，指主要以木质材料制作的楼梯，为房屋中常见的建筑结构。木质材料加工和安装的楼梯，多为装饰性小型楼梯，如楼梯扶手、立柱和栏杆等构件，市场上均有成品出售，其造型和风格，应与木质护墙板、木质材料装饰吊顶、硬质木板、装饰大门及木制家具等搭配协调(图 8-1)。

(a)

(b)

图 8-1 木楼梯

8.1.1 木楼梯结构

木楼梯由连续梯级的梯段(梯跑)、平台(休息平台)和围护构件(栏杆、扶手)等组成(图 8-2)。

①梯段 俗称梯跑，是由若干个踏步组成的倾斜构件，设有踏步以供层间上下行走，主要用于通行和承重，联系两个不同标高平台，分为板式梯段和梁板式梯段两种。一个梯段又称为一跑。梯段上供行走时踏脚的水平部分称为踏面，形成踏步高差的垂直部分称为踢面。

楼梯的坡度是梯段中各级踏步前缘的假定连线与水平面所成的夹角，也可用夹角的正切表示。楼梯的最低和最高一级踏步间的水平投影距离为梯长，梯级的总高为梯高。梯段尺度分为梯段宽度和梯段长度。

梯段宽度是指梯段边缘或与墙面之间垂直于行走方向的水平距离。梯段宽度应满足正常情况

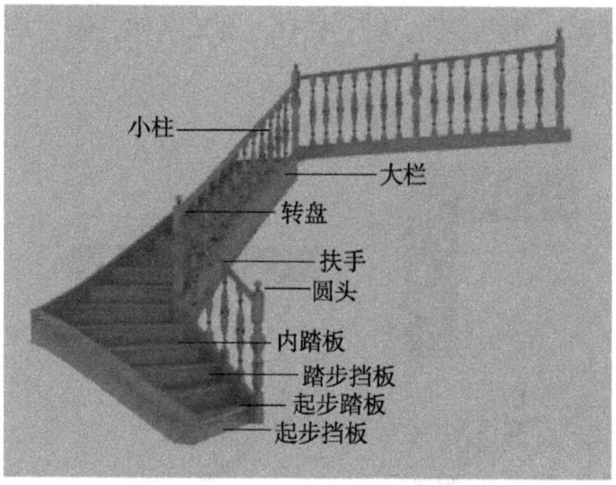

（a）

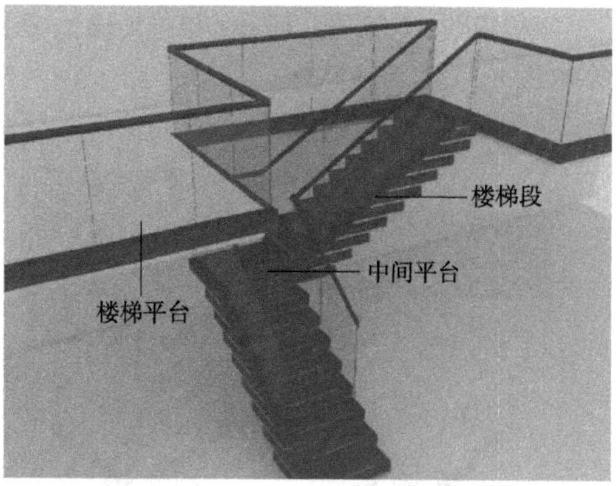

（b）

图 8-2 木楼梯结构

下人流交通和紧急情况下安全疏散的要求，具体取决于人流股数和有无家具设备经常通过，一般按单股人流 500~600mm 宽度来确定，单人行走时楼梯宽度应大于 850mm，也有要求大于 900mm 的。双人通行时楼梯宽度为 1100~1400mm。三人通行时楼梯宽度为 1500~1800mm。另外，还要考虑建筑物的使用性能，住宅不小于 1100mm，公共建筑不小于 1300mm。同时，需满足各类建筑设计规范中对梯段宽度底线要求。

每个楼梯段上的踏步数目不得超过 18 级，不少于 3 级。梯段长度是指梯段始末两踏步前缘线之间的水平距离。其值与踏步宽度及该梯段踏步数量有关。

②平台 联系两个倾斜梯段或连接楼梯梯段与楼面的水平构件称为楼梯平台，主要用于缓冲疲劳，转换梯段方向。按其所处位置分为楼层平台和中间平台，平台的标高与某个楼层相一致称为楼层平台，介于两个楼层之间的平台称为中间平台。对于平行和折行多跑等类型楼梯，其中间平台宽度应不小于梯段宽度，以保证通行顺畅，并不得小于 1200mm。对于直行多跑楼梯，其中间平台宽度宜不小于梯段宽度，且不小于 1000mm。医院建筑还应保证担架在平台处能转向通行，其中间平台宽度应不小于 2000mm。楼层平台应比中间平台更宽松一些，以利于人流分配和停留。楼层平台上，梯段起步与门洞或墙面的转角处要有一定的缓冲距离，防止上下的行人发生碰撞。一般情况下为两个踏步的宽度，当楼梯间进深较小时，至少为一个踏步的宽度。

③围护构件 又称栏杆扶手，是梯段及平台临空边缘的安全保护构件，用于倚扶，应有一定强度和刚度。设于栏杆顶部以供人扶持，也可附设于墙上，称为靠墙扶手。扶手多为木制，也可与金属、塑料、水磨石、大理石等组合使用。造型可随意设计，但宽度以能手握舒适为原则，一般为 40~60mm，最宽不宜超过 95mm，并需沿梯段及楼梯平台的全长连续设置。

④其他部件 还包括将军柱、大立柱等。

将军柱，楼梯栏杆起步处的起头大柱，因楼梯踏步上的立柱都要比其小，都由它来“领导”，而又在首步，像个将军一样，故而称其“将军柱”。一般楼梯设计，首步将军柱比较重要，一方面起到稳固扶手的作用，另一方面它统领全局，对整个楼梯的风格、效果、韵味及豪华程度有主导作用。

大立柱，栏杆转角处，承接两根扶手或做扶手收尾。

8.1.2 木楼梯分类

因分类依据不同，木楼梯有不同的分类方法，一般可按梯段数量与形式、梯段平面形状、材质、使用空间、结构受力特点分类。

(1)按梯段数量和形式分类

按梯段数量和形式，可分为单跑楼梯、双跑楼梯、多跑楼梯、转角楼梯、螺旋楼梯、剪刀楼梯等(图 8-3)。

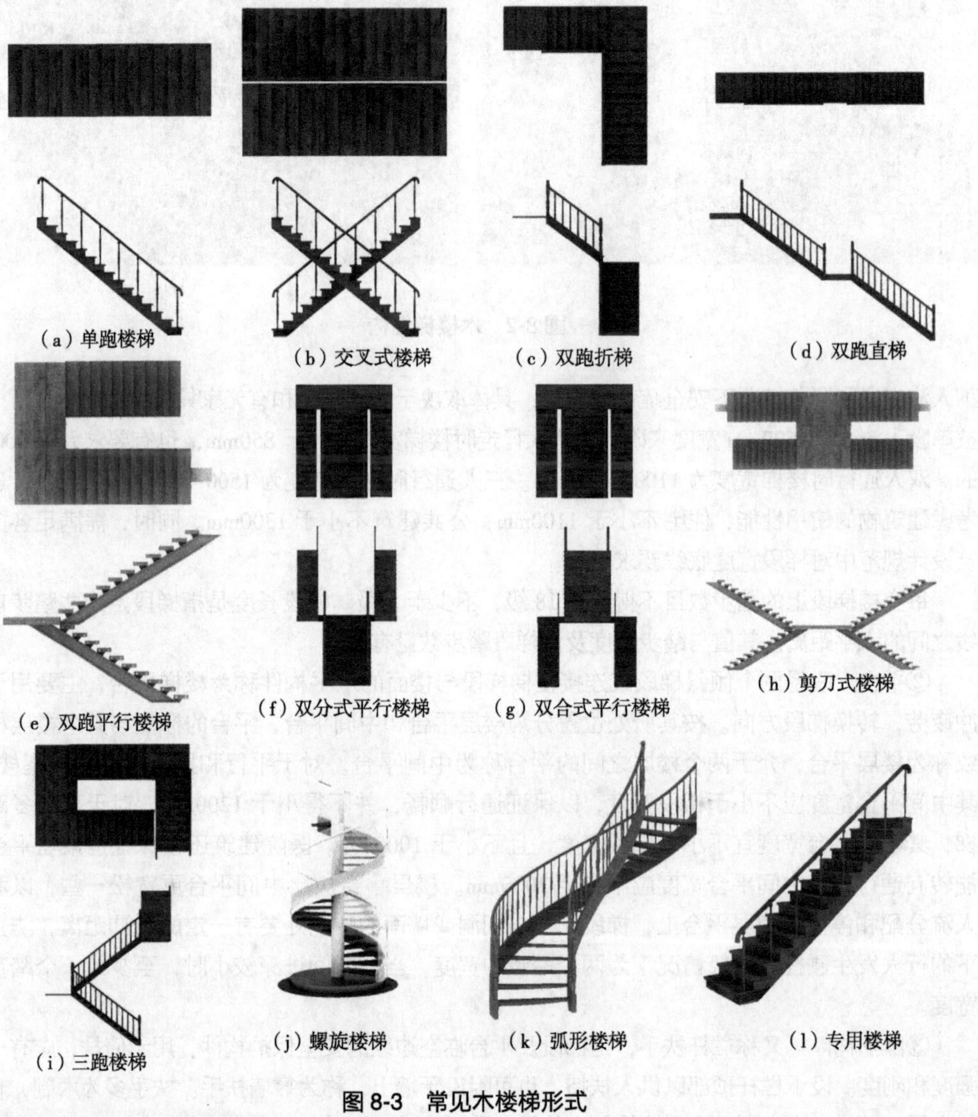

(a) 单跑楼梯　(b) 交叉式楼梯　(c) 双跑折梯　(d) 双跑直梯

(e) 双跑平行楼梯　(f) 双分式平行楼梯　(g) 双合式平行楼梯　(h) 剪刀式楼梯

(i) 三跑楼梯　(j) 螺旋楼梯　(k) 弧形楼梯　(l) 专用楼梯

图 8-3　常见木楼梯形式

①单跑楼梯　这种楼梯连接上下层的楼梯梯段中途无论方向是否改变，中间都没有休息平台，上下两层之间只有一个梯段，适合于层高较低的建筑。梯段的平面形状有直线形、折线形和曲线形。改变一次方向的称双跑(两端)楼梯，改变两次方向的称三跑(三段)楼梯。依此类推。单跑楼梯可以分为：直行单跑[图 8-4(a)]、折行单跑[图 8-4(b)(d)(i)]、双向单跑[图 8-4(f)(h)]等形式。单跑楼梯之所以节省空间，是因为一般梯下的空间还可被用来储藏杂物，或者改造为其他用途。此外，设计与施工都比较简单。踏步宽度宜不小于 25cm，高度不大于 18cm。

②双跑楼梯　它是应用最为广泛的一种形式，在两个楼板层之间，包括两个梯段和一个中间休息平台。两个梯段做成等长，可节约面积，最为常见。适用于一般民用建筑和工业建筑。常见形式有双跑直上、双跑曲折、双跑对折(平行)等。

③三跑楼梯　上下两层之间有三个梯段、两个中间平台的楼梯。三跑楼梯常见形式有三折式、丁字式、分合式等，多用于公共建筑。

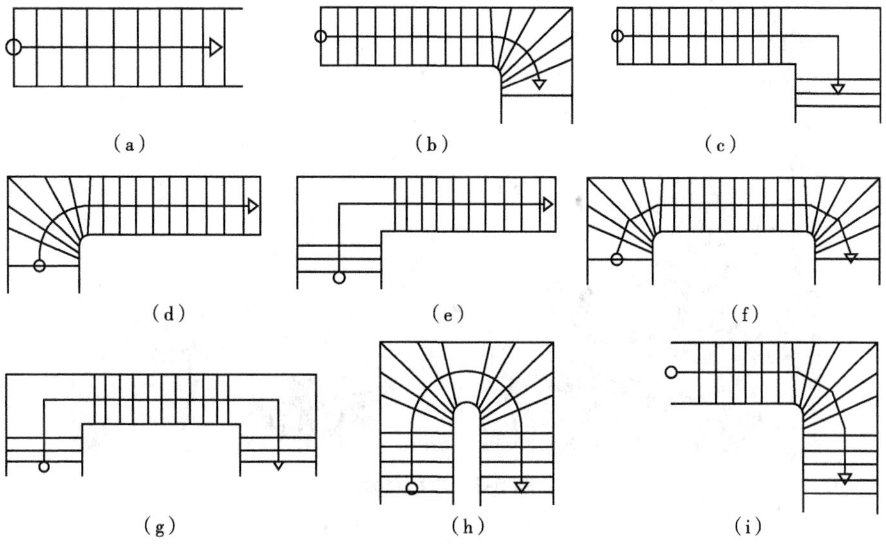

图 8-4 木楼梯梯段

④螺旋楼梯 这种楼梯是以扇形踏步支承在中立柱上，虽行走欠舒适，但节省空间，适用于人流较少，使用不频繁的场所。旋转楼梯的结构造成了如在楼梯的外侧行走的话，踏步板处于上下晃动状态。这是所有中柱旋转式楼梯共有的缺点，而且楼梯的通行半径越大，晃动得越厉害。螺旋楼梯的承重力一般是 150~200kg，相比之下，其他成品钢木楼梯的承重一般是在 400kg 左右。也有没有中柱的螺旋式楼梯，这种螺旋式楼梯主要靠踏步下的双螺旋梁来支撑荷载，或者由楼梯的栏杆来支撑荷载。相对来说无中柱的旋转楼梯受力更复杂，受到弯、扭、剪、压等多种组合力的作用。

⑤剪刀楼梯 由一对方向相反的双跑平行梯交叉组成，用来解决大量人流的疏散，在平面设计中可利用较狭窄的空间，以节约使用面积。剪刀楼梯将一个楼梯间从中隔开，一分为二，里面各设置一组没有拐弯的直跑楼梯，即一个梯段直接从本层通到上一层。而这两组梯子的倾斜方向又正好相反，一组向右侧，一组向左侧，从侧面看，叠合在一起就如剪刀一样，故名剪刀楼梯，也有称其为叠合楼梯或是套梯。剪刀楼梯在同一楼梯间里设置了两座楼梯，形成两条垂直方向的疏散通道。

剪刀楼梯的两个梯段如两片剪子，以中轴一上一下而成 X 形，用来解决大量人流的疏散，而上下互不相干。它与双连对折式楼梯的相同处，是各自有独立的出入口，也是在同一位置作跃层布置，充分利用空间。而不同处是采用直上式单线上下，不像双连对折式可合用休息平台交叉上下。若双连对折式楼梯在平台中间沿楼梯段方向用隔断隔开，就变成直上二段剪刀式楼梯(带平台的剪刀式楼梯)，但所占的面积就比直上式剪刀楼梯要多。由于其在平面设计中可利用较狭窄的空间，能节约使用面积、保障安全疏散，在国内外高层建筑中得到了广泛的应用。

(2)按梯段平面形式分类

木楼梯按梯段平面形状，可分为直线楼梯、折线楼梯、曲线楼梯、螺旋楼梯。

①直线楼梯 即直梯，常见形式有直上式、直通式、直线式等(图 8-5)。

②折线楼梯 即折梯，常见形式有 L 形、Z 形、S 形、N 形、V 形等(图 8-6)。

③曲线楼梯 即弧梯，常见形式有单圆形、半圆形、弧形等，由曲梁或曲板支承，踏步呈弧形，花式多样，造型活泼(图 8-7)。

④螺旋楼梯(旋梯) 环绕螺旋上升的木楼梯(图 8-8)。

(3)按材质分类

木楼梯按材质，可分为全木楼梯、钢木楼梯、铁木楼梯、混合楼梯等。

图 8-5 直线楼梯

图 8-6 折线楼梯

图 8-7 曲线楼梯

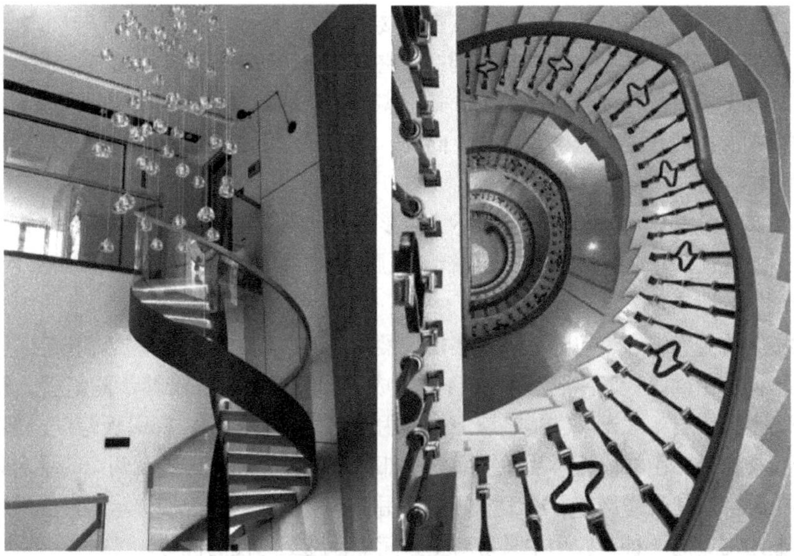

图 8-8 螺旋楼梯

①全木楼梯 由于木材本身有温暖感，加之与地板材质和色彩容易搭配，施工相对也较方便，所以市场占有率较大。成品楼梯材质以榉木、橡木、胡桃木居多，定做和现场做的以水曲柳为主。选择全木楼梯时，要注意地板与楼梯踏板的匹配、柱子和扶手的材质与款式的匹配。

②钢木楼梯 这种楼梯通常扶手和踏板是木质，龙骨和围栏杆是钢质。钢木楼梯给人以踏实、稳重的感觉。

③铁木楼梯 这种楼梯的踏板一般是木制品，护栏是铁制品，扶手是木制品或铁制品。楼梯护栏中锻打的花纹选择余地较大，有柱式或者带有各类花纹组成的图案；色彩有仿古的，也可以以铜和铁的本色出现。这类楼梯扶手多是量身定制的，加工复杂，价格较高。铸铁楼梯相对来说款式较少，一般厂商有固定制造的款式，客户可自行选择。亦可根据客户要求选择色彩。比起锻打楼梯，铸铁楼梯显得略微稳重，价格比锻打的要便宜一点。

④混合楼梯 这种楼梯采用多种材料制作，如钢木楼梯、木质栏杆扶手的钢筋混凝土楼梯等，也称组合式楼梯，是最为常见类型(图 8-9)。

图 8-9 混合楼梯

(4)按使用空间分类

木楼梯按使用空间，可分为室内楼梯、室外楼梯。

①室内楼梯 应用于各种住宅内部，因追求室内美观舒适，多以实木楼梯、钢木楼梯、钢与玻璃、钢筋混凝土等或多种混合材质为主。其中实木楼梯是高档住宅内应用最广泛的楼梯，钢与玻璃混合结构楼梯在现代办公区、写字楼、商场、展厅等应用居多，钢筋混凝土楼梯广泛应用于各种复式建筑中。

②室外楼梯 考虑到风吹日晒等自然环境的影响，一般外形美观的实木楼梯、钢木楼梯、金属楼梯等就不太适宜室外，以钢筋混凝土楼梯、石质楼梯、改性木材楼梯、木塑楼梯等最为常见。

(5)按结构受力特点分类

木楼梯按结构受力特点，可分为板式楼梯、梁式楼梯、悬挑楼梯、螺旋楼梯等。

①板式楼梯 由梯段板、平台板和平台梁组成。梯段板是一块带踏步的斜板，斜板支承于上、下平台梁上，底层下端支承在地垄墙上。适用于可变荷载较小、梯段板跨度一般不大于3m的情况。板式楼梯是指由梯段板承受该梯段的全部荷载，并将荷载传递至两端的平台梁上的现浇式钢筋混凝土楼梯。其受力简单、施工方便，可用于单跑楼梯、双跑楼梯。这种楼梯结构是建筑工程领域中最为常见的一种，应用中具备着受力简单、施工方便的优势。

②梁式楼梯 楼梯板下有梁的板式楼梯，又称梁板楼梯。它由踏步板、斜梁、平台梁和平台板组成。踏步板直接搁置在斜梁上，斜梁搁置在梯段两端的横梁(或平台梁)上，横梁支承在梯间墙或柱上。荷载由梁承担，传力路线依次为：踏步板、斜梁、平台梁、墙或柱。梁式楼梯一般适用于大中型楼梯。

③悬挑楼梯 楼梯下面悬空或简支于斜梁、踏板或平台上(图8-10)。

图8-10 悬挑楼梯

④螺旋楼梯 环绕螺旋上升，中心柱轴可有或无的楼梯。

上述楼梯中，板式楼梯、梁式楼梯属于平面受力体系，悬挑楼梯、螺旋楼梯则为空间受力体系。

8.2 木楼梯生产工艺

8.2.1 木楼梯材料

纯实木楼梯主要用于室内，更多情况下，木楼梯常与其他材料混合使用。根据使用场所及要求的不同，木楼梯常用材料主要有混凝土、木材及金属材料。其中，在混合式楼梯中，木质材料重点用于踏步及扶手等部位，以充分发挥木质材料的装饰性能。

实木踏步具有天然独特的纹理、柔和的色泽、脚感舒适、冬暖夏凉，并且是纯天然绿色装饰材料。实木踏步的选材很有讲究，常选择较优质的材质，如橡木、榉木、紫檀、柚木、花梨等，这类材质的共同点是密度高、硬度强、寿命长，经久耐用。

针对室外使用环境，为提高耐候性，可采用改性木材或木质复合材料，如炭化木、木塑复合材等加工楼梯部件。

除踏步外，楼梯栏杆和扶手部位，也是较多采用木质材料的部位。由于木材良好的加工性能，楼梯栏杆和扶手可以加工成各种形式，以满足应用场合及装饰等需求。除木材外，与金属、铁艺、石材、玻璃等配合使用，可丰富空间层次，创造有趣而多变的空间(图 8-11、图 8-12)。

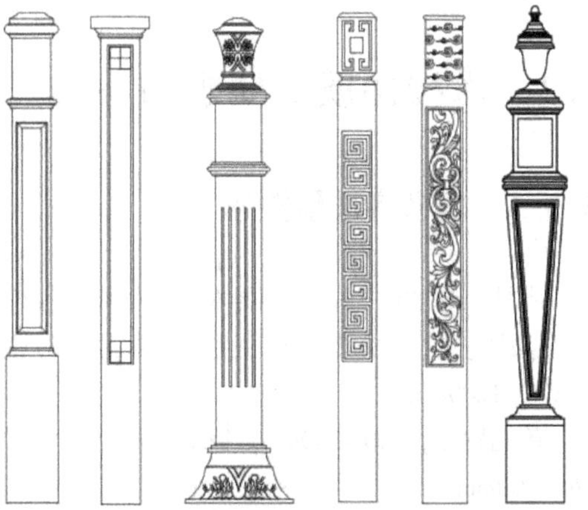
图 8-11　木栏杆样式

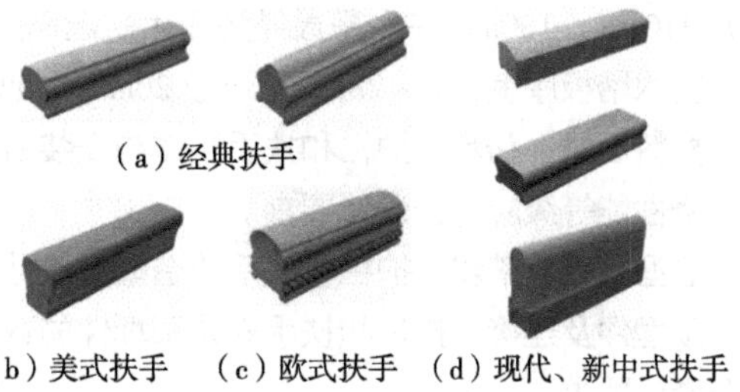

图 8-12　木扶手样式

8. 2. 2　木楼梯生产工艺流程

木楼梯一般以实木为基材制成。这类产品既可是固定式结构，也可是拆装式结构。木楼梯各部件，包括踏步、栏杆、扶手、立柱等，通常单独加工，其生产工艺根据结构形式和具体情况选择。

木楼梯踏步等板类部件的生产工艺流程如图 8-13 所示：

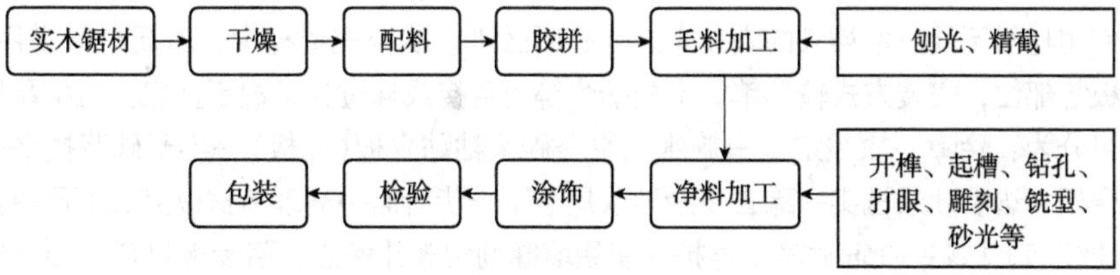

图 8-13　木楼梯踏步生产工艺流程

木楼梯栏杆、扶手、立柱等柱类部件的生产工艺流程如图 8-14 所示：

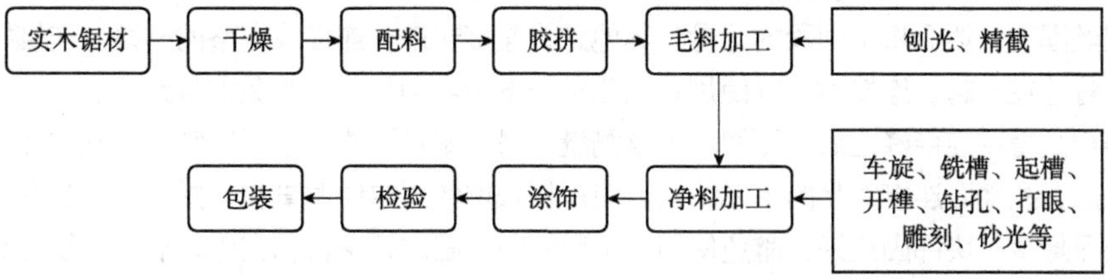

图 8-14　木楼梯柱类部件生产工艺流程

8.3　木楼梯质量要求与标准

8.3.1　木楼梯质量要求

木楼梯的质量要求，主要体现在对楼梯各部分尺寸及材料的要求上。

楼梯宽度，梯段宽度在住宅设计规范有明确规定，在其他建筑中，须满足消防疏散的要求，为800~1200mm。

单踏宽度，220~300mm。就成人而言，楼梯踏步的最小宽度应为240mm，舒适的宽度应为280~300mm。

踏步高度，160~210mm。国家标准公共楼梯踏步的高度为160~170mm，家中常见水泥基座楼梯就是此标准，较舒适的高度为160mm左右。目前市场出售的家庭用成品楼梯，高度一般在170~210mm，180mm左右是最经济适用的选择。

实木踏板厚度，18~28mm，一般20mm。旋转楼梯、支架楼梯要稍微厚一些，30~48mm。

材料质量：踏步、护栏和扶手制作与安装所用材料的材质、规格、数量以及木材、木塑材料的燃烧性能等级应符合设计要求。

造型尺寸：踏步、护栏和扶手的造型、尺寸及安装位置应符合设计要求。

预埋件及连接：护栏和扶手安装预埋件的数量、规格、位置以及护栏与预埋件的连接节点应符合设计要求。

护栏高度、位置与安装：护栏高度、栏杆间距、安装位置必须符合设计要求。

护栏和扶手转角弧度：应符合设计要求，接缝应严密，表面应光滑，色泽应一致，不得有裂缝、翘曲及损坏。

楼梯扶手的设置与梯段宽度有关系。楼梯应至少一侧设扶手，梯段净宽达三股人流时，应两侧设扶手，达四股人流时，应加设中间扶手。建筑物楼梯扶手的制作安装如有错误，不仅影响美观，也不利于扶手的安全使用。其原因通常是由于扶手接转的许多细节被忽略。

8.3.2　木楼梯安装流程

由于使用材料不同，木楼梯的安装方式亦有所区别。混合式楼梯中，木质材料多用于踏步、立板、侧板等部位，安装方式较简单。木质踏步等可直接或通过骨架覆于基底。直接黏附踏步的步骤大致可分为：除障→放线定位→施水扫浆→砂浆粘贴立板(侧板)→半干砂浆找平→素水泥砂浆粘贴台板→边沿砂浆压实→除去多余砂浆用于下一步台面→清理擦拭以完成面层→重复以上各项步骤连续向下粘贴→36h后施水养护→使用填缝剂勾缝并保洁。踏步板材料主要是根据实际尺寸定做的实木板、指接板等，大芯板不适合作楼梯踏步，因为它不耐磨，可以做基层，上面应再加一层踏步板。

还有一种做基层时下面用木筋或角钢打骨架，然后用钉子或螺钉固定板子，再安装踏步面板。安装时在龙骨上钻孔，将连接件挂上，同时将木楼梯龙骨固定在墙体上，固定的时候可以使用膨胀螺丝固定。然后将中间段的龙骨与其他龙骨连接起来，连接成完整的一段，连接好之后再与前端龙骨挂在一起。连接时可以使用卷尺测量一下距离和尺寸，避免龙骨跑偏。

木楼梯龙骨在连接好之后，要用水平仪测量，保证龙骨摆放水平不倾斜。在确定好龙骨的连接位置之后，经地面连接龙骨的支撑钻孔，使用膨胀螺丝固定住龙骨和支撑。在固定龙骨和支撑的时候要保障每一块都固定好，避免使用时出现问题。固定好龙骨和支撑之后，用软性塑料封套封住洞口，以将其隐藏起来，避免影响到整体的美观，然后就是安装木楼梯踏板。可对踏板进行编号，按照编号依次安装踏板，以保证安装效果。

将踏板放在龙骨上之后，使用水平仪测量一下踏板是否摆放水平，然后对踏板钻孔，将踏板和龙骨固定住，在安装拐角踏板的时候，一定要做好加固，因为拐角踏板受力比较大。

踏板安装好后，就是安装栏杆扶手。这些一般都是可在工厂加工成需要的形状，或在市场上直接购买成品，在施工现场直接安装使用。在安装时要注意栏杆是否垂直，之后对栏杆钻孔，与踏板连接在一起，并固定。

木楼梯拐角处的栏杆要做加固处理，首先经栏板上面的塑料连接件钻孔，然后用螺丝固定栏杆和扶手，进行加固处理。

8.3.3 木楼梯安装注意事项

木楼梯采用实木材料或者木质纤维等材料，为防止虫蛀，在安装前，需要提前在水泥踏步上面撒一些防虫剂，然后需要保持楼梯的干燥状态，不能让它出现受潮的情况，这样才能防止虫蛀。对于一些零部件结构，定期进行检查，以防止在使用中发生因松动或被虫蛀蚀而出现事故。如果一旦出现塌陷、磨损、虫蛀或是真菌侵袭而受损的现象，需请专业人员来进行维修。但更重要的是前期保养，妥善的保养可以在很大程度上延长楼梯的使用寿命。

安装过程中，对楼梯各部分尺寸要结合人体工程学进行合理确定。

通常来说，楼梯的高和宽是由人们行走的步距以及腿部的长度来决定的，如成年人的平均步距是 60~62cm，那踏步的宽度应该以小于 24cm 为宜，楼梯的起始踏步则可以宽出 2~5cm。而踏步的高度通常不宜大于 7.5cm，住宅楼的踏步高度应该在 20cm 以下，不能超过这个高度，踏步的高度误差不能大于 1cm。

家中楼梯的坡度一般为 20°~45°，最好坡度在 30°左右，当然这个也是由踏步的宽度和高度来决定的。

扶手的高度在 90cm 左右为宜，而楼梯平台的扶手高度则为 90~110cm，可以兼顾使用的便宜性及楼梯的安全性。如果立柱太矮，可能导致栏杆无法发挥保护作用。

扶手和立柱，楼梯扶手所延伸出的起始以及终止踏步应该不小于 150mm，这样才可保证行走的安全。一般平台的立柱间距应该为踏步宽的一半。

扶手截面，考虑握持的便捷性，若为圆截面，直径应 40~60mm，其他截面形状的顶端宽度不超过 75mm。木扶手最小截面直径为 50mm，金属扶手截面直径 32~40mm，靠墙扶手与墙面净距应大于 40mm。

楼梯行走线，是人体行走时直接作用于楼梯的部位。梯段宽度在 1100mm 以下的，行走线应与梯段中线重合。梯段宽度大于 1100mm 时，行走线应位于内侧线 550mm 处。弧形楼梯的行走线位于中距的外侧。尤其对于梁式楼梯，安全性问题需重点考虑。

此外，在设计楼梯时就应该遵循进出方便、上下通畅和行走舒适的原则。同时还要了解下室内的面积，适合选择哪种造型的楼梯，是 L 型、弧型、U 型、直型、S 型还是旋转型的楼梯。

除对楼梯各部分尺寸的把握，楼梯扶手接转也是影响楼梯安装质量的重要因素。

楼梯扶手节点的正确接转做法如下：

(1)楼梯扶手的设计高度

楼梯扶手高度指由踏步或平台表面至扶手顶面的垂直高度，扶手设计高度是指每阶踏步中心点处量度的扶手高度 H，如图 8-15 所示。

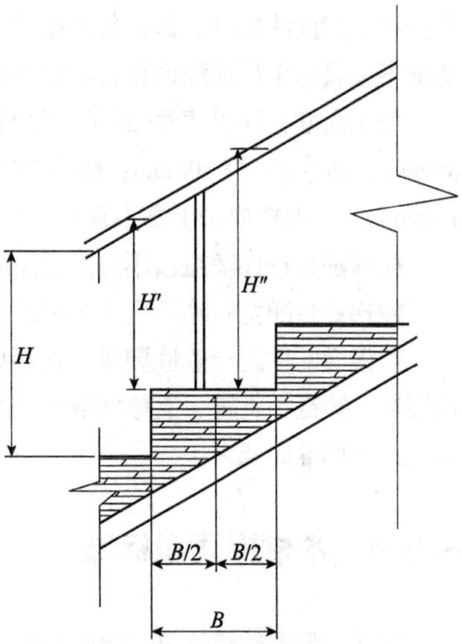

图 8-15 扶手高度示意

每个踏步的前半步(以上楼方向区分)任意一点量度的扶手高度 H''均大于 H；反之，踏步后半步任意一点量度的扶手高度 H'均小于 H。分清扶手设计高度和扶手高度的区别才能正确处理楼梯扶手节点做法。

(2)等跑楼梯休息平台处扶手的正确接转

楼梯扶手接转平面如图 8-16 所示。当设计扶手水平投影离休息平台边缘距离小于踏步宽度之半即 $B/2$ 时，上下两跑楼梯扶手在平台段应斜线连接。

若平台段设计扶手水平投影离休息平台边缘距离 $e \geqslant B/2$，上下两跑楼梯扶手在休息平台段应水平连接，且扶手高度等于 H。

(3)长短跑楼梯平台处扶手的正确接转

为了美观、实用，习惯做法是平步段扶手高度与休息平台扶手拉平。在短跑爬升梯段扶手(图 8-17)中找出起坡点 c。c 点距离短跑楼梯第一阶踏步边缘为 $d=B-e$。与平台 a 点扶手高度相等。把平台(含休息平台、短跑楼梯平步段)视为一阶踏步，这两点实际上为同一阶踏步上同一点位，这两点扶手高度自然相等。

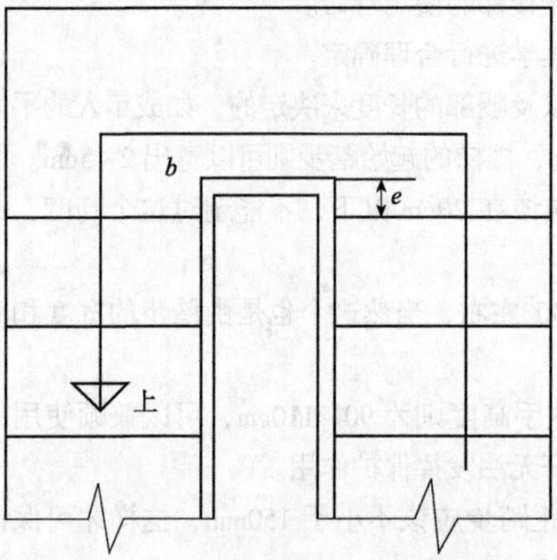

图 8-16　等距楼梯扶手转接平面图

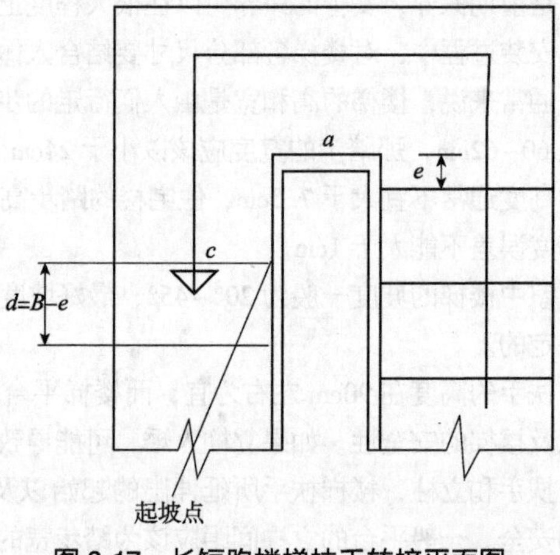

图 8-17　长短跑楼梯扶手转接平面图

(4)直角楼梯的扶手接转

直角楼梯的扶手接转实用方法为：休息平台转角点扶手高度都取 H 值，再放样制作扶手其余杆件。但此法的缺点是：每阶踏步中心量度的扶手高度不等，扶手与楼梯踏步不平行。在这种情况下，只能采用逐渐调整每阶扶手立杆长短的方法以改善视差。

扶手高度：扶手表面高度与楼梯坡度有关，楼梯坡度为 15°～30°取 900mm；30°～45°取 850mm；45°～60°取 800mm；60°～75°取 750mm。水平护身栏杆应不小于 1050mm。一般为 850～1100mm。室内楼梯扶手高不宜小于 900mm，室外楼梯扶手高不应小于 1050mm。

栏杆垂直杆件净空：不应大于 110mm，以防儿童坠落。

楼梯平台净宽：除不应小于梯段宽度外，同时不得小于 1100mm。

对楼梯部件的一般性要求，包括如甲醛释放限量、辅助材料(油漆、胶黏剂、安装过程中的连接件、铰链、支座、支撑件等)、外观质量、理化性能(耐磨性、含水率等)应符合相关国家标准及行业标准的要求。

8.3.4　木楼梯质量标准

目前，与木楼梯质量、验收等相关的标准主要有：GB/T 30356—2013《木质楼梯安装、验收和使用规范》、GB/T 28994—2012《木质楼梯》、LY/T 1976—2011《楼梯用木质踏板》、LY/T

1789—2008《居住建筑套内用木质楼梯》、JG/T 405—2013《住宅内用成品楼梯》、JG/T 558—2018《楼梯栏杆及扶手》。

复习思考题

1. 什么是木楼梯？其基本组成及主要构件有哪些部分？其结构有何特点？
2. 木楼梯有哪几种主要分类方法？按楼梯使用空间、用途分有哪几种类型？
3. 木楼梯按楼段数量及形式、平面形状的不同分别有哪几种类型？
4. 木楼梯按使用材料、结构受力特点的不同分别有哪几种类型？
5. 简述木楼梯的踏板、栏杆扶手等实木构件的主要生产工艺流程。
6. 简述木楼梯的尺寸要求。
7. 目前我国现行的木楼梯质量标准有哪些？

第9章 木线条

【本章重点】

1. 木线条的概念与用途。
2. 木线条的种类与结构特点。
3. 木线条的生产工艺及设备。
4. 木线条的质量要求与标准。

9.1 木线条结构与分类

9.1.1 木线条概念与用途

(1)概念

木线条，又称木装饰线条、木线，是以木材、人造板或木塑复合材料等木质材料为原材料，经切削、铣削、打磨和表面装饰等加工工艺，制备而成的具有一定断面形状或装饰图案的线型构件。常见的木线条如图9-1所示，包括踢脚线、天花线、栏杆、扶手等。

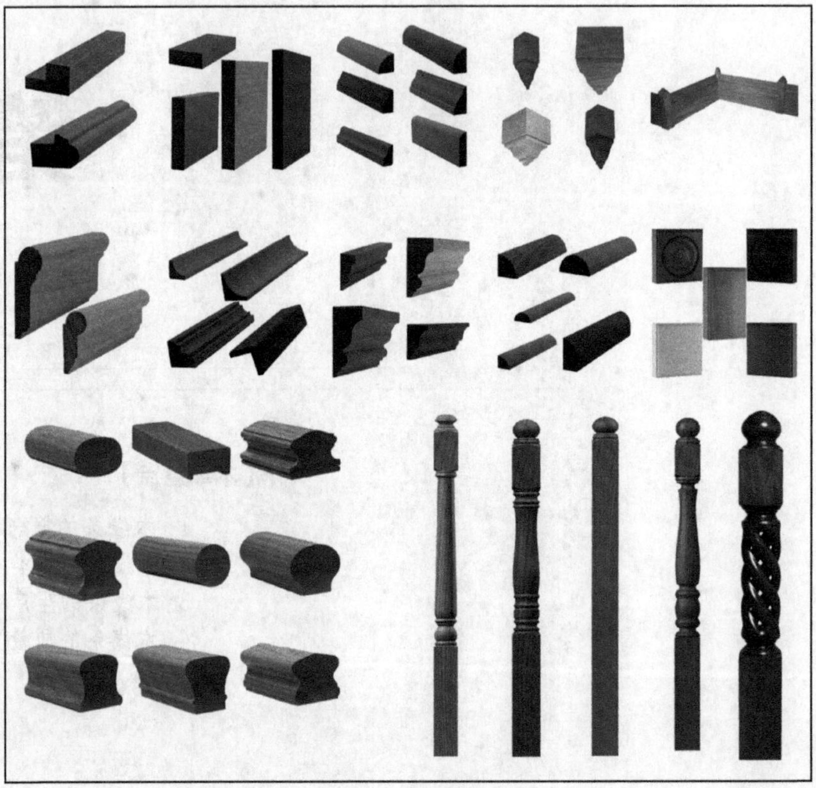

图9-1 木线条

木线条常被用于室内环境，如天花线、踢脚线、门套、窗套、家具镶边线、墙面洞口装饰线、楼梯扶手和栏杆等。除此之外，木线条在室外也有应用，如室外椅凳条、栈道扶手和栏杆等(图9-2)。

(2)用途

木线条主要有两种用途：功能性和装饰性。

功能性主要指利用木线条保护地板、墙体、门窗框等建筑与家居制品，以防这些制品随着时间的推移而发生自然或非自然的损坏。如踢脚线可以用来防止地板和墙体连接处因吸湿或撬动等人为因素而产生破坏，还有挡椅线和壁板是用来保护墙体，以防墙体被座椅或人为因素破损或污染等现象的发生。

装饰性是木线条常用的功能，这主要依赖于木线条特有的颜色和纹理，这些颜色和纹理可以营造一种温馨而舒适环境氛围，提升室内环境的格调，一定程度上能够给人们带来较大的满足感，所以人们常用木线条来装饰室内环境，包括卧室、客厅、门廊等。常见的装饰性木线条有天花饰角线、门窗套等，天花饰角线可以遮挡墙和屋顶构成的拐角，使室内呈现精致典雅的格调。

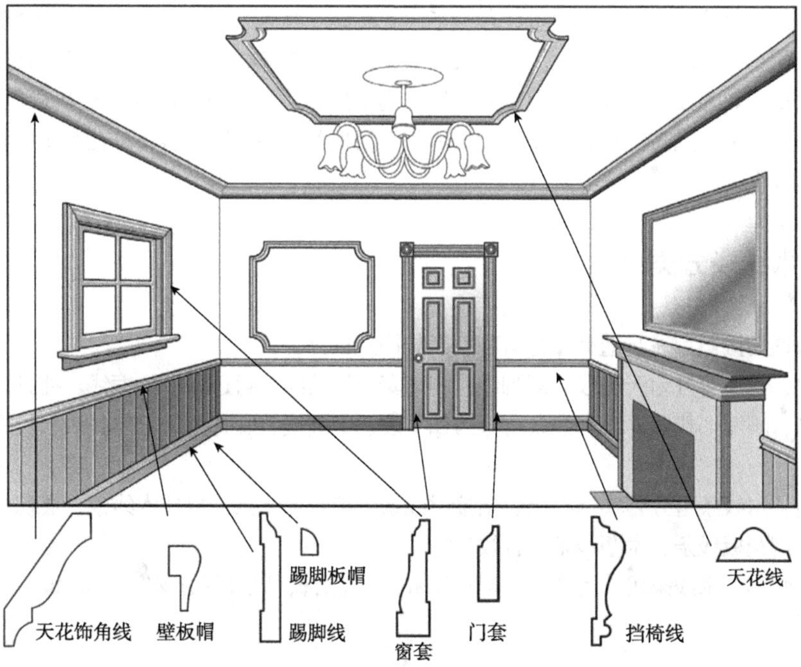

图 9-2 木线条的用途

9. 1. 2 木线条结构特点

木线条的结构特点主要体现在断面形状、基材及表面装饰三个方面。

①根据使用条件和人们喜好的不同，木线条具有不同的断面形状，如墙柱的保护线是外倒角而内直角的形状，墙面洞口装饰线是内平面而外弧线的形状，栏杆和扶手也有各式各样的形状。

②木线条的基材特点主要体现在材料以及因材料而引起的断面结构的差异。木线条常用的材料有实木类(实木、指接材、胶合木等)、单板类(科技木、单板层积材、多层板等)、木质碎料类(纤维板、刨花板等)、木塑复合材料类等。由于这些材料组成和性质的差异，所以生产制得木线条的断面结构也不同，如图 9-3 所示，实木的断面是整体木材结构，单板层积材的断面则呈多层级结构，纤维板和木塑板断面呈材质均一结构。

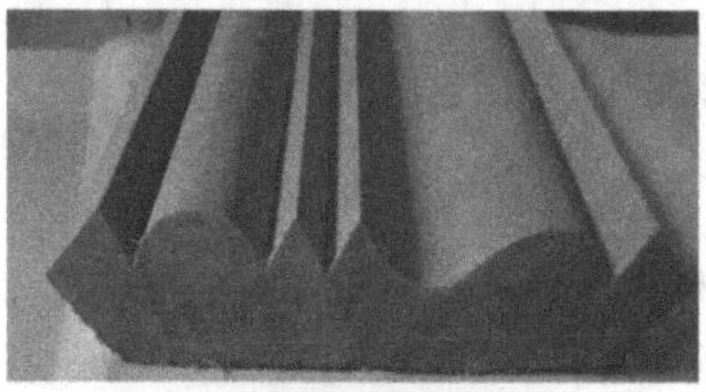
(a) 实木线条

(b) 纤维板线条

(c) 多层板线条

(d) 木塑线条

图 9-3 不同材料木线条的断面结构

③木线条的表面装饰主要分为：涂料涂饰、包覆及印刷等。其中，涂料涂饰又分为透明和半透明涂饰以及彩色漆涂饰，通常实木线条为了表现其原本颜色和纹理，大多都采用透明涂饰或不涂饰的方式使用；而对于用多层板、纤维板、刨花板、木塑等材料制备的木线条，则需要通过彩饰等方式来提高其表面装饰性。包覆主要包括采用木皮、装饰纸及塑料膜等材料进行覆面装饰，为了达到美化效果，通常会在装饰纸和塑料薄膜表面提前印刷图案，再将这些装饰纸和塑料薄膜粘贴在木线条表面。

9.1.3　木线条分类

木线条通常按照用途、造型、材料和表面装饰进行分类。

按用途，木线可分为天花线、踢脚线、门窗套、挡椅线、封边线、镜框线、柱脚线等。

按造型，断面形状各异，木线条可分为如平线、半圆线、麻花线、十字花线、阶梯线、波浪线等。

按材料，木线条可分为实木线条、指接材线条、胶合木线条、科技木线条、层积材线条、密度板线条、刨花板线条、木塑线条、竹线条等。

按表面装饰，木线条可分为透明、半透明和色漆涂饰，以及贴木皮、装饰纸和塑料薄膜等包覆。

9.2　木线条生产工艺

木线条根据原材料、造型、表面装饰等条件的不同，其生产工艺也有所区别。图9-4为实木线条从锯材原材料到成品的基本生产工艺流程，其中四面刨加工为木线条的核心加工环节，在这个工序中主要成型木线条的外观形状；表面装饰工序要根据木线条的加工需求进行具体加工，如涂饰、包覆等。如果原材料是实木以外的材料，其生产工艺流程则与图9-4有所不同，如人造板，它们在加工木线条时不需要干燥、四面刨光等前端工序，在表面装饰工序中，人造板木线条一般需要表面覆膜或贴面来实现其表面性能的提升。总之，针对不同材料、造型、表面装饰的木线条，其生产工艺要根据实际需求进行调整加工，使木线条的生产既可在现有条件有序进行，同时还能满足用户的实际需求。下面主要介绍木线条型面及其包覆加工的工艺和主要设备。

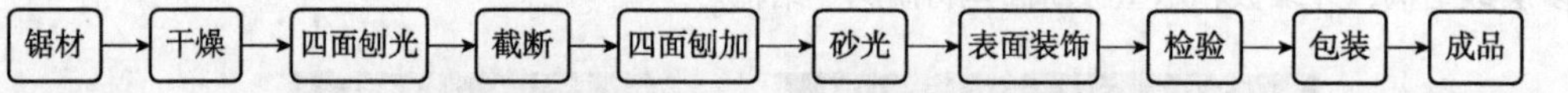

图9-4　实木线条的生产工艺

9.2.1　木线条型面加工及设备

木线条型面加工常用的设备是线条机(下轴铣床)，如图9-5所示，其主要加工原理是根据造型曲面采用相应的铣刀进行加工，工艺简单，但不同曲面加工需要来回更换铣刀，加工费时费力，效率较低，这种加工适合于型面复杂且个性化程度较高的木线条。

为提高木线条加工效率，目前主要采用四面刨配多刀头进行快速高效加工，如图9-6所示。四面刨可以同时加工木线条的四个面，这对四面都有曲线造型木线条的加工相当方便，尤其在加工造型多样且复杂的曲面时，可以通过增减或更换铣刀头即可快速实现加工。目前，四面刨的应用使木线条型面加工基本实现半自动甚至自动化生产，这为家居企业的转型升级提供必要条件。

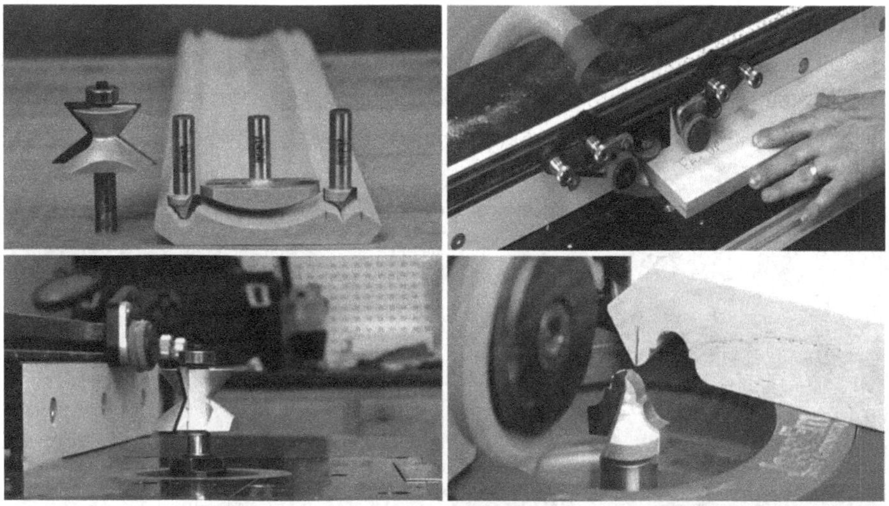

图 9-5 线条机

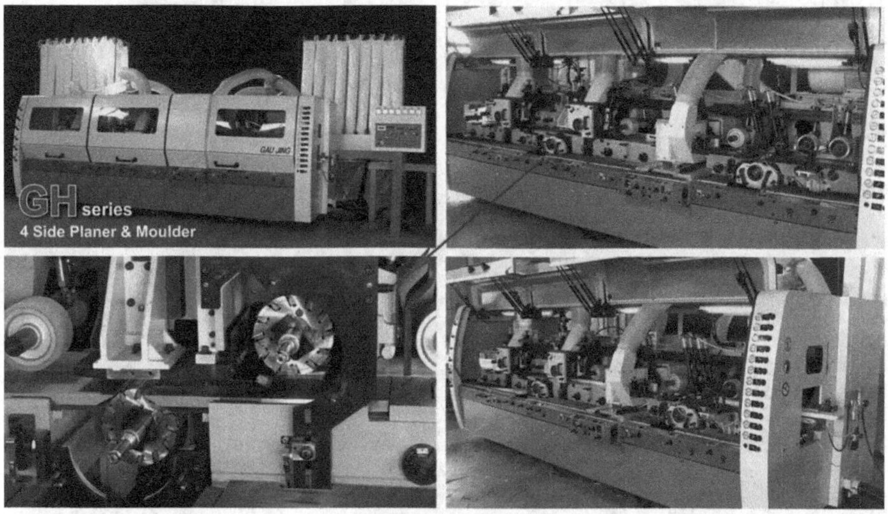

图 9-6 四面刨

实木、人造板等木质材料木线条的加工主要采用线条机和四面刨来实现，而木塑复合材料则有所不同。木塑线条的加工与木塑复合材料的加工相近，它是从原材料直接通过挤出或热压等工艺，在模具中直接成型所需型面的木线条，然后进入表面装饰等后续加工。木塑线条加工的核心是模具，不同型面木塑线条的加工，主要是通过改变模具的形貌来实现。

9.2.2 木线条型面包覆加工及设备

木线条型面包覆加工主要是借助压力或真空等外在条件，将包覆材料胶压在具有型边或型面的窄板或线条上。常见的包覆饰面材料主要有装饰纸、树脂浸渍纸、PVC 塑料薄膜、薄木、单板等，辅助材料包括胶黏剂，如热熔胶或改性乳白胶等。木线条主要用于中纤板、刨花板等基材，或装饰线、门框、窗框、家具板等窄板或线条的包边处理。

根据外在条件的不同，木线条包覆机主要分为真空包覆机和压辊包覆机。真空包覆机是利用真空负压将包覆材料压贴于木线条表面，这种包覆方式简单快捷，且加工精度较高，但连续化程度较低，生产效率低下。所以，目前压辊包覆机使用较多，如图 9-7 所示为意大利 Cefla Finishing 公司的木线条智能包覆机，它可以实现不同型面木线条的连续自动化包覆，效率较高。

它的工作原理是，首先扫描木线条型面结构，确定包覆辊的结构和数量；通过控制中心调取相应形状结构的包覆辊并组装为一体，压辊准备就绪；启动机器，对包覆材料进行预热预压；当预压的木线条经过包覆辊加工中心，不同形状结构的包覆辊对木线条上相应的部位进行压贴，最后得到包覆完好的木线条。这种木线条包覆机是目前较为先进的设备，与传统木线条包覆生产中所使用的机械原理相近，但自动化程度相对较低，如包覆辊更换需要人工操作。

图9-7　木线条包覆机

9.3　木线条质量要求与标准

9.3.1　木线条质量要求

木线条的质量要求主要有两个指标：含水率和甲醛释放量。

(1)含水率

木质材料具有吸湿性，尤其是木材，所以在制作木线条时应严格控制材料含水率，以避免木线条成型后再因吸湿解吸发生干缩湿胀的失稳现象。一般对于实木线条、指接材线条，使用前的含水率应不小于7%，且不大于我国各地区当地的平衡含水率；对于人造板线条，使用前的含水率应符合相应人造板质量技术标准要求。

(2)甲醛释放量

使用指接材、人造板和木塑复合材作基材的线条，需测定甲醛释放量，其限量值应符合GB 18580—2017《室内装饰装修材料 人造板及其制品中甲醛释放限量》的要求，即不大于0.124mg/m^3。

9.3.2 木线条安装

(1)施工准备

施工前应准备好木线条，并对线条进行挑选，主要注意以下几点：对于实木线条，应剔除线条中扭曲、疤裂、腐朽的部分；木线条应当色泽一致，厚薄均一；木线条表面应光滑无坑、无破损等现象。

除了检查木线条，还要对基层进行适当处理，如检查木线条固定基面是否牢固，是否有凸凹不平现象，查明其原因并进行加固和修正。

(2)安装施工

在进行木线条固定时，如果条件允许，应尽量采用胶粘固定；如需钉接，则最好使用射钉枪，射钉不允许露出钉头，钉的部位在木线条的凹槽位或背视线的一侧为最佳。

在木线条拼接时，可采用直拼法或角拼法。直拼法是将木线条在对口处开成30°或45°，截面加胶后拼口，拼口要求顺滑，不得错位。角拼法是将线条放在45°定角器上，细锯锯断，保证截口整齐，断面涂胶后对拼，注意不得有错位和离缝现象。

注意木线条对口位置，应尽量远离人的视平线，置于室内不显眼的位置。

9.3.3 木线条质量标准

木线条及其制品的定义、分类、试验方法、检验方法、包装、运输和存储等技术要求和规定，主要参照国家标准GB/T 20446—2006《木线条》和林业行业标准LY/T 1987—2020《木质踢脚线》、LY/T 2714—2016《木塑门套线》、LY/T 2229—2013《木质相框》、LY/T 2055—2012《木镜》。

复习思考题

1. 什么是木线条？请举例说明其主要用途。
2. 木线条有哪几种主要分类方法？按使用用途最典型的有哪几种？
3. 木线条组成结构有何特点？
4. 简述木线条的直线型面(线型)加工主要采用哪几种类型设备？
5. 简述木线条的包覆(贴面)采用的设备。
6. 简述木线条的安装要求及其注意事项。
7. 木线条的主要质量要求指标是什么？
8. 目前我国现行的木线条的标准有哪些？

第10章 木饰面

【本章重点】

1. 木饰面的概念与用途。
2. 木饰面的种类与结构特点。
3. 木饰面的生产工艺。
4. 木饰面的质量要求与标准。

10.1 木饰面结构与分类

10.1.1 木饰面概念与用途

木饰面，又称木质饰面板，是由天然实木或木质材料等制成具有木质纹理或装饰图案，并用于室内墙面、天花板、建筑构件、装修构件以及家具等表面装饰的各种装饰面板。

木饰面按照主要功能用途可以分为隔断、护墙板、天花板、背景墙、门窗套、装饰柱、木衣柜和木地板。木饰面室内装饰有高舒适度、高观赏性、低碳环保等特点，在整个室内装饰，特别是墙面装饰中占有非常大的比例，它在衬托出现代气氛的同时，还能营造出古典庄重的氛围。

(1)室内装饰用木饰面

①隔断　木饰面隔断能节约空间进行区域划分，便于区间内部沟通，是很常见的室内装饰。木饰面隔断可以根据居室具体情况搭配不同造型，如木饰面实木花格隔断，常以木龙骨固定面板，该隔断重量轻，面板色泽清雅、便于擦洗、防火性好，还可雕刻图案花样，做工精致(图 10-1)。

图 10-1　木饰面隔断

②天花板　木饰面天花板在家居设计中广泛应用，因其色彩丰富、造型随意、舒适自然，使用寿命长，房屋主人可以根据自己的想法进行随意搭配，而且木饰面天花板从视觉上来说具有天然生态感，质感高端，能够满足装饰的需求，深受居住者的青睐。另外，对于小户型的房子，木饰面天花板还可以在视觉上起到间隔效果。木饰面上也可以做出不同的造型搭配，两个不同区间的天花板可以是方形和圆形进行搭配，或者是高低错落的层次，造型多变，创意美观(图 10-2)。但是，木饰面天花板非常容易受潮生霉，不仅会影响房屋的美观，还会对人体造成损害。为了处理这种缺点，可以通过将防水性较好的内涂材料与木饰面天花板搭配使用。

③背景墙　木质元素打造的背景墙给人以温馨与奢华感，尤受青睐。与墙纸相比，木饰面背景墙的使用寿命更长；与瓷砖比较，木饰面材料的成本较低，而且更加自然舒适。但是木饰面背景墙也极容易受潮，需进行防潮处理，如在其表面铺上一层均匀的油毡或油纸，可起防潮作用；同时还要做好防火处理(图 10-3)。

④护墙板　木饰面护墙板不仅具有装饰功能，而且耐磨性和隔音效果俱佳。木饰面护墙板对声音能产生完美的漫反射，可以有效缓冲重低音的冲击，加上材料本身对声波的良好吸收，从而在空间形成三级降噪功能，大幅提升睡眠质量，所以，卧室的墙面选用木饰面是个较优的选择。另外，因木饰面风格多变，用于墙面装饰可提高室内装饰的档次(图 10-4)。

图 10-2 木饰面天花板

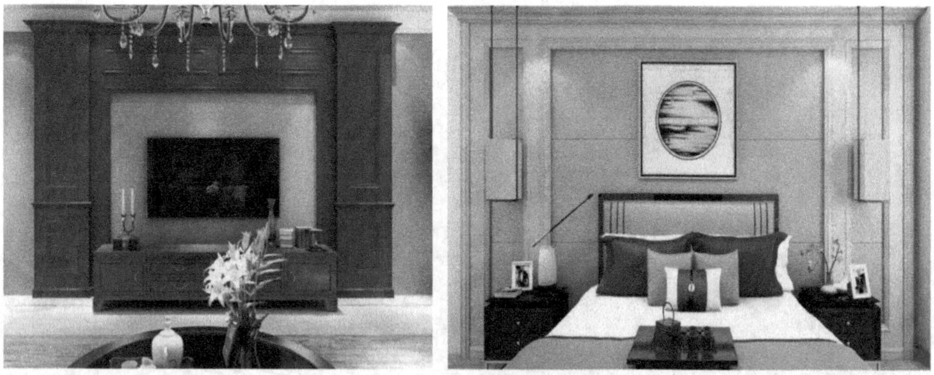

图 10-3 木饰面背景墙

图 10-4 木饰面护墙板

⑤门窗套 木饰面门窗套因具备天然的色泽，区别于大理石的冰冷感，门窗套选择木饰面类的，宜给人以温馨感和柔和感(图 10-5)。

⑥装饰柱 又称装饰梁。木饰面装饰柱，是指室内柱、梁等建筑或装修构件表面，采用各种木质装饰面板进行饰面的一类构件(图 10-6)。

(2)家具表面装饰

①木衣柜 大部分衣柜都是木饰面板，除了因为其材质较好外，还有就是经久耐用。木饰面衣柜具有较长的历史背景，从数百年前的欧洲古堡和皇宫至今，木饰面衣柜一直深受欢迎(图 10-7)。

②木地板 木饰面地板不仅具有良好的弹性、蓄热性和接触感，而且还具有不起灰、易清洁、不返潮等特点，但存在耐磨性差、怕酸碱、易燃等缺点，所以，一般只用在卧室、书房、起居室等室内地面的铺设，而且还要注意木地板的保养(图 10-8)。

图 10-5 木饰面门窗套

图 10-6 木饰面装饰柱

图 10-7 木衣柜

图 10-8 木地板

10.1.2 木饰面结构

木饰面的结构相对简单，主要包括基材和表面装饰。

10.1.2.1 基材

基材根据单元材料的不同，可以分为实木类、单板类、纤维碎料类以及木塑复合材类。其中实木类基材有实木、指接材、胶合木；单板类基材包括科技木（单板重组装饰材）、单板层积材（LVL）以及多层板等；纤维碎料类基材包括纤维板、刨花板等。

10.1.2.2 表面装饰

木饰面的表面装饰分为涂料涂饰、包覆(贴面)以及印刷等。其中涂料涂饰的种类包括透明、半透明、清漆、彩色漆等;包覆的种类有木皮(包括天然木皮、科技木皮、拼花木皮)、装饰纸、塑料膜等。

10.1.3 木饰面种类

木饰面根据不同的材性、结构、用途、装饰等,它的分类也有所不同。

按材料,可分为软木类、实木类、人造板类、木塑复合材类和竹材类。

按装饰,可分为涂饰类、包覆类和印刷类。

按结构,可分为不可不可拆装式、拆装式(挂板式)、粘贴式和干挂式。

按造型,可分为平板式、型面式、曲面式。

按制造,可分为现场制作和工厂制造的成品木饰面。

按用途,可分为木质护墙板、天花板、背景墙、木质门窗套和装饰柱等。

木饰面表面装饰的又按饰面材料,可分为油漆实木皮饰面、三聚氰胺木饰面;按油漆外观效果,可分为混油饰面木饰面、清漆木饰面、高光漆饰面木饰面、亚光漆饰面木饰面等。

目前,被广泛运用有软木类、实木类和人造板类木饰面。

10.1.3.1 软木类木饰面

软木类饰面材料是栓皮栎或类似树种的树皮经过一系列加工工艺制作而成的饰面材料,其主要用于软木地板、软木地毯、软木壁布、软木墙板等软木制品的装饰面层,它不仅能实现环保、隔音、防潮、防火、防腐、保暖、抗变形等功效,最重要的是它能让居室空间显得温暖而充满弹性,给人一种柔和和安逸的感觉。用软木作为装饰材料装饰墙面,已经成为一种非常流行的装修手法。软木木饰面墙板主要用于内墙重点部位装饰,如客厅的背景墙、酒店大厅的文化墙等。其种类主要有软木木素复合墙挂板、软木人造板复合墙板、软木人造浮雕墙板等。

10.1.3.2 实木类木饰面

实木类木饰面也称天然木质单板饰面板,又称成品木饰面,是用各种名贵木材,如红榉、樱桃木等 0.6mm 厚的实木单板作为木饰面基材,经过涂饰加工而成的一类木饰面板。实木木饰面具有天然木质花纹,纹理图案自然,纹理变异性较大、无规则;颜色有棕色、褐色、黑色、红棕色等多种。

目前,实木类木饰面包括了整板的实木板和小块实木拼接而成的集成实木板,前者耐磨、耐脏、抗压性和抗折性好,可应用于橱柜门板,另外其隔音效果好,可应用于卧室墙面板;而集成实木板同样兼具了天然木材的质感和纹理,虽环保效果略差,但稳定性好,且价格也相较便宜,目前越来越多地被使用到家具装饰面板中。

10.1.3.3 人造板类木饰面

人造板类木饰面,全称装饰单板贴面胶合板,是以人造板为基材,将天然木材或科技木刨切成一定厚度的薄片,黏附于人造板表面,然后热压而成的一种用于室内装修或家具制造的表面材料。人造板木饰面具有幅面大,结构性能优良,便于施工,不易于膨胀收缩,变形开裂率低的优势。

人造板木饰面板按照人造板基材可以分为装饰单板贴面细木工板、装饰单板贴面胶合板、装饰单板贴面刨花板、装饰单板贴面纤维板。

按装饰单板品种,可分为普通单板贴面人造板、调色单板贴面人造板、集成单板贴面人造板、重组装饰单板贴面人造板。

按装饰面，可分为单面装饰单板贴面人造板(可制作板式家具)、双面装饰单板贴面人造板(用于家具的隔板或室内装饰的隔断)。

按耐水性，可分为Ⅰ类装饰单板贴面人造板(该板材耐气候，在室外条件下使用)、Ⅱ类装饰单板贴面人造板(该板材耐潮，在潮湿条件下使用)、Ⅲ类装饰单板贴面人造板(只能在干燥条件下使用)。

10.2　木饰面生产工艺

10.2.1　实木类木饰面生产工艺

实木类木饰面的生产工艺过程相对简单，一般由干燥、配料、装饰(涂饰)等若干个过程组成。

10.2.1.1　木材干燥

天然木材是实木类木饰面的主要材料，对木材的合理使用是建立在对木材正确干燥和对木材含水率严格控制的基础上的。为保证木饰面的产品质量，生产中要对实木或集成材的含水率进行控制，使其稳定在一定范围内，即与该木饰面使用环境的年平均含水率相适应。因此，木材干燥是确保实木类木饰面的先决条件。实木或集成材在进行后续工序之前，必须先进行适当的干燥处理，以便使其达到要求的含水率。

木材干燥的方法主要分为大气干燥和人工干燥两大类。实木板或集成材单元在生产上主要通过人工干燥的方法来控制实木的含水率。通过干燥窑，利用干燥窑内部的加热、调湿和通风设备，人为控制干燥介质的温度、湿度和气流速度，通过介质的对流换热使木材在一定时间内达到指定含水率。根据国家标准 GB/T 6491—2012《锯材干燥质量》的规定，室内装饰和工艺制造用材的含水率控制在6%~12%(平均为8%)。

10.2.1.2　配料

实木类木饰面的主要原材料是实木整单板或集成实木板，木饰面的制作通常是从配料开始的，它是根据产品的尺寸、规格和质量要求，将实木板或集成材单板锯切成各种规格和形状的毛料。配料工段应力求使原材料达到最合理的利用。

10.2.1.3　装饰(涂饰)

在木饰面表面运用蜡、油漆等材料进行涂饰是经常采用的方法。为增加木饰面表面的硬度、耐擦洗、耐磨、耐湿等性能，并获得一定的光泽度，木饰面需进行表面处理，涂饰方式主要有淋涂、喷涂、刷涂等。涂饰包括了传统涂饰、现代涂饰和新型涂饰，其中传统涂饰常用的涂料有蜡、大漆、腰果漆、桐油、木蜡油和醇酸漆等；现代涂饰常用的涂料有硝基漆(NC)、聚酯漆(PE)、聚氨酯漆(PU)和水性漆等；新型涂饰用到的涂料有紫外线光固化漆(UV)、烤漆和开放漆等。

传统涂饰方法一般采用手工工艺，而现代涂饰工艺一般采用自动化涂装线进行涂饰，如紫外线光固化漆(又称光固化漆、光敏漆)，这类漆的涂饰是通过机器设备自动辊涂、淋涂到木饰面微薄木表面，形成涂层，在紫外光的照射下，使光敏剂迅速分解产生自由基，引发光敏树脂与活性稀释剂发生反应，瞬间固化成膜，是当前环保性最好的一类油漆。

10.2.2　人造板类木饰面生产工艺

人造板类木饰面主要包括人造板基材和微薄木饰面材料，生产工艺主要包括挑选、拼接、胶贴、热压、涂饰、覆膜等。

10.2.2.1 基材的要求

人造板木饰面所用的基材是胶合板、刨花板、纤维板等，由于饰面材料一般为厚度0.3~0.8mm的微薄木(天然木材或科技木材)，基材的缺陷如表面不平、裂纹等都会反映到微薄木装饰的表面上，造成装饰表面的缺陷，为了保证装饰效果，对基材有以下要求：

①各种基材必须达到标准的强度及耐水性能。

②基材结构对称，板内含水率控制在8%~10%，保证基材尺寸的稳定性。

③基材表面必须光滑平整，质地均匀：胶合板表面无活节、裂纹、孔洞等缺陷，纤维板表面无粗糙、损边、缺角等，刨花板最好是三层结构或渐变结构板，表面由细小刨花构成。

④基材厚度、平整度要求达到标准，在粘贴微薄木前，需进行砂光处理，使基材达到粘贴要求。

10.2.2.2 微薄木的要求

制造微薄木的木材一般要求结构均匀、纹理通直、细致，或早晚材明显，纹理粗大或密集，能在径切或弦切面形成美丽的纹理；有时要特殊花纹而选用树瘤多的树种；树种的材质不能太硬，要易于切削、胶合和涂饰等加工；阔叶材导管直径不能太大，否则所制的薄木易碎，胶贴时易透胶。常用的国产木材有水曲柳、柞木、桦木、椴木、榉木等；进口木材有柚木、花梨木、桃花心木、枫木、橡木等。

由于微薄木所用木材均为较珍贵的树种，所以为了降低成本，充分利用木材，需要合理确定刨切薄木的厚度，厚度过大，会浪费珍贵木材；厚度过小，又会引起透胶且易破损，因此在生产微薄木时需要有以下的要求：

①薄木贴在基材上不允许透胶。

②薄木在加工和运输过程中不能产生较大的破损。

③薄木贴面装饰处理后，留有足够的砂光余量。

④根据产品的具体要求决定厚度。

微薄木树种的选择需要合理。虽然由导管等结构产生的美丽的"山"状花纹能起到很强的装饰作用，但管孔粗大，贴面易引起透胶，如沙比利、黑胡桃等；另外对管孔较大的微薄木热压时可以适当降低压力以减少透胶。

10.2.2.3 生产工艺

(1)挑选

按照生产需求挑选合适的树种、材质纹理，不存在活节、破损等缺陷的微薄木，并且控制微薄木的含水率在经验值35%左右；挑选的基材也需达到10.2.2.1要求的板材。

(2)拼接

利用刨切方法生产得到规定厚度的微薄木，由于刨切加工的微薄木一般都比较窄，贴面前需要对其进行拼接。为了使表面形成美观的连续纹理，一般采用"之"字形拼接，目前拼接手段有手工拼接和机器拼接两种。薄木的拼接可在胶贴前，也可在胶贴时同时进行。

(3)胶贴

在基材上胶贴微薄木时，需先对基材进行铣型砂光，得到表面光滑平整的基材后，才能对基材进行涂胶，然后覆上涂湿的微薄木。微薄木的胶贴是在含水率较高的条件下进行的，即生材胶合。使用的胶黏剂可根据用途而定，常用胶黏剂有聚醋酸乙烯酯乳液胶(即乳白胶)、脲醛树脂胶两种，企业一般采取两者混合使用调节胶黏剂的性质，即醋酸乙烯乳液改性后的水溶性脲醛树脂胶黏剂。涂胶量控制在110~150g/m^2，胶黏剂的黏度适宜范围为1.0~1.5Pa·s。

(4)热压

涂胶后的板坯在多层热压机中进行加热、加压。温度控制在80～105℃，热压时间为60～100s，压强为0.7～1.2MPa。由于胶黏剂固化时间极短，微薄木易出现气泡现象，需用刀片划开注入胶黏剂重新加压粘贴；对开裂的微薄木的裂缝中加入胶黏剂补贴上木丝再加压粘贴，然后砂光整理；缺陷严重的，需砂光重新贴面。

除了多层压机胶合外，还可以利用多个压料辊将包覆材料微薄木包覆胶压在具有型边或型面的人造板基材上(图10-9)。

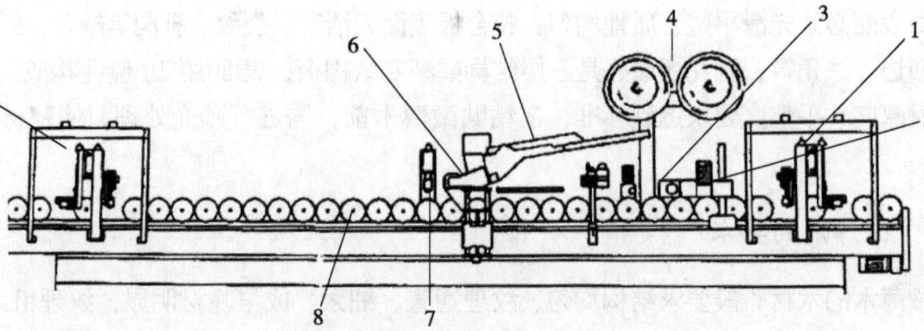

1. 铣削成型；2. 仿型砂光；3. 刷扫工件；4. 材料卷架；5. 送料器；6. 涂胶装置；7. 包贴压辊；8. 输送辊；9. 铣型修边。

图10-9　多功能线条包覆机包覆直线形型面

(5)涂饰

涂饰方法如实木类木饰面的涂饰工艺(10.2.1.3)。

10.3　木饰面质量要求与标准

10.3.1　木饰面质量要求

(1)材质

木饰面的材质主要分为实木和人造板两类，实木包括了天然木材和指接材，根据厚度的不同既可以作为基材，也可以作为人造板类木饰面的贴面材料。

(2)含水率

一般实木和指接材的含水率在使用前应该控制在7%以上，且不大于使用地区当地的平衡含水率，主要是防止表面开裂。对于基材人造板来说，其使用前的含水率应符合相应的人造板质量技术标准要求。

(3)甲醛释放量

以指接材、人造板和木塑复合材为基材的木饰面，甲醛释放量的限量值应符合GB 18580—2017《室内装修装饰材料 人造板及其制品中甲醛释放限量》的要求，即不大于0.124mg/m³。

(4)制造工艺

一般来说，木饰面的机加工表面无明显划伤痕迹，压痕不集中(允许3个/m²)，并且需要尽量平整。涂饰外观方面，不允许漆膜划痕、鼓泡、漏漆、污染(包括工艺缝的套色部分)、漆膜脱落和泛白，而清漆涂饰时不允许有针孔；表面漆膜皱皮应该不大于木饰面板总面积的0.2%，而且透胶要求不明显；工艺槽和线型漆膜的手感光滑，色泽一致；套色线型分界线流畅、均匀、一致；另外肉眼观察下色差不明显。木饰面制造时，要求拼贴应严密、平整，同时要求无胶痕、无透胶、无皱纹、无压痕、无裂痕、无鼓泡以及无脱胶等缺陷。

10.3.2 木饰面选用技巧

(1)天然质感

木饰面应该符合纹理、图案和色泽要求的实木板材或木质饰面人造板材料。

(2)绿色环保

木饰面的环保等级应该符合标准，甲醛释放量达标，属于绿色环保产品，对人体和环境无危害。

(3)防火阻燃

木饰面的燃烧性能须符合 GB 8624—2012《建筑材料及制品燃烧性能分级》规定的相当于高防火不燃级别 A(A1)级建筑材料要求，属于不燃板材。

(4)防水防潮

选用的木饰面还需不受潮湿空气的影响，不存在吸潮返潮、变形、变软、发霉等现象。

(5)表面耐磨

木饰面的表面需具有一定饰面厚度、强度和硬度，容易擦洗，还不易变形，具备耐磨、耐划痕等特性。

(6)安装便捷

木饰面可根据自身需求加工做整体家装、定制家具等，能实现方便且快捷安装。

10.3.3 木饰面安装施工

目前，木饰面被广泛应用于现代建筑装饰装修、家具制造等方面。工程中木饰面装饰的施工做法为先找平；在将水泥砂浆按照 1∶3 的比例涂抹于原结构墙体，涂抹水泥浆的厚度要求为 20mm；在涂刷防水涂料后，用膨胀螺丝或水泥钉固定 20mm×35mm 木龙骨，龙骨间距离 400~500mm；之后钉 15mm 厚细木板，再进行木饰面的安装，最后进行收口处理。木饰面的安装工艺，目前主要有三种：气钉安装法、干挂法和胶粘法。

(1)气钉安装法

气钉安装法是指利用气钉将木饰面固定于墙体。气钉安装工序简单，速度快，但气钉安装存在一定的缺陷：气钉安装很容易在饰面板上留下钉眼，后期需要对留下的钉眼进行美化处理；同时木饰面安装好后，也容易出现钉孔处油漆脱落、钉子松动、饰面板翘曲等现象。目前气钉安装法已较少被采用。

(2)干挂法

干挂法，又名空挂法。该方法为在结构墙上设置受力点，利用金属安装件，通过吊挂或空挂的方式将木饰面固定于墙面之上，后期不需要再打胶。适用于面积较大、木饰面较厚重(≥9mm)的场合，主要应用于实木类木饰面的安装，便于后期的拆卸维修等操作。

干挂法木饰面的安装流程主要为：基层检查→放线→木楔、木龙骨三防处理→木楔安装→木龙骨安装→基层板铺钉→挂条安装→木饰面板挂装→成品保护。

①基层检查　在墙面木龙骨安装前，应检查基层牢固度、垂直度、平整度以及水泥砂浆层含水率(要求含水率不大于 8%)，有特殊要求的墙面，应按设计规定进行防潮、防渗漏等功能性保护处理。另外，还需要确定吊顶和地面的分项工程的进度符合安装要求，水电、设备及其管线的铺设完成且进行了隐蔽验收。

②放线　将施工作业面按 300~400mm 均匀分格木龙骨的中心位置，用墨斗弹线，再用冲击钻在龙骨中心线位置钻孔，再将经三防处理(防虫蛀、防腐、防火)的木楔(直径 14~16mm，长 50mm)植入。

③分格加工凹槽榫　将三防处理过的木方(20mm×30mm)，按照放线分格加工凹槽榫。如图 10-10 所示。

④木龙骨安装　将制成的木龙骨架，用自攻螺丝固定在木楔上，如图 10-11 所示。

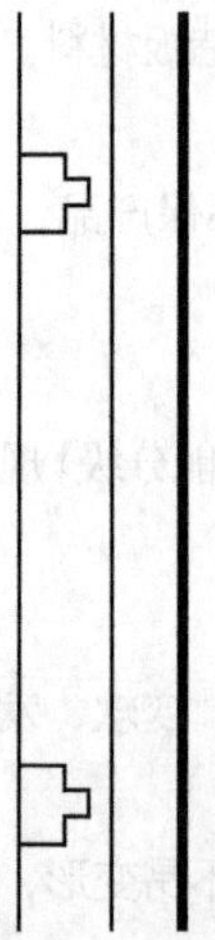

图 10-10　分格凹槽榫

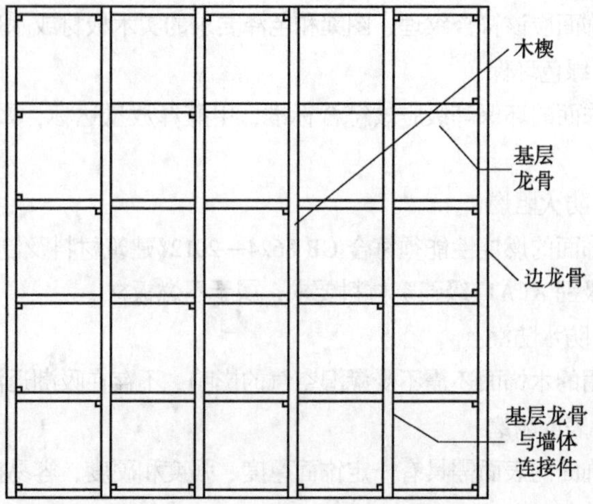

图 10-11　木楔与木龙骨安装

⑤基层板铺钉　将基层板按照分格进行划线，用自攻螺丝固定在木龙骨上，钉距 100mm 左右，进行封板。

⑥挂条安装　将一挂条用自攻螺丝固定于基层板，另一挂条用白乳胶漆粘于木饰面，再以自攻螺丝固定，两挂条位置需与基层板上分格位置保持一致。

⑦木饰面板挂装　护墙板与基层之间通过挂条进行固定。如果木饰面与天花板相连，采用自下向上挂装；如果木饰面与地面相连，采用自上向下挂装；如果木饰面完整连接天花板与地面，则采用水平挂装。

⑧成品保护　木饰面之间需留有工艺缝，约 5mm。在工艺缝内油漆时，当工艺缝小于 5mm 时，做成与木饰面相近的色漆；如果工艺缝≥5mm，槽内需贴木皮、做油漆，如图 10-12 所示。

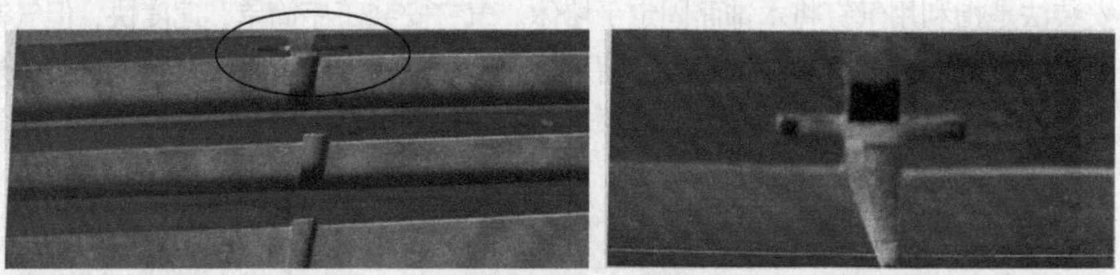

图 10-12　工艺缝

(3)胶粘法

胶粘法是目前国内最常用的方法。该方法是在装修后期，待地面完工后，采用免胶钉将木饰面固定于基层上(图 10-13)。该方法可以最大限度地降低装修过程对装饰面板的人为破坏。适用于面积较小、木饰面较薄(3~9mm)，且需满铺的木饰面节点场合。操作简便，安装人工成本低，对基层要求较高。安装流程如下：

①根据设计施工图在已制作好的木作基层上弹出水平标高线、分格线，检查木基层表面垂直度、平整度、阴阳角套方。

②挑选花色木板。将不同色泽、纹理的木板按要求下料、拼接，将色泽相同或相近、木纹一致的饰面板拼装在一起。木纹对接要自然协调，毛边不整齐的板材应将四边修正刨平。微薄板应先做基层板，然后再粘贴。

③将木胶粉均匀涂在饰面背面及木基层一面，在饰面板上垫 9mm 多层板条，枪钉打在板条上待胶干后起下板条和枪钉。

④装饰木线必须色泽一致，光洁平整，接缝紧密。枪钉必须钉隐蔽部位。装饰木线的材料必须经过烘干，且含水率必须符合要求，色泽、纹理符合设计要求。

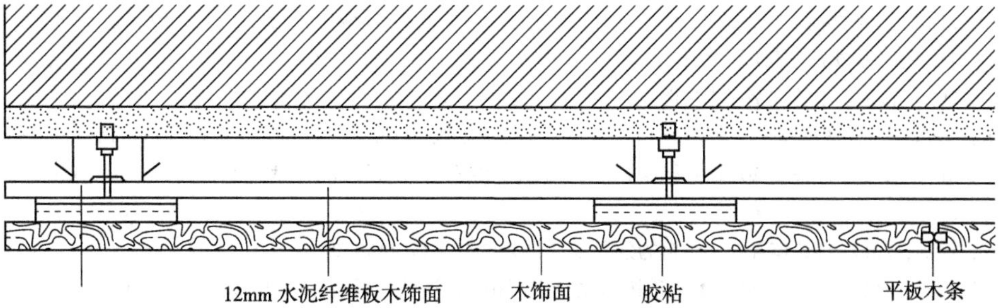

图 10-13　胶粘法木饰面的剖面图

木饰面的安装质量要求如下：

①安装位置、外观形貌应符合设计要求，面板各拼接缝和工艺槽的位置应符合设计要求。

②面板和周围各装饰面层的对应、衔接应符合整体的设计要求。

③面板正面不得用枪钉、铁钉和木螺丝，侧面固定时枪钉不能穿透木饰面。

④正反挂件应紧密挂合，面板不得松动和滑移，收尾处面板应粘接稳固。

⑤安装完成后面板应整洁、干净，各面板间无明显色差。

⑥按设计要求开出强弱控制电开关孔位及其他相关预留孔位，直接暴露于空气的端面应封闭处理。

10.3.4　木饰面质量标准

木饰面应符合相应的人造板质量标准要求，目前该行业现行的标准有 4 个：LY/T 1697—2017《饰面木质墙板》、LY/T 2874—2017《陈列用木质挂板》、LY/T 2715—2016《木塑复合外挂墙板》和 LY/T 1613—2017《挤出成型木塑复合板材》。

复习思考题

1. 什么是木饰面？请举例说明其主要用途。
2. 木饰面有哪几种主要分类方法？
3. 木饰面的主要质量要求是什么？
4. 室内装修时如何选择合适的木饰面？
5. 简述成品木饰面（干挂式木饰面）的施工优势。
6. 目前我国现行的木饰面类的质量标准有哪些？

参考文献

北京建工集团，2006. 建筑工程施工技术规程[M]. 北京：中国建筑工业出版社.

彼得·布坎南，2003. 伦佐·皮亚诺建筑工作室作品集(第4卷)[M]. 北京：机械工业出版社.

曹丽莎，沈和定，徐伟清，等，2020. 现代木结构建筑对环境和气候的影响[J]. 林产工业，57(8)：5-8.

曹鹏，2011. 明代都城坛庙建筑研究[D]. 天津：天津大学.

陈春超，2016. 古建筑木结构整体力学性能分析和安全性评价[D]. 南京：东南大学.

陈载永，1996. 木质壁板隔音性之研究(一)：声音透过损失之测定与分析[J]. 林产工业(台湾)，14(1)：1-12.

杜祥哲，齐英杰，马雷，等，2016. 我国制材工艺和制材模式的现状及发展趋势[J]. 林产工业，43(7)：39-42，45.

范举国，徐洲，2017. 浅谈穿斗式木结构的分类[J]. 四川建材，43(11)：2.

方彦，齐英杰，孙志刚，等，2016. 我国制材设备的发展和应用现状分析[J]. 木工机床(1)：6-9.

何茂农，2008. 装饰门窗工程[M]. 北京：化学工业出版社.

胡婧羽，张鹤鸣，居方，等，2020. 现代木结构建筑中传统文化内涵的研究[J]. 戏剧之家(15)：200-201.

胡隆文，2021. 木饰面在住宅空间室内设计中的运用[J]. 建材发展导向，19(6)：202-203.

胡琼辉，2015. 板式楼梯的震害分析与设计对策[J]. 城市建设理论研究(电子版)(22).

黄玉龙，吕斌，孙若诗，等，2019. 热泵干燥技术在中药材初加工中的应用综述[J]. 甘肃农业科技(9)：86-89.

加拿大木业协会，2020. 重型木结构方案大全[J]. 国际木业，50(6)：18-22.

蓝茜，张海燕，2020. 近现代中国木结构建筑的发展与展望[J]. 智能建筑与智慧(1)：44-47.

李斗，1984. 工段营造录[M]. 上海：上海科学技术出版社.

李国豪，1999. 中国土木建筑百科辞典：建筑结构[M]. 北京：中国建筑工业出版社.

李慧，2012. 木工工长上岗指南：不可不知的500个关键细节[M]. 北京：中国建材工业出版社.

李坚，2009. 木材科学研究[M]. 北京：科学出版社.

李坚，2013. 木材保护学[M]. 2版. 北京：科学出版社.

李坚，赵荣军，2002. 木材—环境与人类[M]. 哈尔滨：东北林业大学出版社.

李鹏，2007. 木质门窗设计与制造[M]. 北京：化学工业出版社.

理想·宅，2018. 装修材料应用便携手册[M]. 北京：北京希望电子出版社.

李伟光，张占宽，2019. 木门制造工艺与专用加工装备[M]. 北京：中国林业出版社.

梁世镇，1985. 论木材干燥原理[J]. 家具(3)：4-5.

林皎皎，2004. 中国古代建筑与传统文化[J]. 福建农林大学学报(哲学社会科学版)，7(1)：3.

刘焕荣，张秀标，张方达，等，2020. 我国竹展平技术研究现状与展望[J]. 世界林业研究，33(4)：6.

刘可为，2019. 中国现代竹建筑[M]. 北京：中国建筑工业出版社.

刘恋，储凯锋，2021. 以宗教建筑为例探讨中西方文明下建筑差异[J]. 城市建筑，18(35)：4.

刘一星，于海鹏，张显权，2003. 木质环境的科学评价[J]. 华中农业大学学报，22(5)：499-504.

刘一星，赵广杰，2004. 木质资源材料科学[M]. 北京：中国林业出版社.

刘一星，赵广杰，2021. 木材学[M]. 2版. 北京：中国林业出版社.

陆全济，2011. 软木饰面材料主要加工工艺研究[D]. 杨凌：西北农林科技大学.

吕斌，傅峰，2013. 木质门[M]. 北京：中国建材工业出版社.

牧福美，则元京，山田正，1978. 内装材料的湿度调节[J]. 木材学会志，24(11)：797-801.

穆亚平，黄河润，沈凤明，2003. 微薄木饰面工艺技术研究[J]. 家具(3)：3.

聂洪达，2012. 房屋建筑学[M]. 2版. 北京：北京大学出版社.

区炽南，1992. 制材学[M]. 2版. 北京：中国林业出版社.

齐康，1999. 中国土木建筑百科辞典：建筑[M]. 北京：中国建筑工业出版社.

秦莉，于文吉，2009. 木材光老化的研究进展[J]. 木材工业，23(4)：33-36.

青木大讲堂，2018. 全屋定制设计教程[M]. 南京：江苏凤凰科学技术出版社.

任晓芬，陈启东，郜玉聪，2021. 热泵干燥技术的研究进展[J]. 节能，40(4)：74-76.

山田正，1987. 木质环境的科学[M]. 日本：海青社.

尚澎，2020. 画意与造园的转译：当代小尺度景观木构设计方法研究[J]. 南京艺术学院学报(美术与设计版)(6)：

129-135.
孙海燕，2006. 绿色·环保·高效节能：加拿大木业协会质量技术总监 Greg Hoing 谈木结构建筑优势[J]. 建设科技(17)：53.
汤崇平，2018. 中国传统建筑木作知识入门[M]. 北京：化学工业出版社.
汤留泉，何隆权，2018. 建筑装饰构造[M]. 武汉：华中科技大学出版社.
唐璇，2019. 基于模块化的居室内木饰面设计[D]. 长沙：中南林业科技大学.
田仲富，黎粤华，郭秀荣，2013. 木材干燥原理及影响其干燥速度的因素分析[J]. 安徽农业科学，41(33)：12900-12901，12904.
王清文，王伟宏，2018. 木塑复合材料制造与应用[M]. 北京：科学出版社.
王喜明，2013. 木材干燥学[M]. 3版. 北京：中国林业出版社.
王晓华，2013. 中国古建筑构造技术[M]. 北京：化学工业出版社.
魏华，王海军，2015. 房屋建筑学[M]. 2版. 西安：西安交通大学出版社.
吴智慧，2018. 竹藤家具制造工艺[M]. 北京：中国林业出版社.
吴智慧，2019. 木家具制造工艺学[M]. 北京：中国林业出版社.
夏心怡，2018. 浅析中国古代建筑主要特点及其美学性格表现[J]. 美术教育研究(24)：2.
谢力生，2013. 木结构材料与设计基础[M]. 北京：科学出版社.
邢双军，2007. 房屋建筑学[M]. 北京：机械工业出版社.
杨鲁伟，魏娟，陈嘉祥，2020. 热泵干燥技术研究进展[J]. 制冷技术，40(04)：2-8，27.
杨晓梦，2019. 圆竹分级、展平及竹规格材的制备与性能研究[D]. 北京：中国林业科学研究院.
张春宇，2017. 木饰面及视觉感受分析[J]. 工业设计(10)：21-22.
张海燕，2020. 中国木结构建筑现行标准概述[J]. 建设科技(20)：6.
张宏健，2013. 木结构建筑材料学[M]. 北京：中国林业出版社.
张淑涛，2012. 龙门可移动卧式制材带锯机的设计[D]. 山东：山东轻工业学院.
张月强，丁洁民，张峥，2018. 大跨度钢木组合结构的应用特点与实践[J]. 建筑技艺(11)：14-20.
赵广杰，1992. 日本林产学界的木质环境科学研究[J]. 世界林业研究(4)：53-57.
中尾哲也，中尾宽子，董玉库，1996. 关于住宅居住舒适性的调查研究[J]. 室内设计与装修(1)：48-51.
周定国，梅长彤，2019. 人造板工艺学[M]. 3版. 北京：中国林业出版社.
CHEN C, KUANG Y, ZHU S, et al., 2020. Structure-property-function relationships of natural and engineered wood [J]. Nature Reviews Materials, 5(9): 642.
CHEN C, SONG J, CHENG J, et al., 2020. Highly elastic hydrated cellulosic materials with durable compressibility and tunable conductivity[J]. ACS Nano, 14(12): 16723.
CHEN X Y, XIANG SH L, TAO T, 2011. Wood environment science and research on Human living environmental protection[J]. E Business and E Government(ICCE)2011 Internation Conference on, 6: 1-4.
GAN W, CHEN C, GIROUX M, et al., 2020. Conductive wood for high-performance structural electromagnetic interference shielding[J]. Chemistry of Materials, 32(12): 5280.
JIA C, CHEN C, MI R, et al., 2019. Clear wood toward high-performance building materials[J]. ACS Nano, 13(9): 9993.
LIESE W, SCHMITT U, 2006. Development and structure of the terminal layer in bamboo culms [J]. Wood Science and Technology, 40(1): 4-15.
LIESE W, 1998. The anatomy of Bamboo Culms[C]. Technical Report, Beijing/ Eindhoven /New Delhi.
MIKE, The basics of identifying wood(I)[EB/OL]. (2017-05-18)[2022-03-07]. https://workingbyhand.wordpress.com/2017/05/18/the-basics-of-identifying-wood-i/.
POSTEK M T, VLADÁR A, DAGATA J, et al., 2010. Development of the metrology and imaging of cellulose nanocrystals [J]. Measurement Science and Technology, 22(2): 024005.
SONG J, CHEN C, ZHU S, et al., 2018. Processing bulk natural wood into a high-performance structural material[J]. Nature, 554, 224-228.
SONG SHA SHA, FEI Benhua, WANG Xiaohuan, et al., 2017. Effects of Different Types of Housing Environments on The Physical Index and Physiological Index[J]. Wood Research, 62(3): 505-516.
TAN W, HAO X, FAN Q, et al., 2019. Bamboo particle reinforced polypropylene composites made from different fractions of bamboo culm: Fiber characterization and analysis of composite properties[J]. Polymer Composites, 1-10.

TSOUMIS G T, Wood[EB/OL]. Chicago: Encyclopedia Britannica. (2022-02-18)[2022-03-07]. https://www.britannica.com/science/wood-plant-tissue.

WANG S Y, TSAI M J, 1988. Assessment of temperature and relative humidity condition performances of interior decoration materials[J]. Journal of wood science, 44(4): 267-274.

WOODMASTER TOOL, Inc, 2018. Sample Book [M]. Kansas City: Woodmaster TOOL, INC.

XIA Q, CHEN C, YAO Y, et al., 2021. In situ lignin modification toward photonic wood[J]. Advanced Materials, 33(8): 2001588.

XIAO S, CHEN C, XIA Q, et al., 2021. Lightweight, strong, moldable wood via cell wall engineering as a sustainable structural material[J]. Science, 374(6566): 465.